日本小農問題研究

玉 真之介 著

筑波書房

はしがき

本書は、これまでに私が発表してきた論文のうち、まだ単著に収録していないものを、定年退職を機に一冊にまとめたものである。これら論文の執筆時期は、私が弘前大学農学部で教鞭をとっていた1996年頃から今日までの約20年間に及ぶ。内容的にも日本農業の歴史分析に関するものが多いが、小経営的生産様式といった理論に近いものや脱グローバル化といった最新の動きを論じたものまで幅広く含まれている。しかし、その立脚点は一つである。

私が自らを「生粋の小農論者」と称したのは1992年のことであった（玉 1994：第2章 p.62）。それは、梶井功氏が兼業農家を「もぬけ農」という蔑称で呼んだことに強く反発してのことだった。それから四半世紀、多くの新しい知見や現実と直面してきたが、この小農論者という自認は揺らいでいない。大学院生時代に、栗原百寿の苦闘とも言える研究を追跡して得られた足場は、私にとってその後の研究を明確に方向づけるものだった（玉 1995）。

なので、繰り返しとなるが、本書に収めた一つ一つの論文の主題は多岐にわたるけれども、その視座は同一である。むしろ、私が感じるのは、この間の研究をめぐる「時代の変化」の方である。私が研究を始めた頃に花形だった「地主制」や「農民運動」、「農民層分解」の研究は、いつの間にか消えてゆき、冷戦終結後のグローバリゼーションの中で、研究テーマはよく言えば多様化し、悪く言えば拡散してしまったように見える。では、多様化し拡散したかに見える研究テーマが再び収斂することはあるのだろうか。

そこで以下では、本書に収録した論文の紹介に入る前に、リン・ハント『グローバル時代の歴史学』（ハント 2016）を手がかりとして、この間の「時代の変化」を振り返っておきたい。ハントが取り上げているのは、“パラダイム”の盛衰というテーマである。すなわち、戦後、有力だったパラダイムが新たな「理論」たちの挑戦を受けて崩れ去り、その一方で新たな「理論」たちも多岐に拡散して代替案を提示できないまま活力を失う中で、グローバリゼーションが今や「大きな物語」を独占しつつある。それは歴史学の危機ではないか、というものである。

パラダイムの盛衰　では、「パラダイム」とはいったい何か。この概念がトマス・クーン『科学革命の構造』（クーン 1971）に始まることは言うまでもないが、ハントは彼女なりの定義を次のように述べている。それは、歴史的発展の包括的解釈、ないしは「メタ物語」であり、(1) 意味を決定する諸要素間の階層関係、そしてこの階層関係について、(2) 研究のアジェンダを設定するものである。「つまり、研究する価値があると思われる諸課題を選択し、そうした研究を遂行するために利用する適切なアプローチを決定する」（ハント 2016：p.14）ものなのである。

ハントは、第二次世界大戦後の歴史学には４つの主要なパラダイムが存在したという。すなわち、マルクス主義、近代化論、アナール学派、それに加えてアメリカでは「アイデンティティの政治」である。この内、わが国において圧倒的影響力を有したのは前２者なので、後２者は割愛して以下の紹介を進める。マルクス主義は、歴史の原動力を「階級間の闘争に表出される生産関係内部での変化」（同：p.14）に求めるものだった。戦後の日本の歴史学が「地主制」や「農民運動」に研究を集中させたのも、まさにこのパラダイムの指示に忠実にしたがったからであった。

また、マルクス主義は、古代奴隷制、封建制、資本主義という生産様式の発展を生産力の発展と結びつけて捉えていた。ここに、わが国では、マルクス主義と近代化論とが融合する契機が見いだせる。ハントによれば、デュルケームやウェーバーに代表される近代化論の主要な特徴は、「近代化を不可避なものと考える」ところにあり、さらに、「近代化への西欧的経路をほかの地域にとってのモデル」とする点にあった（同：p.15）。だからこそ、わが国では、イギリスにおける地主、資本家、農業労働者という「三分割制」が農業における資本主義的発展の本来的な姿と見なされたのである。

しかし、マルクス主義と近代化論というパラダイムは、様々な「理論」たちの挑戦を受ける。ハントは、1960年代から1990年代に登場した「カルチャル・スタディーズ」「ポスト構造主義」「ポストモダニズム」「ポストコロニアリズム」「言語論的転回」などの議論をまとめて、「文化理論」と呼んでいる。ただ、わが国に即して言うと、「社会史」と表現した方がわかりやすいかもしれない。

ともかく、これらの研究に共通していたのは、既存のパラダイムに共有されている基本的前提への異議申し立てであった。すなわち、すべてを階級や生産関係といった経済的概念で捉えようとするマルクス主義は、明らかに文化的側面への無関心という限界をもっていた。わが国に即して言えば、イエやムラといった関係の扱いがそうである。近代化論も同様だが、マルクス主義のパラダイムにしたがえば、それは解体すべき過去の遺物でしかなかった。他方、近代化論は「近代の理念そのものが過度に西洋的な価値と発展モデルに結びついて」(同：p.8) 論じられ、あまりに西欧中心主義的であった。わが国で言えば、日本資本主義論争における「講座派」の議論がまさにそうであった。

ハントの言う「文化理論」は、これらパラダイムの諸前提を転倒させ、「文化が自律的な論理をもつこと」(同：p.19) を多様な事例分析から主張していった。そこでは、民族や親族関係、ジェンダー、言語、教育、制度、社会集団、宗教など多様なテーマが取り上げられ、それらが生産関係や近代化とは無関係に論じられていった。また、ポストモダニズムのように、哲学的相対主義という問題にまで踏み込む場合もあった。

こうした研究が隆盛した背景には、マルクス主義や近代化論が「現実の出来事がもつ力によって説得力を失っていた」ことも見逃せない。「近代化論は、国民国家建設の政策が第三世界とりわけベトナムで失敗に終わったときに、困難の時期が訪れた。マルクス主義はソビエトが1956年の[ハンガリーでの]反乱を鎮圧したあと徐々に魅力をうしなっていったが、1980年代にはソビエトや東ヨーロッパにおける共産主義体制が崩壊して決定的に打撃を受けることになった」(同：p.27)。

しかし、こうして隆盛した「文化理論」たちも、21世紀に入ると活力が失われ、様々な批判を受けることになる。すなわち、あまりにローカルでミクロ重視であったり、特定の個人に注意を払いすぎたり、人間の主体性に無関心であったり、政治を無視したりして、研究する目的自体も曖昧といった批判である。つまり、これらの「理論」たちは、既存のパラダイムを破壊することに成功したが、「説得力ある代替案を提示したわけではない」(同：p.41) のである。

この結果として生じた空白に、いまやグローバリゼーションがパラダイムとして登場して来ている。これに対して、ハントは強い危機感を示している。なぜなら、「パラダイムとしてのグローバリゼーションは、推進力としての経済の優位性、経済的要因に焦点を合わせる研究が望まれていることなどを主張する」(同：p.59) からである。言い換えれば、「グローバリゼーション・パラダイムは文化理論が批判してきた前提そのものを再び主張しているのであり、したがって潜在的に過去数十年の文化史の成果を洗い流してしまう危険性を持っているのである」(同：pp.63-64)。ハントはまったく触れていないが、これにはグローバリゼーションの推進役でもある新自由主義が、市場競争原理主義的な価値観を強く押しつけるものであることも関係しているであろう。

この危険を避けるためのポイントとしてハントが主張するのは、グローバリゼーションを「近代化」や「資本主義化」と密接に結びつける必要はない (同：p.140)、というものである。換言すれば、グローバル化は不可避だから近代化も資本主義化も不可避である、またそのモデルは欧米であるという論法を拒絶することである。「グローバリゼーションは、近代化と同一のものではない。グローバリゼーションは相互依存を意味する (双方向の関係なのだ)。(一方的な) 単純な西欧的価値の吸収ではない」(同：p.76) のである。

その一方でハントは、「それにもかかわらず、パラダイムは必要である」(同：p.131) とも言っている。実証的な分析にこだわるのは当然としても、それは“物語”のすべてを拒否することではない。オルタナティブな物語が追求されるべきなのである。そのためにも、かつて支配的であったパラダイムが提起した設問に、今一度向き合わなければならない。なぜなら、グローバリゼーションという「大きな物語」が、かつてのパラダイムを蘇らせようとしているからである。

本書の構成　このハントの指摘は本書にとってきわめて示唆的である。というのも、私の研究の大半が、“小農の消滅”を予言したマルクス主義と近代化論という２つのパラダイムへの挑戦だったからである。そこで以下では、上記の議論も意識しながら、本書の構成を簡潔に紹介しよう。

序章「**小農研究の先駆者—東浦庄治**」は、かつて『日本小農論の系譜』（玉1995）で取り上げた小農研究の先駆者としての東浦庄治論である。今回は東浦以前の小農経済論者をドイツ歴史学派との関係で論じた上で、東浦の持つ意義を今一度論じた。その上で、地域の二次的自然を維持存続させる主体は誰が担うべきかという設問を提示した。それは、日本小農問題研究と題した本書の全体像にかかわる視点である。

第１部「**農村人口の変動と小作争議**」は、私の研究の中でも２つの意味で最も過激なマルクス主義への挑戦であった。１つは、小作争議を地主に対する階級闘争ではなく、農地の貸借をめぐる民事紛争として分析したこと、もう１つは、農村の人口増加率を根拠に小作争議とその地域性を論じたことである。この２つの理由から、第１部に収録した論文や書評は、研究としては完全に無視されてきた。マルクス主義のパラダイムから完全に外れていたからである[(1)]。

戦前の小作争議については、①なぜ1920年代に西日本で小作料関係の争議が急増し、②なぜ急速に収束したのか、③さらに1930年代になぜ東日本で耕作権関係の小規模争議が急増し、長く続いたのか、という３つの問いに答えなければならない。第１部の３つの章は、この３つの問いに、これまでの誰よりも説得力ある解答を与えていると私は考えている。

第１章「戦前期日本（1908-1940）における農家数変動の地域性」は、戦前期の農家戸数は固定的だったという通説的な理解に対して、一見不動に見える農家戸数は東日本と南九州の増加と西日本の減少が相殺された偶然的な結果であって、実は変動していたことを実証的に論じたものである。その理解のカギは、人口増加率の地域性であった。

第2章「人口圧と小作争議の地域性」は、1920年代に小作争議が急増し、かつ急速に収束する要因について分析したものである。ポイントは第1次大戦後の借地市場における需給の歴史的な転換（積年の「貸し手優位」から「借り手優位」への変化）である。しかもそれには東西で差があった。この差を説明できるのは東西の人口増加率の差だけである。

第3章「青森県における借地市場と小作争議」は、1930年代に東日本で急増した小作争議は、昭和恐慌で負債を負った中小地主や自作農が農地売却を行った結果、農地を買収した農家による小作人立ち退き要求が急増し、農家同士の争議が多発したものと論じた。しかも、その重要な背景は東日本の人口増加と小作農家の増加による「貸し手優位」な借地市場の継続であった。

２つの補章は、戦後を代表する農民運動研究者、西田美昭、林宥一両氏の著書の書評である。小作争議を階級闘争として農民運動と同一視する両氏とはまったく違う私の立場が論じられている。

第2部「小経営的生産様式論」に共通するテーマは、日本農業の考察を「封建制から資本主義へ」という枠組みから解放して、日本の小経営的生産様式の特質を描き出すことである。

第1章「小経営的生産様式と農業市場」は、19世紀の植民地農業の開発による世界農工分業体制の形成が近現代の農業問題の起源であり、その結果、家族農業が中心的な担い手になっていくこと、さらに第1次世界大戦を機に資本主義各国は食糧増産のための小農保護政策を開始することを論じた。このパースペクティブの下で、かつての「地主制」論のピラミッド型モデルに対して、新しく「農家」モデルを提示した。

第2章「『地主制』論再考―坂根嘉弘氏の新説をめぐって―」は、『岩波講座日本歴史』に登場した坂根嘉弘氏の「地主制」論を取り上げて、①マルクス主義、②零細地主、③「家」制度という3つの論点から検討し、市場関係という視座の欠落と農家＝「単独相続」という事実誤認の問題を指摘した。

第3章「1934年の東北大凶作と郷倉の復興」は、自然災害が日本農業と農政にどのような影響を与えたのかを考察した。その結果、郷倉の復興という政策が、一貫して部落を否定してきた内務省の政策を転換させる1つの契機となったと論じた。そこから、ムラという社会関係が自然災害の頻発する日本の風土と不可分の関係であることを示唆した。

野田氏との論争を収録した2つの補章は20年前のものであるが、リン・ハントが述べていたパラダイムの盛衰を考える際の参考になるのではないかと思う。

第3部「東北地域における家族農業論の展開」は、第3章を除いて東北農文協の活動の中で執筆したものである。東北の農家と研究者が集まった東北農文協で私は13年間事務局長であったが、そこから得られたものは何よりも精神的な支えであった。学会の中で異端中の異端である私は、いつも孤立感、疎外感とともにあった。そこで挫けずに研究できたのは、東北農文協での農家の方とのお付き合いだったように思う。

第1章「複合経営の理論と実践―佐藤正」は、東北農文協を代表する理論家であり、実践家であった佐藤正先生の評伝である。私自身は、お目にかかったこともないが、幸い盟友だった志和農協専務理事の熊谷久さんから貴重な資料提供とお話を伺い、その生きざまを描こうとした。

第2章「東北農文協における有畜複合経営論の展開」は、1999年11月に山形県金山町で開催された東北農文協第27回シンポジウムでの報告である。東北農文協に残されている資料を丹念に読みながら、有畜複合経営論の意義とグローバル経済の下での困難、そしてその打開方向について論じた。有畜複合経営論は農家経営の理念型であり、1つの座標軸というのが結論である。

第3章「農民的複合経営と日本型農協―太田原農協論の成立過程―」は、2017年8月にお亡くりになった北海道大学名誉教授太田原高昭先生の追悼文集への寄稿文である。太田原先生が自らの農協論を固める過程で、東北農文協の有畜複合経営論が与えた影響について論じた。また、太田原先生の「制度としての農協」論のキー概念である「公共性」についても論じた。

補章1は、東北の研究者で家族農業研究会を組織してガッソン・エリングトン（2000）の翻訳に取り組んだときの「あとがき」であり、補章2は農文協の人間選書に守田志郎（2001）が収録されたときの「解説」である。

第4部「脱グローバル化時代の農業論」は、近年執筆したものである。私は、2016年から「脱グローバル化」という言葉を多用し、世界はグローバル化とは逆の方向へ振り子が振れており、今後、“国家の退場”から“国家の復権”へ、“成長第一”から“雇用第一”へ、“自由貿易”から“自国産業保護”への動きが強まると述べてきた。この第4部の章は、いずれもこうした世界の動きを強く意識して書いたものである。

第1章「日本農業のいま―苦悩の歴史的背景と本質―」は、戦時期を起源とする“国家視点”からの効率優先の農政がグローバル経済下の日本農業の苦悩の一因であること、デフレ時代には地域資源を活用した農家所得のプラスアルファを目指す“農家視点”の政策が「日本農業の基層構造」から求められることを論じた。

第2章「地域に根ざした農林水産業論のために」は、近年、農学系の学部を新設する大学が増えているのは、市場経済に委ねる“地方分権”ではなく、国主導の“地方創生”が背景にあることを論じた上で、新設の徳島大学生物資源産業学部の目的も地元農林水産業の活性化にあり、農業経済学には農林水産業を生物資源活用産業として捉える視点が必要と論じた。

第3章「地域シンポジウム：協同組合の志―協同社会を地方から―」は、2017年9月に徳島大学を会場に開催された日本協同組合学会の「地域シンポジウム」の記録である。脱グローバル化の中で地方を変える力は、協同組合にあるという視角から、賀川豊彦のビジョンと上勝町いろどりビジネス、今治市無茶々園の実践報告を基に議論した。

補章1は、拙著『近現代日本の米穀市場と食糧政策』に対して、適切な書評をしていただいた野田公夫氏へのリプライであり、補章2は、『農業市場研究』通巻100号にあたっての会長所感である。

終章「齋藤「自治村落論」と地域資源経済学」は、東京農業大学網走キャンパスの『オホーツク産業経営論集〈齋藤仁先生追悼号〉』への寄稿論文である。そこでは、齋藤先生が提起した「自治村落」の重要な機能が地域資源の維持管理であったことを論じた。それは、私が生物資源産業学部で担当する「地域資源経済学」の講義内容であり、生物資源とは何かから始めて、ムラが近世中期頃より水利、林野、漁場の維持管理の主体となり、明治維新、戦後改革を経て戦後にも連なることを論じた。もちろんそれは、農家の高齢化と急激な農家戸数の減少により荒廃地や獣害の増加などの困難に直面しているが、その再生はムラの解体によってではなく、地域のステークホルダーの参画によってではないかと論じた。

以上の本書の内容を紹介すると、私にとって最初の単著『農家と農地の経済学』が思い起こされる。それは、小倉武一、梶井功、綿谷赳夫、中村政則、暉峻衆三といった「わが国における権威であり、大家である諸先生の仕事に若輩である筆者が全身でぶつかり、筆者なりのオータナティブを模索したものであった」（玉 1994：はじめに）。その批判のポイントは、「農業も工業のあとを追って資本主義的な関係に産業化していくはずだ、という近代経済学にもマルクス経済学にも共通するビジョンは、20世紀を支配した１つのイデオロギーだったのではないか」（同）というものだった。

そして、これに対置したのが「資本主義という生産様式は農業までも資本主義化できるものではなく、農業はそれぞれに個性的な非資本主義的部分として資本主義との間で市場関係を通して関係し合うものであるという市場問題史観」であった（同：p.263）。本書の小経営的生産様式論は、この非資本主義的部分を読み替えたものである。

この旧著の収録論文の執筆時から数えると約30年、本書の内容を見たときに忸怩たる思いを禁じ得ないが、初志とも言える問題意識を貫き通してきたことだけは多少誇れることではないかと思っている。

なお本書は、既発表論文の一部に加筆修正をおこなってはいるが、第２部第２章を除いては基本的に原文をベースとしているため、同じ内容が繰り返し登場することをご容赦願いたい。また、全体を通じて読みやすさを考えて、歴史文献からの引用文のカタカナ書きはひらがなに、漢数字は算用数字に書き改めたことも付記する。

注

（1）これは、マルクス主義にとって人口変動も生産力から説明すべき被説明変数とされたからである。しかし、今日、経済成長を考える上で「人口ボーナス」などの言葉が一般的に使われるようになり、経済や社会変動を人口論から論じるものが増えている。例えば、藻谷（2010）や特に現在の土地所有権の空洞化を人口論から論じた飯國ほか編（2018）を参照。

目　次

はしがき …… *iii*

序章　小農研究の先駆者―東浦庄治 …… *1*

第１節　はじめに―小農と経済学との“不幸な関係” …… *1*
第２節　小農問題を発見した歴史学派 …… *3*
第３節　小農経済論と農本主義 …… *5*
第４節　わが国土地制度の本質的な特質 …… *7*
第５節　高率小作料のメカニズム …… *10*
第６節　減免慣行と小作争議 …… *12*
第７節　おわりに―東浦庄治の継承― …… *15*

第１部　農村人口の変動と小作争議 …… *23*

第１章　戦前期日本（1908-1940）における農家数変動の地域性 …… *24*

第１節　はじめに …… *24*
第２節　都府県別に見た農家数変動の地域性 …… *26*
第３節　都府県別に見た自小作別農家数の変動と地主小作関係 …… *29*
第４節　耕地面積の増減と農村人口の増減 …… *31*
第５節　生前分与という分割相続 …… *36*
第６節　おわりに …… *38*

第２章　人口圧と小作争議の地域性 …… *42*

第１節　はじめに …… *42*
第２節　人口圧の地域性と農業構造 …… *43*
第３節　借地市場の構造変化と小作争議 …… *50*
第４節　おわりに―小作争議の収束をめぐって― …… *60*

第３章　青森県における借地市場と小作争議 …… *64*

第１節　はじめに …… *64*
第２節　小作争議における西と東、1920年代と1930年代 …… *65*

第３節　青森県における借地をめぐる需給関係 ……………………73
第４節　青森県における小作争議の特質…………………………77
第５節　おわりに ……………………………………………………89

補章１　書評：西田美昭『日本農民運動史研究』東京大学出版会（1997）
……………………………………………………………………………93

補章２　書評：林宥一『近代日本農民運動史論』日本経済評論社（2000）
…………………………………………………………………………… 103

第２部　小経営的生産様式論 ………………………………………… 111

第１章　小経営的生産様式と農業市場 ……………………………… 112
第１節　はじめに ……………………………………………………… 112
第２節　「農家」から「小経営」へ …………………………………… 114
第３節　農業生産と食料消費に固有の特質 ………………………… 119
第４節　日本における小経営的生産様式…………………………… 124
第５節　農業市場への国家の介入 …………………………………… 131
第６節　おわりに―「生活の場」に立脚するフレームワーク― ……… 137

第２章　「地主制」論再考―坂根嘉弘氏の新説をめぐって― ………… 141
第１節　はじめに ……………………………………………………… 141
第２節　基本的視座 …………………………………………………… 143
第３節　論点の検討 …………………………………………………… 149
第４節　おわりに ……………………………………………………… 157

第３章　1934年の東北大凶作と郷倉の復興―岩手県を対象地として―…… 164
第１節　はじめに ……………………………………………………… 164
第２節　1934年 ………………………………………………………… 166
第３節　恒久対策のビジョンと実態 ………………………………… 169
第４節　内務省による郷倉の復興 …………………………………… 172
第５節　農林省による米穀政策と郷倉……………………………… 176

第6節　政府米交付と郷倉の効果 …………………… 179
第7節　おわりに …………………… 184

補章1　いわゆる「CV論」へのレクイエム
—野田公夫氏の批判に答えて— …………………… 189
第1節　はじめに …………………… 189
第2節　近代科学の性格と論争スタイル …………………… 190
第3節　ポストモダンと科学の姿勢 …………………… 192
第4節　野田氏による「CV論」の廃棄 …………………… 193
第5節　「合理的な農家行動原理」とは何か …………………… 195
第6節　おわりに …………………… 196

補章2　ポストモダニズム論再考—野田公夫氏の批判に答える— …………………… 198
第1節　はじめに …………………… 198
第2節　ポストモダニズムの可能性 …………………… 199
第3節　農業経済学の脱構築 …………………… 201
第4節　野田氏からの批判と論点 …………………… 203
第5節　総力戦体制と現代化 …………………… 205
第6節　「食糧自給」論と「適正規模」論 …………………… 207
第7節　戦後への継承—むすびに変えて— …………………… 210

第3部　東北地域における家族農業論の展開 …………………… 213

第1章　複合経営の理論と実践—佐藤正 …………………… 214
第1節　志和への道 …………………… 214
第2節　志和型複合経営の成立 …………………… 217
第3節　農業システム化論との対決 …………………… 220
第4節　複合経営の時代とその後 …………………… 224
第5節　おわりに …………………… 228

第2章　東北農文協における有畜複合経営論の展開 …………………… 230
第1節　はじめに …………………… 230

第２節　東北農文協の再建とシンポジウム ……………………… 232
第３節　有畜複合経営の理論的体系化……………………………… 236
第４節　有畜複合経営をめぐる環境変化…………………………… 244
第５節　東北農文協の有畜複合経営論とは何であったか………… 251
［参考資料］ ………………………………………………………… 258

第３章　農民的複合経営と日本型農協—太田原農協論の成立過程— ……… 261
第１節　はじめに ………………………………………………… 261
第２節　“可能性の発見”………………………………………… 262
第３節　東北農文協の有畜複合経営論…………………………… 262
第４節　有畜複合経営と農民的複合経営………………………… 263
第５節　「民主的農協」と村落構造 ……………………………… 264
第６節　日本型農協論へ…………………………………………… 265

補章１　いま、なぜ、家族農業なのか？（訳者あとがき）……………… 267

補章２　解説　死生観が問われる時代に ……………………………… 274

第４部　脱グローバル化時代の農業論 ……………………………… 283

第１章　日本農業のいま—苦悩の歴史的背景と本質— …………………… 284
第１節　はじめに ………………………………………………… 284
第２節　インフレ時代と総兼業化 ……………………………… 285
第３節　家族農業の２類型 ……………………………………… 286
第４節　日本農業の基層構造 …………………………………… 287
第５節　基本矛盾とその対応 …………………………………… 288
第６節　総兼業化と地方経済 …………………………………… 289
第７節　デフレ時代へ…………………………………………… 290
第８節　大規模層と地方の危機 ………………………………… 291
第９節　里山資本主義と田園回帰 ……………………………… 292

第２章　地域に根ざした農林水産業論のために
—その理論的チャレンジ— ………… 294
第１節　地方創生と農学系学部の新設 ………… 294
第２節　生物資源産業学部の特質 ………… 298
第３節　農林水産業とは何か—その歴史と理論 ………… 301

第３章　地域シンポジウム：協同組合の志—協同社会を地方から— …… 307
第１節　はじめに：脱グローバル化時代と協同組合 ………… 307
第２節　地域シンポジウム概要 ………… 308
第３節　報告概要 ………… 309
第４節　まとめ ………… 312

補章１　書評リプライ　『近現代日本の米穀市場と食糧政策
—食糧管理制度の歴史的性格』 ………… 314
補章２　通巻100号にあたって ………… 319

終章　齋藤「自治村落論」と地域資源経済学 ………… 325
第１節　はじめに ………… 325
第２節　地域資源経済学の対象とその性格 ………… 327
第３節　地域資源の持続的な利活用と集落組織 ………… 336
第４節　おわりに—協同組合の重要性— ………… 349

参考引用文献 ………… 354

あとがき ………… 366

序章

小農研究の先駆者―東浦庄治

第1節　はじめに―小農と経済学との“不幸な関係”

「東浦氏はすべての農村問題を資本主義と小農という視角からとりあげ、独占資本の農民支配の進行の過程をえぐり出し、それがいかに様々な農村問題を台頭せしめる根源となっているかを明らかにする。農村物価問題や農村人口問題はもちろん、小作問題も、農村負債問題も、農村団体問題もすべてこの資本主義の農民支配という見地から国民経済的に把握しなければならないというのが、東浦氏の進歩的な農政理論を一貫する基本的態度であった」(栗原 1979：pp.128-129)

この章が取り上げる東浦庄治（1898-1949）[(1)]は、大正末からそのほとんどを帝国農会にあって、帝国農会の代表的理論家として活躍した経済学者である。彼の主著『日本農業概論』（東浦 1933a）（以下、『概論』と略す）は、大内力によって「戦前の日本農業分析としてもっともすぐれたもののひとつ」（大内 1976a：p.328）と評されたが、いまでは入手も困難な幻の名著となっている。また、彼が帝国農会で育てた大谷省三や石渡貞雄、綿谷赳夫、栗原百寿等は、いずれも農業経済学者として戦後に確たる足跡を残したが、東浦自身は突然の死もあって、いまや顧みられることのなく忘れ去られている[(2)]。

しかしいま、アメリカの覇権の凋落とともにグローバル化も黄昏を迎え、ロシア、中国の台頭と合わせ“国家の復権”と保護主義の復活が目立つ中にあって、改めて東浦を取り上げる意義は小さくないように思う。というのも、いまの時代は、19世紀のイギリスを中心国としたグローバル化の時代が黄昏を迎え、ドイツやアメリカが保護主義とともに台頭した時代を彷彿とさせるからである。そして、それは経済学の世界で古典派経済学に代わって歴史学派が影響力を強め、彼らによって様々な社会問題の１つとして小農問題が発見された時代でもあった。

その意味で、現在、家族農業や小農に再び関心が集まり始めているのも決して偶然とは言えないだろう[(3)]。しかし、そこに問題がある。歴史学派の経済学は19世紀末から登場するマルクス経済学と近代経済学によって急速に“時代遅れ”にされていった[(4)]。それと合わせて、発見された小農問題も単なる“近代化の遅れ”の問題に読み替えられてしまった。法則定立的な“科学”として登場したこれらの経済学は、現実よりも“法則”が指し示す“未来”を信奉するイデオロギー的性格を強烈に持っていた。これに対して東浦は、マルクス経済学と近代経済学が台頭してくる時代の中にあって、歴史学派が発見した小農問題を“近代化の遅れ”に読み替えることなく、「資本主義と小農」という枠組みを設定することで経済学的に考察しようとしたのである。

「然し小農の商品経済化はそれ自体としての小農の資本主義化ではない、此処に小農経済内に於ける矛盾があり、問題がある」[(5)]（東浦庄治選集刊行会編 1952：p.28）。この一文に東浦の小農研究の真髄を見ることができる。それは、商品経済化を資本主義化と同一視し、階級闘争や農民層分解、はたまた規模拡大や法人化、株式会社化などを百年一日のごとく唱えるだけの経済学の流れとは明らかに異なっていた。しかし、そうした経済学が“主流派”となる中で、東浦は小農とともに忘れられることとなったのである。

以下では、“日本小農問題研究“と題した本書の序章として、わが国において小農問題がどのように発見され、議論され、そして見捨てられたかを踏まえた上で、小農理論としての東浦の日本農業論を紹介し、その先駆性を確認するとともに、彼の研究が埋もれていくパラダイムの問題を論じたいと思う。

第２節　小農問題を発見した歴史学派

周知のように、わが国において小農問題が学術の対象として議論されたのは、「小農保護問題」をテーマに開催された社会政策学会第８回大会（1914年）であった。大内力の優れた「解題」（大内 1976b）に依拠して、その特徴を述べれば以下のようになる。

まずこの学会は、ドイツ帰りの若い学者や官僚がドイツ社会政策学会を真似て設立したもので、その思想的基盤もドイツ流の社会政策にあった。1873年恐慌以降、慢性不況がヨーロッパを襲う中で、重化学工業と独占資本の急速な発展を見ていたドイツでは、失業問題、婦人・児童労働問題、都市問題、住宅問題、中小企業問題等の様々な問題が噴出した。その１つに中小農の没落と窮乏化の問題もあったのである。

歴史学派は、何よりも“国家”を考察の枠組みとし、産業化の結果として生じた様々な問題を国家が関与すべき“社会問題”と捉え、その改善・改良のための社会政策を学術的な研究課題とした。それは、言うまでもなく台頭してきた社会主義の主張や運動に対する体制側からの対応という性格をもっていた。プロイセン憲法に倣って明治憲法を制定し、工学・医学・農学などの近代科学をもっぱらドイツから輸入していた日本で、社会科学もまたドイツの強い影響下にあったのは当然であった。

この大会では、高岡熊雄[(6)]、添田寿一[(7)]、横井時敬[(8)]の３名が報告を行い、矢作栄蔵[(9)]がコメントして引き続き討論がなされた。その論点の１つが「小農は保護すべきか」であった。この問いに対して、高岡は多数の農家が家族労働力に見合う経営規模を有しないことを論じ、添田は政治上、軍事上、衛生上、道徳上、社会上等、要するに国家の体制的安定を論じ、横井は小農の衰退はすなわち日本農業の衰退であると論じて、小農保護の理由とした。大内力は、これらの主張に封建社会以来の農本主義に通底する発想があること、またドイツ歴史学派の強い影響から小農保護が自明とされ、帝国主義の時代という資本主義の段階的な変質への認識を欠いていたと指摘した（大内 1976b：pp.18-20）。

当時の日本は、日露戦後の慢性不況の下で財閥等の力が強まり、一方で労働運動や社会主義思想も登場していた。農業では米価の低落が続き、自作農の没落だけでなく、大地主が農事改良への関心を失い、山林や植民地、証券に投資先を変える動きが始まっていた[(10)]。横井はそうした地主の動きを批判し、高岡は中規模の農家が増加する、いわゆる「中農標準化傾向」を指摘した。また、添田はかつて放任主義であったイギリスも19世紀末から小農保護に転じたと論じた。それらはいずれも、歴史学派経済学の歴史的視点や帰納的方法、倫理的方法を用いた小農問題への接近であった。

しかし、こうした議論に１人反対する論者がいた。福田徳三[(11)]である。彼は言う。小農の不振は「小農の経済的存立の不能」の証明であり、彼らは商工業に自活の道を求めればよく、「救済の道は唯一なり、曰く資本主義の洗礼これなり、かくて小農の減少を見るとも、毫も憂えるに足らず、寧ろ慶賀すべき事項なり」（近藤編 1976：p.44）と。また、保護はその場しのぎにすぎず、米価維持策は不適切で、むしろ米価下落が最善の農業振興策であるとした（近藤編 1976：p.45）。

この福田の主張について２点を指摘できる。第１に、福田は現実の農業・農村で起きている事態に楽天的で、多数の小農の窮状にも関心がない。なぜなら、彼の頭の中で“農業の未来”は「資本主義化」と決まっており、小農の消滅は時間の問題という経済学の解答を強く信奉していたからである。第２に、彼が示した市場競争に曝すという処方箋は、ガット・ウルグアイ・ラウンド交渉時の叶芳和（叶 1982、1990）、そしてTPP交渉時の山下一仁（山下 2010、2015）の主張と瓜二つである[(12)]。市場競争に委ねればすべての資源配分が効率的に行われるという“法則”の支配を、唯一絶対の世界観とする経済学者達にとって、“農業の未来”は百年前も今もおよそ議論するまでもなく自明なのである。

第３節　小農経済論と農本主義

大内力がそうだったように、明治末から昭和戦前期に活躍した多くの小農保護論者は、“農本主義”に分類されることが多かった。これに対して野本京子は、この農本主義を自明の分析概念として用いる議論に疑問を呈している（野本 1999)。すなわち、農本主義を「封建的イデオロギー」に基づく反近代の思想と単純に評価すれば、小農保護論に連なる様々な論者が各時期の農業問題をどう捉え、どう行動したかの考察に扉を閉ざすことになる。そればかりではなく、農本主義自体も「近代化」への「対抗思想」だけではなく、「近代化」へ適応しつつ自己の存続を目指す「土着的近代化」も内包している[(13)]。共同体的関係を踏まえた小農の商品経済への対応である産業組合は、まさにその証左であると。

こうした観点に立って野本は、明治末から昭和戦前期に活躍した横井時敬、岡田温[(14)]、山崎延吉[(15)]、千石興太郎[(16)]、古瀬伝蔵[(17)]などの主張と行動を分析して、そこに見られる主張や行動の違いと共通性を論じた。そして彼らが、作物栽培学に基礎をおいた横井、自作専業の家族経営に理想を求めた岡田、農村計画の樹立を説いた山崎、産業組合の指導者となった千石、『家の光』の創刊・普及に尽力した古瀬など、その主張や活動内容は多様とはいえ、“家族農業に基づく小農的農業を日本農業の本質”ととらえ、その十全な発達を目指した点において、また村落の伝統的な共同性や「協同」の重要性を唱えた点においては、共通の思考様式を持っていたとしたのである[(18)]。

野本が共通の思考様式としたこれら論者をいま“小農経済論”と呼ぶとするならば、次の２点が重要となる。すなわち、彼らはなぜ農本主義とされたのか、そして、彼らとこの章が対象とする東浦とはどこが違うのか、である。そしてここに、冒頭で論じた小農と経済学との“不幸な関係”が隠されている。

まず、横井、岡田、山崎はいずれも東京帝国大学農科大学の卒業であり、千石は札幌農学校卒であって、当時の最高学府で農学、農政学に関する学識を得ていた。したがって、彼らの主張が単なる個人的経験に基づくものだったわけでは決してない。しかし、重要なのは、彼らが学んだのは、前項で述べたドイツから輸入された歴史学派の農政学だったことである。そのために、彼らの小農経済論は「理論的分析というよりは、さまざまの事実をあげ、また政策の類型をあげてその長短優劣を論ずるといった形のものであって、まだ、農業問題を資本主義の問題として説こうというような視点はほとんど入ってきていないのである」[19] 大内（1976a：p.321）（下線は玉）。

この点にこそ、彼らが農本主義とされた理由であり、また東浦と彼らを分かつ最大のポイントでもある。第一次世界大戦とロシア革命という歴史の大転換は、マルクス主義を全世界に広げ、マルクス経済学とそれに対抗する近代経済学を時代の先端に押し出した。この２つの経済学は、ともに“科学の証”として理論を持つ点に特徴があり、理論的にあいまいな歴史学派等を学問的に見下すものだった。実際、それを象徴するかのように、歴史学派の牙城であったわが国の社会政策学会は、1924年に解散してしまうのである。

しかも、これら経済学と一体のマルクス主義と自由主義は、互いに対立していても、ウォーラースティンが「自由主義･マルクス主義の合意」（ウォーラースティン 1993：p.263）と表現したように、共に「不可避的なものとして、進歩を信じていた」。それゆえ、先の福田徳三がそうだったように、「独立生産者の減少は、……進歩であり、進歩は望ましいと同時に不可避である」（ウォーラースティン 1993：p.403）という確信ないし信仰において一致していたのである。

そのために、小農的農業の存続・発展を論じた小農経済論の論者達は、進歩に背を向けた“反近代”の議論として「農本主義」に分類されることとなった。小農経済論が“家族農業に基づく小農的農業を日本農業の本質”としたことは、歴史学派経済学の歴史的視点に基づく一つの慧眼であった。しかし、農業問題を資本主義の問題として分析する視点を欠いたために、新たに登場した経済学と切り結ぶことができず、小農の擁護は、“科学”以前の前近代の主義主張のごとく扱われてしまった。この小農経済論の弱点を強く意識しながら、「資本主義と小農」という枠組みで、資本主義の問題として日本の小農研究を目指したのが東浦庄治にほかならなかった。

「日本農業の社会経済的角度からの検討においては、農業を一つの孤立的なる事実として取り扱ってはならぬ。あるいは他産業との平面的なる対比の問題として取り扱ってはならぬ。日本の農業を論じたる多くの著作の陥れる弊害をわれわれはこの点に見る。言う心は農業問題は今日においては農業と資本主義との内面的関係を度外に措いては全く論じ得ないというのである」（東浦 1933a：p.2、以下、この文献からの引用は、引用文の後に、頁数のみ示す）（下線は玉）。

東浦『概論』の冒頭に記されているこの一文を見れば、彼が小農経済論の限界を乗り超えようとした意図は明確だろう。

第4節　わが国土地制度の本質的な特質

しかし、東浦『概論』が出版された1933年頃、日本農業をめぐる議論は一変していた。日本資本主義論争の開始である。この論争に立ち入る余裕はないが[(20)]、確認すべき点は、それに参加した多数の論者、また戦後にそれを引き継いだ研究者達[(21)]が同じ前提（パラダイムと言っていい）に立っていたことである。すなわち、日本農業は工業のあとを追って“資本主義化すべき”であり、問題の焦点はそれを拒んでいる“関係”ないし“制度”であると。これが進歩主義的なマルクス経済学の歴史観であり、かつ前述のようにそれは近代経済学も同様であった[(22)]。

もう1点は、理論である。日本資本主義論争で講座派が戦後も長く影響を持ち続けた理由は、その土地所有に対する“理論規定”にあった。すなわち、土地所有の性格を規定するのは「生産諸条件の所有者が直接生産者に対する直接の関係」＝生産様式・搾取様式であるという第1命題と、地主が取得する小作料は「必要労働部分にまで食い込むほどの全剰余労働を吸収する地代範疇、利潤の成立を許さぬ地代範疇」という第２命題の定立である[23]（中村 1969：p.171）。この『資本論』を援用した理論規定により、日本農業の進歩、すなわち資本主義化を拒むのは「半隷農主的寄生地主制」となり、その後約半世紀にわたって歴史学派が発見した小農問題は忘れさられ、学会の議論は「地主制」研究に支配されるのである。

戦後の「地主制」研究の第１人者であった中村政則は、この２つの命題を述べるにあたって、「いまさらこんなことを書くのは気がひけるくらい常識に属するのだが」（中村 1969：p.171）と前置きをしている。“常識”として疑問を差し挟ませないのが権威というものであり、この“理論規定”は権威として君臨したのである。しかし、はっきりと判定を下せば、この規定は理論的にも破綻していたし[24]、何よりも日本農業の土地制度の本質的な特質を完全に見誤るものであった。それが権威として雲の上に祭り上げられ、多くの研究者がそれに服従したのであった。

これに対し東浦は、マルクスの理論にもきわめて深く精通していたが、日本農業の土地制度を講座派とは全く異なって捉えていた。それを『概論』第３章「土地制度」で確認しよう。

まず、東浦は、イギリスにおける囲い込みやドイツの「騎士領」地などの例をあげ、欧州諸国では近代以前並びに近代への移行過程における権力的土地集積が大土地所有に深く関わっていたとする。それに対してわが国は、豪士階級や商業資本、高利貸資本の土地開墾などの特殊事情を除くと、徳川時代の土地集積は著しく制限されており、至るところに巨大地主が発生するようなことはなかった。他方で、徳川時代の農民階級には制限された内容とはいえ土地所有権があったことは疑うべくもなく、だから土地は売買、抵当、質入れ等が行われ、地租改正においてもその土地所有権が「百姓持地」として認められた。

「かくて我々は知る。我が国における土地所有の集積はその大体の形においては徳川時代における私有権が伝承されたものであり、したがって封建的諸関係が多くの場合巨大土地所有をさまたげたために、欧州諸国に見るがごとき大所有制の出現を見るにいたらず、中、小地主の存在がその特色をなしたのである。そしてこのことが我が国における土地問題の特異性を示す」(p.88)（下線は玉）。

ここで欧州諸国というのは、わずか数パーセントの貴族的大地主が全耕地の半ばを所有するようなイギリスやロシア、さらにユンカー系譜の大経営が存在するドイツなどを指している。東浦は、引き続き「資本主義の成立、発展と土地集積」の節で、明治以降の自作農の没落や、地主の土地集積などを統計も交えて時系列的に考察している。それは米価変動や土地利回り等の農業を取り巻く各種の市場変動に経済主体である農家や地主がいかに行動したかを経済的に分析したものであった。そこでも土地集積が農業経営の集積を伴わないところに、「小農国に於ける土地所有集積の特殊の意義がある」(p.113)（下線は玉）と表現したのであった。

このように東浦は、土地制度を「奴隷制・封建制・資本主義・社会主義」といった公式にあてはめるのではなく、国による多様性や個性を前提に土地制度を捉えようとしていた。それは、ある意味で歴史学派からの継承である。その上で、農民的小土地所有とその下での零細中小地主の存在をわが国の土地制度の本質的な特質としたのである[(25)]。

この東浦の理解を裏付けるために、イギリスの社会学者（経済学者ではない）ロナルド・P. ドーアの分析を紹介しておこう。彼は、『日本の農地改革』の中で、日本の地主小作関係の零細性を以下のように紹介している。

全農家の５分の１の約百万戸が多少とも貸付地をもち、その大多数は耕作地主で、その80％が１町以下しか貸し付けていない。1947年の「臨時農業センサス」では、貸付地を有する128万戸の内、５町以上の所有者はわずか2.2％（２万８千戸）、その貸付面積が全貸付面積に占める比率も24％でしかない。さらに「地主兼小作という農家もかなり多い」「これら耕作地主の多くは、本来の意味で、『地主』とよぶことがむずかしい」（ドーア 1965：pp.5-7）。不在地主の１つの型は「故郷を去ってどこかよそに就職し、両親が死んでも、家に帰らず、しかも家の農地を手ばなさないで持っている場合である。……農地改革法の起草にたずさわった多くの官僚や農業経済学者にも、たまたまこの型に属するものが多かった」(ドーア 1965：p.3) と。

第5節　高率小作料のメカニズム

講座派において高率小作料は、土地所有の性格を「寄生地主制」や「地主的土地所有」と規定する“根拠”だったため、“高率小作料の経済的メカニズム”という問いは発せられなかった。いわゆる「経済外的強制」をはじめとする前近代の“関係”や“制度”が前提となり、土地制度と小作制度は渾然一体となって、「寄生地主制」や「地主的土地所有」を止揚する土地改革だけに焦点が向けられたのである。

これに対して東浦は、土地制度と小作制度を当然、区別して論じていた。なぜなら、徳川時代に起源を持つ農民的小土地所有という“土地制度”の下で、農地は貸借の対象だったのであり、そこに小作料や小作期間などの小作条件をめぐる地主小作関係、すなわち“小作制度”が様々な地域性を伴って存在したからである。しかも、そこには借地をめぐる需要と供給があり、当然にも経済計算に基づく競争が作用していた。これまでに前近代的な「経済外的強制」なるものが実証されているのであれば別であるが、筆者は知らない。であれば、高率小作料のメカニズムは、この借地の需給を含めた経済的分析によって解き明かされねばならないのである。

東浦も、地租改正が小作料の軽減に何ら作用せず維持されたことを、「我が国における小作料の封建的色彩濃厚なる一原因」(p.127) と指摘していた。しかし、明治以降に小作料が騰貴の趨勢を示した事実は、単に歴史的に封建的小作料を踏襲したという理由からだけではなく、「なおその支持さるべき近代的意義」(同) によるものである。こうして東浦は、「小作慣行調査」が小作料騰貴の主な原因としていた“人口増加に伴う耕地不足”こそ、「日本において極度の過小農経営を存続せしめている力」(p.128) としたのであった[(26)]。

このように、“人口増加に伴う耕地不足”を小作料騰貴の基本的要因と捉えた東浦は、「端的に小農地代の特色を述べている」として、マルクス『資本論』の有名な一説を引用することを忘れなかった。

「過小農経営が小作地においてなされる所にあっても、小作料は他のいかなる事情の下におけるよりも遥かに著しく利潤の一部を含み、甚だしきは労銀からの一の控除分をも含むことがある。この場合の小作料は名目的の地代たるに過ぎず、労銀及び利潤に対立した一つの特殊範疇としての地代ではないのである」(27) (p.128)。

これに加えて東浦は、高率小作料のメカニズムにとって重要な「小作人の強烈な小作地獲得競争」が生じる農業構造上の特徴について、次の２点を指摘していた。

第１は、地主小作間の貸付地の狭小性という事実である。北海道を例外として「内地の小作人は平均的に見て非常に少ない面積を地主から賃借している」(p.117)。また、自らの調査結果を示して「ここでも地主が小さくなるにしたがって、地主の一小作人に対する貸付面積は減少する。換言すれば小地主になるにしたがって、相対的に多数の小作人を有する」(28) (p.118)。このように、１人の地主が複数の小作人に貸し、１人の小作人が複数の地主から借りるいわゆる「散掛小作」(東畑 1947：p.64) が支配的であることで、貸し手は小作人を比較・選択することができ、「貸し手優位」の市場の場合には小作料のつり上げが可能となるのである。

第２は、この零細で複雑な借地関係の下で４割を占める自作兼小作農の存在とその経営的特質である。「小地主制の行われる場合には農民の間に土地所有の分散が行われ、比較的自作兼小作が多く、その全生活が小作地の上に置かれていないために小作地に対して高き地代を支払い得る所にもある。すなわち過剰労力を使用すべき機会の獲得のために、その付加部分における利益の僅少に考慮しない」(p.118)。つまり、経営耕地に対して余剰となる家族労働力の機会費用は兼業先がなければゼロに近く、追加所得さえ得られるならば小作地の獲得に向かうという経済的メカニズムである。

この東浦が指摘した自小作農の存在と高率小作料の関係を正面から論じていたのは、宇野弘蔵であった。玉（1995）所収の「宇野弘蔵の日本農業論」で述べたように、宇野は農家の階層構成の分析から、自小作農が経営規模の基準といえる１町～２町層に集中し、かつ明らかに専業農家の地位を確保していることを踏まえて、「我が国農業における土地関係、労働形態、資本の性質は寧ろこの１町—２町層の自小作農家を通じて初めてその性格を明らかになし得る」（宇野 1974b：p.454）とした。そして、兼業に生活費補充を求める小規模自作・小作とは対極の形として、自小作農が自作地に余る家族労働力を小作地での追加的所得の増加に向ける結果として、競争が小作地における所得をゼロに近づけるまで小作料を高めるとしたのである。

第６節　減免慣行と小作争議

自小作農の借地競争が小作料水準を高めたとしても、それは当然、農家経営を取り巻く経済環境の変化により変動するものである。その変動を確認できるのが、本書の第１部で分析する第一次世界大戦直後の「小作慣行調査」（1921年）である。

その中の「小作料騰落の趨勢及その原因」を見れば、群馬、埼玉、神奈川、長野を除く東日本の15道府県が騰貴の趨勢にあるのに対して、鳥取、宮崎、沖縄を除く西日本の23府県が低落の趨勢であった。「変化なし」は石川、愛媛の２県のみである。つまり、小作料は変動しており、しかも東日本と西日本で騰落の趨勢が真逆だったのである。問題はその理由である。騰貴趨勢の18道府県の内16道県は「人口増加に伴う耕地の不足」を理由の１つとし、他方、低落趨勢の27府県の内20府県は「耕地過剰、小作人転業、農業労力の不足」の内の１つを理由としていた。要するに、先に東浦が着目していた日本全体の借地をめぐる需給関係は、第一次世界大戦後に東日本と西日本で全く逆となっていたのである。

その要因は、農村労働力の都市への移動に加えて、より重要な人口増加率の東西差にあった。第一次世界大戦の勃発は日本経済に空前の好景気をもたらし、農村から都市への人口移動は200万人にも達した（中村 1978：p.104）。それは特に東海、京阪神、瀬戸内、北九州などの西日本における産業的発展に伴うものであった。もちろん、群馬、埼玉、神奈川、長野における小作料低落が示すように、京浜地域でも急速な産業的発展と農村労働力の吸引があった。しかし、北陸や北関東、東北などの東日本は高い出生率による農村人口増加がこれまた顕著だった。他方、それとは対照的に西日本の農村では、大正期から出生率は低下傾向に転じていたのである。

この環境変化の下で西日本の農村で急速に増加したのが小作争議であった。この小作争議の隆盛は、「地主制」研究においては小作人についに生じた階級意識の目覚めとされ、したがって小作争議は階級的な農民運動として研究された（暉峻 1970、西田 1997）。また、その急速な収束は逆に階級意識の「眠り込み」として、例えば、同じ時期に拡大する都市の農産物需要に向けた主産地形成の動きや産業組合運動などが、農民の階級意識を眠り込ませ、「上からの掌握」を導いた要因として研究されたのである（森編 1985など）。

これに対して東浦は、この小作争議の急速な増加と収束にまったく別の理解を示していた。その際、東浦が重視したのは、わが国の小作制度の特徴の１つである減免慣行である。すなわち、「原則として不可抗力に基づく不作に対して、小作料減免の存在する」（p.131）、「通常二分作、三部作の場合には小作料を全免し、減収一割五分乃至二割に至れば小作料の減額を開始する。不作の程度の増大すると共に減額率の増大するのが一般的である」（同）。

この小作制度の理解が小作争議の西日本における急拡大と収束を理解するカギとなる。東浦は、『概論』とは別の論文で戦後の「地主制」研究とは正反対に、1920年代に短期間で急増した小作争議を「農民自身の著しき自覚の結果ではなくして、ただ一時的なる利害観念と、かかる運動の雷同性とに依存する」「一時的流行性」のものとした（東浦 1929a：p.46）。また、「流行には消長あるが必然でこの表面的現象は決して本質的なる農民運動と混同されてはならない」としたのである（東浦 1929b：p.112）。

その理由の第1は、日本農民組合が提起した「小作料永久減額」という要求が、わが国で制度化されていた小作料の減免慣行とは異なる要求の新規性において「小作農民の異常に歓迎する所」となってブームに火をつけたこと（東浦 1929a：p.43）。第2に、小作人は労働者とは違って、「先ずその生産物を自己の手中に収め地主に対抗することが出来」るなどの要因から、「争議において多くの場合小作人が勝利を克ち得た」こと（東浦 1929a：p.46）。

第3に、わが国の地主小作関係はアイルランドなどとは違って、「極めて共同体的色彩の濃厚なる一部落に居住し、相互に人格的に相接」する関係であり、ひとたび小作料の永久的減額が実現すると小作人の側でそれ以上の「無理」は言い難い関係であること。それゆえ、「一度小作料の永久減額免除が行われた場合にはそこに小作争議が発生せず自然消滅的に組合が消滅していった」（東浦 1929a：p.45）こと。第4に、地主の側もある時点から「争議に対する各種の対策を講ずるに至」り、「この地主側の捨て身の戦術に対しては小作人側は非常に打撃を受けざる得なかった」こと等が運動の収束に拍車をかけた（東浦 1929a：p.48）。

この東浦と同様の分析を行っていたのが太田敏兄である。太田は、岡山県における農民組合の詳細な実証分析を踏まえて、「農民が農民組合に加入した目的は、主として小作料の減免にあった。そこで闘争によってその目的がある程度達せられ、それ以上減額の見込がなくなったときは、その支部はおおむね解体し、組織から離れるのが常である」（太田 1958：p.11）と述べていた。

このように東浦は、1920年代に急増した小作争議の多くは地主小作関係の自覚的な変革を目指したものではなく、日農の「小作料永久減」という要求を起爆剤として、あくまでムラ的な関係の中で生じた小作料水準の改訂をめぐる民事的な紛争と捉えていた。それでは、なぜ西日本で多発し、東日本ではごくわずかだったのか。この地域差については、農民的小商品生産の発展程度の差に理由を求める西田美昭のような議論もあるが（西田 1997）、大正から昭和にかけての商業的農業と主産地形成の動きは全国的なものだった

(玉 1996)。その意味でも、この地域差はやはり人口増加率の東西差を踏まえた借地の需給関係から説明されなければならない。本書の第１部で詳しく論じるように、東日本と西日本では農家数の増減が真逆であり、東日本では小作農家が大幅に増え、逆に西日本では小作農家が大幅に減少していた。言い換えれば、東日本は地主優位の貸し手市場が続いていたが、西日本は第一次大戦を機に小作優位の借り手市場に転換して、既存の小作料水準は高すぎたのである。

しかし、このような小作争議の評価は、パラダイムとしてのマルクス主義においては、あってはならない反動的なものであった。なぜなら、地主小作関係は「生産関係」、「階級関係」でなければならず、同様に小作争議は「階級闘争」でなければならなかったからである。戦後の歴史研究は、このパラダイムに縛られることで根底から歪んだ歴史像を描いてしまったと言わざるを得ないのである。

第７節　おわりに―東浦庄治の継承―

東浦『概論』は、「農業経営」から始まって「土地制度、小作制度」、「農業金融」、「農村人口」、そして「近代的農業の発展」として農業の商品生産化が順次分析されている。このうち、「農業経営」の紹介は割愛したが、農業が小経営のまま存続する理由の考察である。また、最後には「農民の租税負担」が置かれ、「農民の特に農村下層階級の最大の負担たる戸数割が昭和７年度予算で１億３千万円（家屋税付加税を含めて）に達し町村税収入の６割５分を占めているのは主としてこの負担に基づく」(p.273) と、小規模農家に極めて過重な租税負担問題の重要性を正しく提示していた。

さらに結言では、日本の農業は小農のままで発達してきたが、「それは小農として、それが資本家社会において持つところの不利益を決してそのまま持ちつつ発展したのではない。農民はあらゆる努力をもってその不利益の解消に終始してきたのである。農民の各種の生活における団体化はその最も顕著な現れであった」(p.274) と、小農の生存のための運動として協同組合の意義を明確に提示していた[29]。

こうしてみても、東浦と「地主制」研究との立脚点の違いは明確である。それはまた今日の近代経済学の“主流派”の立脚点とも異なっている。これら進歩主義に立つ経済学は、要するに農業を資本主義社会における“遅れた部分”と見ているだけである。これに対して東浦は、次の一文が明確に示すように、資本主義も実は非資本主義的な農業に依存した存在であるという双方向性の認識に立脚していた[30]。

「日本の農業は非資本家的経営として立つけれども――一般的に資本制社会における非資本主義的要素について正しくもローザが言えるごとく非資本主義的環境として重大なる役割を演じている。農業問題は我が国においては、かかる観点からなされる場合に始めて良く理解されるであろう」(p.3)。(下線―玉)

この認識から、『概論』は以下のように結ばれる。「この対資本との全面的接触点での農民全体の困難の増大が全農村の不安を醸成しつつあることである。しかもしばしば既述せるごとく今日においても我が国の資本主義が著しく農業に依存せるために、農村の困難は直ちに資本家社会の不安の原因となる。このため、今や農村救済事業が必死に努力されているのである。ここに農業問題の集中的な面を見る」(pp.275-276) と。

この点を踏まえて、冒頭の観点に立ち返ろう。すなわち、グローバル化の黄昏、“国家の復権”と小農問題である。国連の「国際家族農業年」を完全に無視した日本政府は、相も変わらず「成長戦略」と称して、規制緩和による資本の農業参入や農協攻撃、全農の株式会社化などに固執している。しかし、こうしたグローバル化推進の路線は、経済格差の拡大、貧困化、そして何よりも少子高齢化・人口減少と相まって地方経済・社会の衰退を加速化させずにはおかないだろう。それに、日本の政治・経済・社会は耐えられるのかという問題である。

確かに戦前に比べ、産業規模でも、就業人口でも、国民経済に占める農林

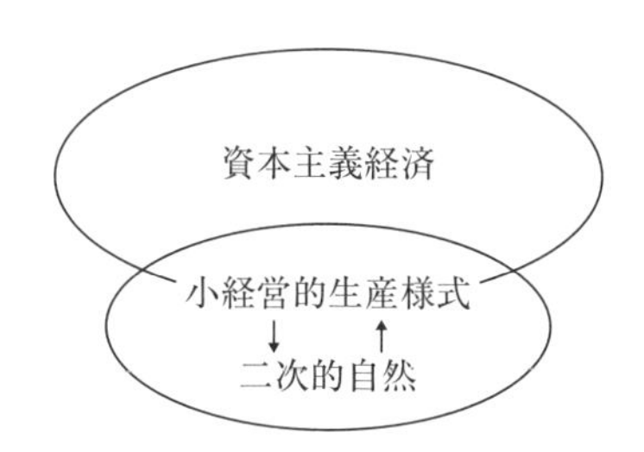

図１　資本主義経済と小経営的生産様式

水産業のシェアは桁外れに小さくなった。とはいえ、国土面積の占有では都市とは比較にならないほど大きい。特に、地方の経済・社会のみならず環境・防災と密接に関わる地域資源の利活用において農林水産業、とりわけ家族農業に依存するところは依然として大きいのである。その関係をシンプルに描いたのが**図１**である。下にはみ出している部分が、人が手を加え続けることで維持される"二次的自然"の部分である。また小経営的生産様式とは筆者が東浦、並びに栗原百寿の小農研究を継承して農家、林家、漁家を包含した概念である。

この図から次のような問いが生まれる。資本主義経済はこの国土に広く分布する二次的自然を切り捨てて、都市国家のように存立し得るのか（上の円だけに純化)。わが国の場合、それは無理だろう。ならば、福田徳三が100年以上前、無邪気に予測したように、二次的自然の維持をすべて資本主義システムに置き換えることは可能なのか（小経営的生産様式の資本主義化)。この経済学の"未来予想"は、AIがあらゆる分野を自動化する今日においても、到達間近とはおよそ言えそうにない。であれば、国民国家は小経営的生産様式の衰退をこのまま放置はできず、その維持・存続に関与せざるを得ない。雇用を旗印とした世界的な脱グローバル化と"国家の復権"の動きは、まさにその方向へ振り子が振れている証というのが、筆者の見立てである。

2015年の「まち・ひと・しごと創生法」も統一地方選挙向けのアドバルンだったかもしれない。しかし、これ以上の東京一極集中を放置できないことになれば、半農半Xを含めて地方における就業の場としての小経営の存立支援を政府は強めざるを得ないだろう。では、それに対して経済学はいかなる貢献をなし得るのか。宇沢弘文の「社会的共通資本」という概念は、重要な手がかりとなるだろう（宇沢 2000、宇沢・関 2015）。また、「自然資源経済学」という試みも始まっている（フィールド 2016、寺西・石田 2013など）。ただし、それらは経済学的に見た自然資源の特殊性に主な関心が向けられているにすぎないように思われる。

その意味で東浦を継承して構想されるのは、長い歴史を通じて二次的自然の利活用を担ってきた家族経営を主体とする小経営的生産様式に焦点を当てた経済学だろう。筆者は、本書の第２部でも論じるように、それを小経営的生産様式論として取り組んできたが、それは主には小経営と資本主義との経済的関わりを中心としたものだった。しかし、今後、地方経済の持続可能性がますます重要なテーマとなる中で、地方の多様で個性的な地形、気候、風土、生態系も踏まえた農業技術や農法、それに加えてムラ的な関係を媒介とした地域の生物資源利用のあり方にもっと焦点が当てられる必要があるだろう。言うならば、これからの小農研究が目指すところは、農林水産業を包含した“地域資源経済学”といえるのではないだろうか。

この見通しを持ちつつ、まずは第１部として歴史から考察を開始しよう。

注

（１）東浦は、三重県の耕地1.5町の自作農家に生まれ、旧制第六高等学校から東京帝国大学経済学部に進学して卒業したのが1923年、まさに小作争議をはじめとして農村問題が沸騰していた時であった。彼は、指導教官で帝国農会副会長でもあった矢作栄蔵の招きで帝国農会に就職し、多数の論文を『帝国農会報』等に発表する。1933年に産業組合中央会へ一時的に転ずるまでの約十年間が彼の日本農業研究の最盛期で、その集大成が主著『日本農業概論』（東浦 1933a）であった。その他に、『農業団体の統制』（東浦 1933b）、『日本産業組合史』（東浦 1935）もある。1936年に岡田温（後述）の後を襲って帝国農会の幹事兼経済部長となってからは帝国農会の実質的なリーダーとなり、組織運営の業務が中心となって学究的活動は後景に退くが、大谷省三や石渡貞雄、綿谷赳夫、栗原百寿等の若手研究者を育てた。その後、戦時下の農業団体統合により中央農業会常務理事となって終戦を迎え、戦後は1947年に参議院議員（緑風会）となり全国農業会副会長となったが、農業団体再編問題が沸騰する1949年９月に自死している。享年51歳の若さであった。彼の死後に、綿谷赳夫が中心となってまとめた東浦庄治選集刊行会編『日本農政論』（東浦庄治選集刊行会編 1952）が刊行されている。

（２）東浦庄治に関する先行研究としては、福冨正美（1963）及び玉（1991、1995）を参照。

（３）日本政府は完全に無視したが、国連は2014年を「国際家族農業年」として先進国、途上国を問わず、小規模農業を支援する重要性を世界にアピールした（国連世界食料保障委員会専門家ハイレベルパネル 2014）。他方で、Douwe（2013）は、チャヤノフ理論の再評価とともに再小農化（re-peasantization）を論じている。また、近年の小農再評価や新しい小農論については、『農業と経済』2018年１・２月合併号の特集「小さな農業に光あれ」を参照。

（４）戦後の主流派経済学によって“時代遅れ”とされてしまった歴史学派経済学を改めて再評価したものとして、住谷一彦・八木紀一郎編（1998）がある。

（５）この点に関し、宇野弘蔵も「根本は自家労働を基礎にしておるという点にある」、自家労働であるかぎりは、「商品経済が外部から関係して来る」、資本家的計算は「内部からは起こりえない」と述べている（玉 1995：p.110）。

（６）高岡熊雄（1871-1961）は、札幌農学校を卒業後、ドイツに留学、帰朝後は札幌農学校教授、東北帝国大学および北海道帝国大学教授、北大総長などを歴任した。この当時は東北帝国大学農科大学教授。

（７）添田寿一（1864-1929）は、東京帝国大学を卒業後に大蔵省に入省し、イギリスとドイツに留学、大蔵省では次官まで進み、台湾銀行頭取、日本鉱業銀行総裁、中外商業新報社長、鉄道院総裁などをつとめ、晩年は貴族院議員となった。この当時は興銀総裁であった。

（８）横井時敬（1860-1927）は、熊本の藩校から駒場農学校に進み、卒業後に神戸、福岡農学校、福岡県勧農試験場長、農商務省などを経て、東京帝国大学農科大学講師、ついで教授となった。報告の当時は東大教授であった。

（９）矢作栄蔵（1870-1933）は、東京帝国大学法科大学卒業後、ドイツ、フランス、イギリスに留学、帰朝後に東大経済学部教授兼農学部教授となり、経済学部長ともなった。また、帝国農会の副会長、会長を歴任した。当時は、東大教授であった。

（10）イギリスを中心国として植民地農業が開発され、世界農工分業体制ができあがった19世紀末頃より大地主が農業から撤退し、投資先を証券などに移していくのは世界的な傾向である。この点は、第２部第１章「小経営的生産様式と農業市場」を参照。

（11）福田徳三（1874-1930）は、東京商業学校を卒業後、ドイツに留学し、帰朝後に東京商業学校講師となり教授となる。一旦は退職し、慶應義塾大学教授となった後に東京高等商業学校教授に復職した。この当時は慶應大学教授であった。

(12) ガット・ウルグアイ・ラウンド交渉やTPP交渉など、政府が農産物の輸入自由化を進めようとするときはきまって、市場競争に委ねれば日本農業は輸出産業になると主張する論者が日本経済新聞をはじめとしたマスコミで持て囃され、世論に大きな影響を与えた。

(13) この「土着的近代化」について、野本は中村雄二郎「農本主義思想のとらえ方について」(中村 1967) に依拠している。

(14) 岡田温 (1870-1949) は、東京帝国大学を卒業後、愛媛県温泉郡農会技師、愛媛県農会技師を経て帝国農会幹事、後に農業経営部長となるなど系統農会で活躍した。岡田温については、川東 (2014) がある。

(15) 山崎延吉 (1873-1954) は、東京帝国大学を卒業後、福岡県立農学校、大阪府農学校を経て愛知県立農林学校長となり、退任後は衆議院議員当選、その後安城女子専門学校長となった。主著として『農村自治の研究』(永東書店、1908) がある。

(16) 千石興太郎 (1874-1950) は、札幌農学校を卒業後、教員や官僚を経験した後、島根県農会技師・幹事として産業組合中央会主事に就任、後に会頭となった。その後全国購買組合連合会の専務理事や産業組合中央金庫の設立に関わり、1938年に貴族院議員に勅撰され、敗戦後の東久邇宮内閣の農商大臣、農林大臣となったが、1946年に公職追放となった。

(17) 古瀬伝蔵 (1888-1959) は、長野県の小県養蚕学校専科終了後に南安曇野郡農学校、ついで更級農学校の教員を経て、読売新聞記者となり、その後産業組合中央会に移って『家の光』の編集や普及に関わり、大日本農政学会の理事として月刊誌『農政研究』の刊行に尽力した。また、1926年には財団法人農村文化協会設立の中心的役割も果たした。

(18) 野本 (1999：序章、終章) を参照。なお、野本はこうした思考様式を農本主義と区別して「ペザンティズム」と規定した。

(19) これは、第一次世界大戦後の東大農学部の農業経済学者であった佐藤寛次や那須皓について大内が述べたものであるが、小農経済論にもそのまま当てはまるだろう。

(20) 日本資本主義論争については、玉 (1994) の第7章を参照。

(21) これらの研究者の多くが「土地制度史学会」に結集していた。

(22) この共通の前提に異議を唱えれば、歴史学派と同様に“農本主義”という評価を受け学会から無視されることは、戦後の優れた農業経済学者であった守田志郎の例を見れば明らかだろう。本書第3部補章2を参照。

(23) もちろん、この地代範疇の議論から「半封建的土地所有」の規定を行ったのは、山田盛太郎である（山田 1934：pp.189-202）。

(24) 以上の点に関しては、玉（2006：第八章「『地主制』から『小経営的生産様式』へ」）、並びに第２部第１章「小経営的生産様式と農業市場」を参照。

(25) この東浦と近い認識をしていたのが宇野弘蔵である。宇野は、農地所有者の平均所有面積が1.2町にすぎず、１町以下の所有者が全体の75％を占めること、さらに1925年の50町歩以上所有地主の総土地所有が全国の総耕地面積に占める比率は6.7％にすぎず、しかもその所有地の35％は北海道に集中しているとして、これをわが国における「土地所有の細分の事実」としていた。玉（1995：p.101）を参照。

(26) この明治以降の小作料騰貴に農業人口の増加が決定的に関わっていたことは、本書の第１部において実証的に論じている。この明治以降における人口増加の問題は、大変に興味深いことに、わが国の経済史研究において忌避されてきたテーマである。そこにはやはり戦後のパラダイムの問題があったと言わざるを得ない。

(27) 原典は、マルクス『資本論』第６編第47章「資本主義的地代の生成」第５節「分益農制と農民的分割地所有」にある一節（マルクス 1967a：p.1038）。

(28) このような地主小作関係の特質に関する詳しい実証的研究については、玉（1996：補章２「農民的小商品生産の発展と小作争議」）を参照。

(29) このほか東浦庄治の小農研究については、地代学説の研究、とりわけ「リチャード・ジョーンズの小農地代」の研究が重要である。この点については、玉（1991）を参照。

(30) これは、「内面化」をキーワードに鈴木鴻一郎から侘美光彦へ引き継がれた「世界資本主義論」の資本主義認識である。侘美（1980）、及び玉（1995：終章）を参照。

[八木紀一郎・柳田芳伸編『埋もれし近代日本の経済学者たち』昭和堂、2018所収の同名論文に加筆修正]

第1部

農村人口の変動と小作争議

第1章

戦前期日本（1908-1940）における農家数変動の地域性

第1節　はじめに

この章では、戦前期の日本における農家数の変動の地域性を考察する。この点については、すでに「主としていえば東北諸県と南九州の両極の農業諸県で農業戸数の増加傾向がみられ、他方では太平洋ベルト地帯の都市的諸府県で農家戸数の減少傾向が見いだされたのである」（磯辺編 1979：p.5）という指摘がなされていた。そこで、なぜこのような地域性が生じたのかについて、その要因を考察することがこの章の課題となる。

戦前の日本農業・農村の歴史分析は、1980～90年代に飛躍的な前進を見た。しかし、その中にあっても上記の農家数変動の地域性に触れた研究は、玉（1999、2001a）を除いてほとんど見いだすことができない[(1)]。例えば、1980～90年代の研究成果を踏まえて、日本農業の歴史を通史的にまとめた暉峻衆三編『日本の農業150年』（暉峻編 2003）でも、「地主的土地所有の地域性」や小作争議の地域性は問題とされても、農家数変動そのものやその地域性にはまったく言及がない。

つまり、これまでの歴史分析は、農家数変動にも、その地域性にも関心が薄かったと言える。それはおそらく、日本農業の歴史分析が「地主制」を主要な研究テーマとしてきたことと深く関わるだろう。このテーマの下では、一方では地主が、他方では小作・自小作が主な関心の対象とされ、自作、自小作、小作、さらに耕作地主を包含した概念である「農家」のビヘイビアは、関心外であったと言ってよいだろう[(2)]。また、1980年代以降は、研究方法としても町村レベルのミクロ的な実証分析が多用され、日本農業のマクロ的な動きに対する分析は等閑にされる傾向もあった。

その意味で、近年刊行された坂根（2011）と野田（2012）の２つの著書が注目される。なぜなら、両著とも戦前期における農家のビヘイビアに着目して日本農業のマクロ的な特徴づけがなされているからである。すなわち、坂根（2011）は「動かない日本農家」という表題の下、「日本の農家は、世界民族的にみて、驚くほど固定的であった」（坂根 2011：p.74）と、「日本農家の固定性」を強調した。そして、「いうまでもなく日本的『家』により、農家（『家』）が系譜的に固定されていたためである」（同）と、藩政期以来のイエの特性を「固定性」の根拠とした。

野田（2012）も、農家数が明治初期から20世紀半ばまで維持されたことを重要視して、「都市の膨張にもかかわらず農家数を維持（むしろ微増）しえた秘密はイエの存在にあった。次三男や姉妹たちは外部に出たにせよ、後継ぎは確実にムラに残りイエを守ったからである」（野田 2012：p.205）と、同様にイエの論理でそれを説いた。

ところが、1990年当時の両氏は、地主小作関係を主な研究の対象としており、イエに対する関心を示していたわけではなかった[(3)]。その後に関心がイエに移ったことに伴って、農家ビヘイビアによる農家数の安定性を日本農業の特徴として提起されたのである。

その点で筆者は、1990年当時から、例えば梶井功を批判して「『いえ』によって連続する小農経営」（玉 1994：pp.93-101）を論じ、また綿谷赳夫を批判して「『いえ』固有の論理や小農特有の行動様式」（玉 1994：pp.134-143）を強く主張していた。また、「農地制度と家族制度による日本農業論の再構成」（玉 2006：第７章）では「家族制度とイエ意識」を総括的に論じていた（玉 2006：pp.119-128）。

それと同時に、「この東日本と西日本の農村家族における差の存在は、資本主義の浸透によって日本の農村家族が単純に同質的・画一的なものに純化してきたのではなくて、変容しながらも個性を維持しつつ依然として日本農業を規定づけている」（玉 1994：p.139）と、当初から日本農業の地域性に注意を喚起し、実証的にも玉（1999、2001a）を公表してきた。

よって、坂根（2011）、野田（2012）が農家数の固定性や不変性を主張するのであれば、先行研究を踏まえた上で、農家数変動及びその地域性に対する検討が不可欠であったと思われる[(4)]。つまり、農家ビヘイビアへの関心移動は歓迎されるとしても、農家数の固定性、不変性を一面的に強調するとなると、それは日本農業の理解として適切性を欠くことになると思われるのである[(5)]。

そこでこの章では、戦前期の農家数変動を都府県別に分析し、そこにおける地域性を検出した上で、その要因について分析し、最後にイエとの関係についても触れることにしたい。

第2節　都府県別に見た農家数変動の地域性

まず、戦前期における農家数変動とその地域性を検出しよう。その際、この章では地域性の検出を主に都府県別の統計に依拠して分析を行うことから、分析の基準年を1908（明治41）年とした。この年は、農商務省が系統農会に委嘱して実施した「農事統計」に自小作別の農家数が示された最初の年である。この結果、この章の対象期間は、この明治末から太平洋戦争直前の1940年までの約30年間となる。統計データのない明治前期・中期の動きについては、今後の課題として残し、北海道と沖縄も分析対象から除外した。

表1は、1908年、1925年、1940年について都府県別の農家実数と1908年に対する指数を示したものである。この表では、都府県の順番を入れ換えて新潟・長野・静岡を西端とする東日本と、富山・岐阜・愛知を東端とする西日本が上下に別れるようにした。それにより、千葉、東京、神奈川を除く東日本では農家数が増加の趨勢にあり、三重、鳥取、南九州を除く西日本では農家数が減少の趨勢にあったことが一目瞭然と言えよう[(6)]。この内、千葉、東京、神奈川の減少傾向は、首都圏の産業化と都市化の影響によるものと容易に想像される。とすれば、戦前期日本の農家数は、南九州を例外として、

表1　都府県別農家数の推移と1908年基準の指数

都府県名	1908	1925		1940	
	実数（戸）	実数（戸）	指数	実数（戸）	指数
青森県	69,396	80,713	116	94,236	136
岩手県	91,996	99,834	109	112,651	122
宮城県	84,449	96,524	114	106,430	126
秋田県	83,024	88,705	107	97,479	117
山形県	86,114	93,235	108	104,215	121
福島県	125,130	134,966	108	140,996	113
茨城県	164,463	181,962	111	185,955	113
栃木県	92,600	102,658	111	112,260	121
群馬県	108,414	114,898	106	119,908	111
埼玉県	147,821	169,651	115	162,546	110
千葉県	161,108	159,278	99	159,915	99
東京都	68,382	61,779	90	55,375	81
神奈川県	76,610	77,479	101	73,484	96
山梨県	72,796	79,592	109	81,166	111
新潟県	196,680	201,293	102	205,247	104
長野県	197,109	206,102	105	206,002	105
静岡県	150,783	161,280	107	161,667	107
富山県	82,794	78,328	95	75,408	91
岐阜県	140,170	139,427	99	134,417	96
愛知県	218,228	197,683	91	179,030	82
石川県	78,291	83,628	107	76,463	98
福井県	75,908	70,991	94	65,167	86
滋賀県	94,614	92,462	98	84,956	90
三重県	120,784	119,921	99	121,129	100
京都府	82,845	81,730	99	76,202	92
大阪府	97,082	86,032	89	75,683	78
兵庫県	197,623	186,538	94	174,404	88
奈良県	62,081	63,080	102	59,524	96
和歌山県	76,653	76,949	100	75,047	98
鳥取県	51,719	57,792	112	55,679	108
島根県	114,532	110,212	96	99,537	87
岡山県	171,072	162,573	95	152,781	89
広島県	205,308	197,500	96	176,366	86
山口県	134,614	124,910	93	110,880	82
徳島県	91,175	79,545	87	80,922	89
香川県	91,097	87,965	97	84,792	93
愛媛県	139,784	128,439	92	127,053	91
高知県	82,977	81,819	99	73,199	88
福岡県	159,881	147,904	93	141,281	88
佐賀県	71,098	67,453	95	63,605	89
長崎県	111,519	107,776	97	103,392	93
熊本県	144,538	143,084	99	138,867	96
大分県	127,745	124,208	97	117,314	92
宮崎県	72,372	75,794	105	85,677	118
鹿児島県	187,949	208,120	111	220,861	118
合　計	5,324,383	5,292,716	99	5,209,168	98

資料：梅村他（1988：第11表）。

表２　1940年の農家数増減率による都府県の分類

		東日本	西日本
増加	31％以上	青森	
	21～30％	岩手、宮城、山形、栃木	
	11～20％	秋田、福島、茨城、群馬、山梨	宮崎、鹿児島
	6～10％	埼玉、静岡	鳥取
	0～5％	新潟、長野	三重
減少	0～5％	千葉、神奈川	石川、岐阜、奈良、和歌山、熊本
	6～10％		富山、滋賀、京都、香川、愛媛、長崎、大分
	11～15％		福井、兵庫、島根、岡山、広島、徳島、高知、福岡、佐賀
	16～20％	東京	愛知、山口
	21～30％		大阪

資料：表１から作成。

いわゆるフォッサマグナで区分される東日本と西日本で、ほぼ真逆の趨勢を示していたことになるのである。

これは、日本語学、民俗学の大野晋（1994）、大野晋・宮本常一（1981）や歴史学の網野善彦（1998）などが論じてきた東西日本の歴史的、文化的対称性との関連で興味深い。つまり、この地域性には、単純には経済的要因に還元できない日本の歴史的個性が表出していると考えられる。

表２は、この趨勢を踏まえて1908年に対する1940年の増減率で都府県を分類したものである。この表からは、東西日本といっても、東北・北関東と中四国・北九州が対極にあり、中間に位置する北陸や東海などはやはり中間的であることがわかる。また、この地理的分布からは、耕地の開発余地における東日本の優位性や商工業の発展における西日本の先行性などが地域差の要因として思い浮かぶ。その一方で、南九州の際だった特異性は、この地域独特のイエのあり方（分割相続）が関わっていることも予想させる(7)。

その点で野田（2012）は、先に引用したように、イエ制度による後継ぎの継承を農家数「維持」の根拠としていた。同様に坂根（2011）も、「家産の不分割が原則」の「単独相続」こそがアジアと比較した日本のイエ制度の特徴であるとした（坂根 2011：p.30）。すなわち、イエ制度による農村側からの過剰人口プッシュと商工業の飛躍的発展による農村労働力のプルがうまくマッチした結果として、「農村に過剰労働力が滞留することは最小限に抑えられ」、「『家』のもとで農家戸数は驚くほど安定的であった」（坂根 2011：p.76）と結論していたのである。

確かに**表1**の合計欄を見ても、総数の変化は2％でしかない。しかし、全国の数字における農家数の安定性は、東西日本の真逆の趨勢が相殺しあった結果でしかなかった。西日本では農家数が「維持」されたわけではなく、全国的にも「驚くほど固定的」ではなかった。イエの制度下にあっても、東日本と南九州では農家が新規に創設され、西日本では廃業退出が進展していたのである。この実態を見誤っては、日本農業の適切な理解は得られないだろう。ではその地域性は、どのように生じたのか。まず、最初の手がかりを自小作別の農家数変動に求めてみよう。

第3節　都府県別に見た自小作別農家数の変動と地主小作関係

1908年を基準とした自小作別の農家数変動を見ると、1940年時点で自作農家が増えた県は、青森、岩手、新潟、長野、岐阜、静岡、鳥取、徳島、鹿児島の9県しかない。これに対して、自小作農家が増えた都府県は東北、北関東、東海、近畿、南九州など28府県に広く分布する。戦前の日本農村にあっては、自作農と小作農は共に零細な兼業農家が多く、自小作農こそが専業的で中規模経営のいわゆる「農家らしい農家」の形態として増加の傾向にあった（玉 1994：第5章）。ただし、自小作農の農家数変動にも特別の地域性は見いだせなかった。

これに対して、小作農家の増減には地域性が顕著であった。そこで1908年に対する1940年の小作農家数増減率を**表2**の農家数増減率と相関させた散布図が**図1**である。見ての通り、農家数増減率と小作農家増減率はいくつかの県（富山、神奈川、東京、鳥取、山梨、長野、三重、千葉等）を除けば極めて強く相関している。相関係数は0.8149となる。その際、小作農家数増減率は、栃木の＋62％から愛知の－39％まで農家数変動よりも増減幅が大きい。

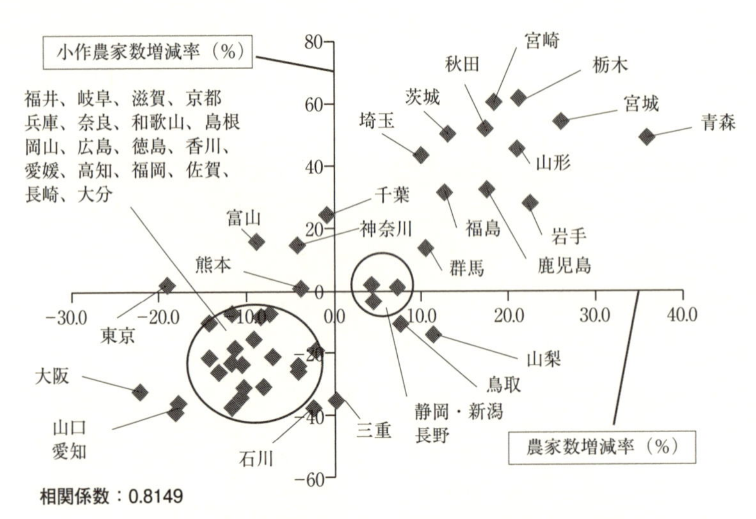

図1　農家数増減率と小作農家数の増減率の相関

資料：小作農家増減率は加用監修（1983）における各都府県の1908年と1940年の小作農家戸数から算出。農家数増減率は表2から。

これは、小作の増加が新規創設だけではなく、例えば自作からの転落も含まれ、逆に減少も廃業退出のみではなく自小作への上昇等も含むからだろう。

それを踏まえても、この強い相関が示すものは、東日本及び南九州での農家数の増加は多くが小作農家の新規創設によるものであり、逆に西日本の農家数の減少は多くが小作農家の廃業退出によるものであったとしてよいであろう。要するに、戦前期の小作農家は、新規創設、廃業退出の両面で高い流動性を持ち、それが農家数変動を生じさせていたのである。

この関係性は、驚くようなことではなく、素直に想像できるものである。農地の購入と違って借入は元手がいらず、不要となれば返せばよい。しかるに、長い地主小作関係の研究史において、地域性も含めた農家数と小作農家数の変動における強い相関関係の指摘は、はじめてと思われる。これまでは、暉峻（1970）に代表されるように、地租改正を不徹底な土地改革と評価し、労働市場の未発達も根拠に、戦後の農地改革まで小作人は地主に階級的に従属したとする理解（「地主制」モデル）が通説であった。この場合、支配・

従属という定性的な枠組みから、専ら小作農の間での階層構成や階層変動が重要視され、小作農家の流動性（参入・退出）はあまり想定されていなかったのである。

これに対して玉（1994：第６章）は、地租改正によって土地制度上は私的土地所有権が確立され、その下で小作制度＝地主小作関係は私法上の、民事としての農地賃貸借関係となったとする理解を対置していた[(8)]。

それが本書第２部第１章の「農家」モデルである。これは、地主といっても数の上では零細地主が圧倒的で、かつ「地主小作」といった土地を貸しても借りてもいる農家も珍しくない戦前農村の実態に基づいたものである。また、小作地片は小さく、零細地主でも複数の小作人に貸し、小作人も複数の地主から借りるのが一般的で、小作期間も長短あって変動し、小作料もまた変動していた実態も踏まえていた（玉 1996：補章２）。そこでは小作地がある程度の流動性を持つことは前提であり、よってそれを規定する最も重要なファクターは、小作地をめぐる貸し手と借り手の需給関係（市場構造）であるというのが、このモデルの要をなす含意であった。

小作料水準や小作期間といった小作条件、さらには小作争議の地域性や性格も、西日本における小作農家数の減少、東日本における小作農家数の増加が規定的な影響を与えていた[(9)]。ただし、その考察は次章以降で行うので、ここでは小作農家の新規創設・廃業退出によって農家数の変動がもたらされていたことを確認して、次の要因の分析に進むことにしよう。

第４節　耕地面積の増減と農村人口の増減

耕地面積の増減という要因は、農家数変動とどの程度関連するのか。この検討のために、1908年を基準に1940年の耕地面積増減率を**表２**の農家数増減率と相関させた散布図が**図２**である。この図から、やはり耕地面積は東で増加し、西で減少しており、小作農家数増減率ほどではないにしても、耕地面積増減率と農家数増減率もかなり高い相関関係にあったことが確認できる

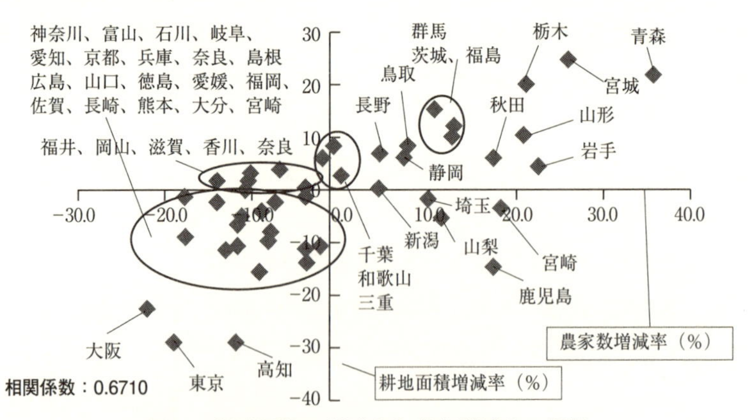

図２　耕地面積の増減率と農家増減率の相関

資料：耕地面積増減率は加用監修（1983）における各都府県の1908年と1940年の耕地面積から算出。ただし、岩手県のみ1908 年の耕地面積が不明のため、田畑面積の合計を使用した。農家数増減率は表２から。

（相関係数は、0.6710）。

要するに、耕地面積の増加していた地域で農家数も増加し、耕地面積が減少している地域で農家数が減少していた。例外は、耕地面積が減少する中で農家数が増えていた南九州である。そこで、農家数と耕地面積のどちらの規定性が強いかを考えるために、農家１戸当たりの耕地面積の変化を検討しよう。ただし、全都府県の分析は繁雑なので、典型的な動向を示す東北と中国、そして特殊な南九州に限って**表３**を作成した。

この表からは、東北ではいずれの県も農家１戸当たり耕地面積が減少を示すことから、耕地面積の増加が農家数の増加に見合う規模ではなかったことがわかる。その逆に中国では、１戸当たり耕地面積は増加しており、耕地面積の減少を上回る農家数の減少が進行していた。これは、農家数の増減の方が規定的であったことを示唆する。すなわち、東北における耕地拡大の背後には農家数の増加圧力があり、中国における耕地面積減少は農家の廃業による劣等地の放棄・壊廃があったと言えるだろう（都市化や工場用地も一部含まれるだろう）。この規定関係は、耕地面積が減少している中でも農家数が増加し、当然のように１戸当たり耕地面積が大きく減少している南九州の動

表３　東北・中国・南九州における農家１戸当たり耕地面積の推移

都府県名	総計（町）		田（町）	
	1908	1940	1908	1940
青森県	1.63	1.46	0.85	0.78
岩手県	1.53	1.31	0.57	0.61
宮城県	1.42	1.40	0.96	0.97
秋田県	1.63	1.48	1.20	1.18
山形県	1.50	1.37	0.99	0.98
福島県	1.40	1.37	0.76	0.74
鳥取県	0.90	0.91	0.65	0.61
島根県	0.81	0.82	0.49	0.56
岡山県	0.72	0.81	0.51	0.58
広島県	0.55	0.62	0.37	0.43
山口県	0.84	0.93	0.59	0.72
宮崎県	1.35	1.10	0.57	0.56
鹿児島県	1.15	0.84	0.29	0.29

資料：加用監修（1983）における各県の1908年と1940年の耕地面積と農家戸数から農家１戸当たり耕地面積を算出。
ただし、岩手県のみ1908年の耕地面積総計が不明のため、田畑面積の合計を使用した。

きによっても確証できるだろう。

そこでも興味深いのは、農家１戸当たりの田面積の推移である。鳥取を例外として中国における田面積の増加は当然としても、１戸当たり耕地面積がかなり減少していた東北・南九州でも田面積の減少幅は小さく、岩手、宮城は若干増加している。耕地面積が大幅に減少していた鹿児島でも、１戸当たりの田面積は0.29町を維持しているのである。

この背景には、特に米騒動以降の産米増殖政策による農地の畑から田への転換や増田の進展があった。また、農村部を含む国民生活水準の向上に伴い、雑穀・甘藷等の自給的畑作物から稲作への転換も進んでいた(10)。１戸当たり田面積が東北・南九州でも辛うじて同水準を維持していたことは、農家数の増加が田面積の増加と同程度であったこと、あるいは農家数増加のモメンタムも田面積の増加に限度づけられていた可能性も示唆する。

ただ、それは指摘に止め、最後に農家数増加のモメンタムに関わって、農村人口の増減という要因を分析してみよう。実は、昭和恐慌期に大きな社会問題となっていたのが東北における際だって高い出生率及び人口自然増加率だった(11)。1934年の東北大凶作を受けて設置された東北振興調査会も『東北の人口構成における特異性の概観』（東北振興調査会、出版年不明）とい

表４　地域別に見た出生率と自然増加率

	出生率（‰）		自然増加率（‰）	
	1924～1928 平均	1929～1933 平均	1924～1928 平均	1929～1933 平均
全　国	34.29	32.39	14.23	13.87
東　北	40.64	38.62	19.12	18.85
関　東	33.90	31.30	14.58	14.08
東　山	34.89	32.78	15.34	14.82
東　海	35.70	33.43	15.42	15.01
北　陸	37.00	35.34	13.15	13.11
近　畿	30.21	28.12	10.75	10.30
中　国	31.62	30.36	10.99	11.06
四　国	34.61	32.97	13.72	13.73
九　州	33.10	32.25	13.96	13.51

資料：東北振興調査会（出版年不明）p.14。

う報告書をまとめている。その中にある表から北海道、沖縄を除いて示したのが**表４**である。

この表から、東北の出生率及び自然増加率が際だって高いことがわかる。全国平均と比較すると、出生率で６ポイント強、自然増加率で５ポイント弱の高さである。これに対し、近畿・中国は、全国平均より出生率で３～４ポイント、自然増加率で２～３ポイント低い。そこで全国平均を基準に各地域の自然増加率を並べれば、高いのは東北、関東、東山、東海であり、低いのが北陸、近畿、中国、四国、九州となる。これは、**表２**で示した農家数増減の地域性と見事に重なっているのである。

そこで、この人口増加の趨勢を都府県別に確認するために、都府県別に入手可能な郡部人口を農村人口の代替として使うことにする。この郡部人口には当然、人口の自然増だけではなく、市部への人口流出といった社会移動も含まれている。その意味で、農村における人口圧を示す数字としてより適当と言えよう。そこで、1908年を基準とした1940年の郡部人口増減率と**表２**の農家数増減率の相関を散布図にしたのが**図３**である。

この中で、大阪、福岡、兵庫などの特異な位置は、都市部の膨張が周辺の郡部にまで及んだ結果と見て大きな誤りはないだろう。それを例外とすると、郡部人口の増減率と農家数の増減率には、やはり強い正の相関が見いだされる（相関係数は0.6785）。

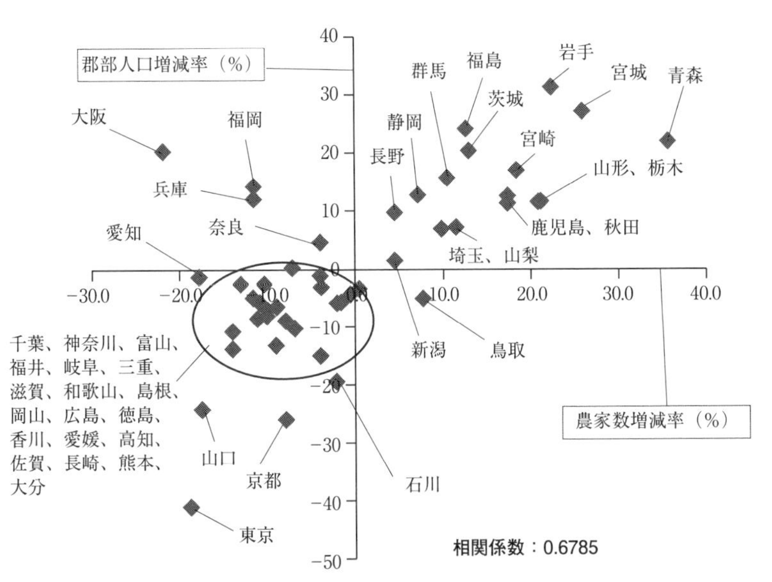

図３　郡部人口増減率と農家数増減率の相関

資料：郡部人口増減率は総務省統計局ホームページにおける都府県の1908年と1940年の郡部人口から算出。農家数増減率は表２から。

表４を踏まえれば、東北・北関東など東日本で郡部人口が増えた要因は、高い出生率及び人口自然増加率と考えて間違いないだろう。したがって、この相関が意味するところは、東日本の農家数の増加は、人口増加によってもたらされたということである。他方、郡部人口が減っている西日本は、低い出生率及び自然増加率により都市への人口流出が人口増加を超えて進展した結果だろう。つまり、こちらでは廃業して都市へ出た小作農家が郡部の人口減少に貢献していたのである(12)。

農家数増加の主要因が人口増加であることを確証してくれるのが南九州である。九州における県別の人口自然増加率を人口問題研究会（1935）から拾うと、1933年の数字で宮崎が17.67‰、鹿児島が16.09‰であって、これは他の九州５県平均の13.35‰と比べて３ポイント以上高く、茨城・栃木・群馬の北関東３県平均の15.95‰を上回り、東北の山形17.00‰に並ぶほどである(東北平均は18.43‰)（人口問題研究会 1935：p.9 第一表)。耕地面積の減少から、**図２**では特異な位置にあった鹿児島、宮崎だが、**図３**で他の九州諸県と異なって第１象限に位置するのは、人口増加が農家数を規定していたからである(13)。

しかし、ここで問題となってくるのが、冒頭からしばしば言及してきたイエの相続慣行との関連である。確かに、分割相続を特徴とする南九州では、農村人口の増加が相続を通じて農家新設につながることで、人口と農家数増加の関係性は素直に理解できる。これに対して、一般に単独相続とされるイエ制度の下にあった東北や北関東などの東日本において、なぜ農村人口の増加が農家の新規創設につながっていったのか。

これは、イエを根拠に「日本農家の固定性」を説いていた坂根（2011）や野田（2012）の主張とは食い違う事実である。最後に、この問題を考察しよう。

第５節　生前分与という分割相続

「戦前の民法旧規定のもとにおいて農村の相続の実態が長男単独相続制であったと考えることは誤りであり、実際には生前分与ないし生前相続に基礎をおく一種の分割相続が広範に行われていた」（川島編 1965：p.73)。これは、川島編（1965）からの引用である。またそれは、「農村における相続－特に農地の相続－の実態は、民法の規定によってではなく、それから離れて現実の経済的＝社会的諸条件によって、決定されている」（同：p.73）とも述べている。

この著書は、1962年に川島武宜を代表者として、全国11道府県から３町村を選んで実施された大規模な農家相続の実態調査結果をまとめたものである。しかも、この調査で重要な点は、「生前贈与」も相続の一形態として、分家や婚資、学資等についても調査されたことである。

その結果、均分相続を定めた新民法の下にあっても、「遺産分割による農地分割はきわめて少なく、しかもその少数のケースにおいても、経営の分割を伴わない場合が圧倒的に多い」（同：p.72）ことが明らかとなった。つまり、イエの相続慣行は戦後に民法が改正されても維持されていたのである。

しかし、その一方で、「農家の家長の生前処分による直系卑属（主として男子）への農地分与（農地生前分与）は、遺産分割による農地分与よりもはるかに多く行われ、しかもそれは原則として常に現実に経営の分割を伴っている。少なくとも現在のところでは、農地の細分化は、遺産分割によってではなく、農地の生前分与によって進行している」（同：p.73）ことも明らかになった。

要するに、イエ制度の下で「従来一般に信じられてまた主張されて来た」（同：p.23）ところの「単独相続」とは遺産相続の話であって、それ以前の生前分与によって「あととり以外の子にも財産を分割する共同相続ないし分割相続が圧倒的に重要な（86.17％）相続形態」（同：p.23）だったのである[(14)]。

さらに、この調査によると、生前分与は直系卑属の成年者、特に既婚者に対して行われるのが一般的で全地域に見られた。ただし、分与された農地面積はきわめて小さく３反未満が76％であった。重要なのは、経営規模が大きくても分与地の面積は大きくなく、また反対に「小さな経営規模の農家にあっても、農地分与が行われている」（川島編 1965：p.67）ことである。

これが意味するところは、後継ぎ以外への生前分与は最小限のものだったということである。それは、農業以外に安定した収入のある者への分与は稀であったし、学資で代替されることもあったことからも確証される。つまり、やはりイエの第一の優先事項は、坂根（2011）や野田（2012）が着目したようにイエの維持存続にあった。ただし、イエの論理は、決してそれにとどまるものではなかった。すなわち、イエは農村家族にとっての「生活保障の最後の保塁」（有賀 1971：p.50）として、イエから排除される次三男などに対しても最低限の生活保障をギリギリのところで配慮するものだった。それが最小限の生前分与だったのである[(15)]。

この理解に立つことで、南九州のみならず、東北を代表とする東日本における農家数の増加も、人口増加の結果として理解することが可能となる。すでに確認したように、東日本における農家数の増加は、小作農家の新規創設によるものであった。それは、高い出生率及び人口自然増加率によって都市への流出をはるかに上回る人口増加圧力の下で、次三男の成人・妻帯等を契機として小作地の一部を分与されて小作農家となったと推定できる。流動性を持つ地主小作関係と水田面積の増加がその条件を提供していた。出発点は小規模な小作農であっても、田であれば多少とも飯米を確保することができ、後は本家への手伝いや出稼ぎ、各種の兼業、副業で最低限の生活は維持可能となるからである。

同様のことは、西日本でも以前から生じていただろう。ところが、出生率及び人口自然増加率の低下と商工業の発展による都市への人口流出によって、生前分与による新設は少数に抑えられ、最低限の生活を維持していた次三男系譜の小作農が都市へ出て職を得ることで廃業退出していった。この結果として、小作農家数も農村人口も減少していったと推定できるのである。

第6節　おわりに

日本の農家には、確かに代々イエを引き継いでいる永続農家が数多く存在する（日本農業研究所編 1994）。しかし、そうした農家で日本農業全体を代表させ、「日本農家の固定性」を強調することは、戦前の農村の理解として一面的であり、適切とは言えないだろう。そこにはイエを「単独相続」とする事実誤認が前提とされているからである。

この章で見てきたように、戦前期の農家数は固定されていたのではなく、大都市圏を除けば、東日本及び南九州での増加と西日本での減少という極めて対照的な地域性を伴って変動していた。この増加と減少という真逆の趨勢から偶然にも全国の農家数はあたかも固定的で不動のように見えていただけなのである。この事実を踏まえないで、日本農業の特徴を「農家の固定性」とするのは明らかに問題があるだろう。

しかも、この農家数の増減はとりわけ小作農家の増減を反映したものであった。戦前における地主小作関係は、これまで考えられてきた以上に流動性を持っており、それゆえに小作農家数は大きく動いていた。それを動かす要因となっていたのが、耕地の増加、とりわけ水田面積の増加と農村人口の動きであった。

この中でも、より規定的な要因となっていたのが、人口自然増加率の地域性であった。この人口自然増加率の地域性は、戦後の近現代史研究がなぜか無視してきた歴史的な事実である。しかし、農家数の増減を理解する上で、この人口自然増加率の地域性を無視することは決してできず、それが都市への人口流出と合わさって小作農家の増減を規定していたのである。そして、この人口増加と農家数の増加をつないでいるのは、イエにおける生前分与という事実上の分割相続であったと推定されるのである。

この農家数変動とその地域性は、都府県別の統計を拾えば簡単に検出できるものであった。それが今日まで関心を向けられなかった背後には、やはり日本農業の歴史分析におけるパラダイムの問題があったと言わざるを得ない。この章が見いだした農家数変動及びその地域性のメカニズムは、都府県別のデータをマクロ的に分析して得られたものであり、今後は生前分与の推定を検証してみることを含めて地域別の実証研究によって深められる必要があることは言うまでもない。ただし、それは同時に、これまでの日本農業の歴史研究に対する問い直しでなければならないだろう。

そこで次の章からは、この章の分析を踏まえて小作争議の地域性について考察してみよう。

注

（１）当時の地域性に関する議論は農家ではなく、中村（1975）が提起した「東北型」「養蚕型」「近畿型」という「地主制」の地域類型が主な焦点であった。

（２）この点は、第２部第１章で提案する２つのモデルを比較することで容易に理解できるだろう。すなわち、「地主制」モデルでは自作と自小作との間に階級区分線が引かれ、農家は一体として扱われない。これに対して「農家」モデルでは、自作、自小作、小作だけではなく、地主小作、地主自小作、耕作地主も包含した概念として「農家」が扱われるのである。また、研究史を遡って、例えば栗原（1974）、近藤（1953）などの日本農業に関する基礎的な統計分析を見ても、農民層分解論の視点から見た経営規模階層の変動は分析の対象となっているが、農家数の変動並びにその地域性に対する分析は意外にもまったくなされていなかった。同様に、大家と言える古島敏雄の日本農業史研究にも見いだせない。

（3）1980～90年代を代表する農業史研究である坂根（1990b）、野田（1989）は、ともに小作争議をはじめ地主小作関係を主に研究の主題としており、イエに対する言及はなかった。なお、坂根（1990b）については、玉（1992）も参照。

（4）ただし、坂根（2011）には、「もっとも、近畿地方の減少、東北地方の増加といった地域的相違が合わさった数字ではあった」（坂根 2011：p.76）という但し書きがある。野田も翌年刊行の野田（2013）で「ただし、一見不変にみえる数値も東日本の『増』と西日本の『減』とが相殺しあったものであり、それなりのダイナミズムを有していた」（野田 2013：p.3）と指摘する。いずれも、指摘だけであって実際の考察はなく、農家数変動とその地域性について強調した玉（1999、2001a）に対する言及、参照があるわけでもない。

（5）この点に関連して、両氏は共にいわゆる日本農業の「三大基本数字」に言及している。例えば、「ところが近代日本には、日本農業を長期にわたり貫いた三つの数字があった。農家数（約550万戸）、農地面積（約600万町歩）、農業就業人口（約1,400万人）－横井時敬により日本農業の『三大基本数字』とよばれたものがそれである。『基本』とは『変わらない』ということである」（野田 2012：p.205）。坂根（2011）も、この「三大基本数字」を紹介して、「この見方は妥当だったであろうか」として、1920年以降について「横井時敬は正しかった」（坂根 2011：p.75）としている。言うまでもなく、「三大基本数字」は客観的分析にもとづくものではなく、あくまで通念に他ならないが、この言及は「三大基本数字」があたかも実態であったかのような誤解を生じさせる危険があるように思われる。

（6）東日本の内、埼玉は1925年より1940年が減少しており、千葉、東京、神奈川の傾向を追いかけていることが予想できる。また、西日本の石川、奈良、和歌山、鳥取は1925年に増えて1940年に減っていることから、趨勢の遅れと見ることもできる。三重、徳島は1925年と1940年の間に増加が見られるが、いずれも比率は極めて小さい。

（7）南九州における分割相続の慣行については、内藤（1971）、坂根（1996）等を参照。

（8）そこで確立された私的所有権は藩政期に事実上成立していた零細規模の農民的土地所有であった。その下では、自作地に対して余剰の家族労働力をかかえた農家が多数存在したことが余剰労働力の利用の場としての借地を求める強い力となり、地主小作関係を広げていった。玉（2006）は「その意味で農地賃貸借＝地主小作関係は、こうした農民的土地所有の下での家族労働力と耕作農地との社会的アンバランスを調整する上で不可避的なものであった」（p.128）としている。こうした理解に対しては、暉峻（1997）の反論があり、玉（2012）はそれへの再反論である。

（９）本書の第１部第２章及び第３章を参照。

(10)加用監修（1983）によれば、1908年から1940年の間に、田の面積は33.3万町歩増加し、その内の21.5万町歩（64.6％）は小作地であった。一方、甘藷、あわ、ひえ、きび、そば、だいず、あずきといった自給的作物の作付面積は、この間に50.2万町歩も減少していた。

(11)この点については、本書第２部第３章を参照。

(12)実は、農村人口と農家戸数の間には、「なかば農家であり、なかば農家でないような」農村雑業層というバッファー的な存在があった（牛山 1975：p.22）。彼らは耕地を占有しない過剰人口であり、雑多な労働を行う流動性の高い存在であった。この農村雑業層が小作農家の増加並びに減少に深く関わっていたと考えられるが、ここでは指摘に止め、今後の課題としたい。

(13)この南九州における高い人口自然増加率は一時的なものではなく、明治期から常に北九州を上回っていた。本書第１部第２章の表２を参照。

(14)この調査が実施されたのは、1960年代のことであり、そこでの調査結果がこの章の対象期間である1908-1940年にも当てはまるかどうかは疑問という考え方も成り立つ。これに対して川島編（1965）の著者等は、この節の冒頭でも引用したように、農村における相続慣行が民法の規定よりも当該地域の社会慣行に規定されるとの実態認識から、生前分与による実質上の分割相続を戦前期から継続する慣行として論じている。筆者もこの考えに賛同するが、実証は不十分であることからこの章では「推定」としておくことにする。

(15)この点を沼田（2001）は、有賀喜左衛門の議論から的確に指摘している。「有賀氏は『家族の維持』＝『家の相続』を担当する嫡系成員の専一的支配にのみ『家』の本質を求めないのである。むしろ、『家族の維持』とは『成員全体の生活保障を目標とする心持の表現』であり、『家の成員』が『生活の共同の目標の達成に対して参加し、それに関連する一定の資格と義務とをそれぞれの役割を通してもつ』ことを重視するのである」（沼田 2001：p.19）。なお、関連して、玉（2006：第６章）も参照。

［『農業経済研究』第86巻第１号、2014年掲載の同名論文を加筆修正］

第2章

人口圧と小作争議の地域性

第1節　はじめに

この章では、前章の農家数変動を踏まえて、人口増加圧力（人口圧）という視点から小作争議の分析を行う。その際に解明を目指すのは小作争議の地域性である。第1次大戦後に社会問題として登場する小作争議には際だった地域性があり、その要因は研究の焦点の1つとなってきた。しかし、人口増加圧の地域性との関連については、長い研究史においても未だ論じられたことが一度もない。

これは、マルクス主義のパラダイムが経済中心主義で、人口変動もまた下部構造である経済発展の従属変数と考えてきたからだろう。この結果、都市化による農村人口の流出といった社会移動は盛んに論じられても、出生率の上昇による人口自然増が経済・社会に与えた影響といった観点からの分析が生まれることはなかったのである。

しかし、第2部第3章でも分析するように、戦前の昭和恐慌期における東北農村の窮乏は、高い人口増加率が1つの要因として問題視されていたし、それは戦後の途上国における「人口爆発」と重なる現象とみることもできる。また、戦後の日本経済の発展については、“人口ボーナス”といった観点が重要であるし、さらに近年の“土地所有権の空洞化”という現象についても人口論からの接近が必要となっている[(1)]。

その一方で、戦前期の地主小作関係は、「土地所有の性格」に基づくスタティックな「制度」と見なされ、その変化の要因も小作争議と国の政策に関心が集中してきた。これに対して、この章では地主小作関係を農地貸借関係として捉えて、借地をめぐるダイナミックな需給関係を考察したいと思う。その場合、人口の自然増加（人口圧）は、都市への流出といった社会移動とともに借地の需給関係に影響する重要な要因である。

そこで人口圧に関心を向けると、戦前期の出生率における「東高西低」という際だった地域差が問題となってくる（伊藤 1987)。出生率に大きな地域差があれば、当然、人口圧にも、そして借地をめぐる需給構造にも地域差が生じるだろう。そうした借地市場の地域差は、やはり小作争議にも地域差をもたらしたと考えることはできないか。

この章は、このような仮説的見通しに立って、人口圧と借地市場の地域性について分析し、それを踏まえて第１次大戦後の小作争議の地域性を考察することにしたい。

第２節　人口圧の地域性と農業構造

１．借地市場の地域性

1921年の小作慣行調査には「小作料騰落の趨勢及其の原因」という項目がある[(2)]。そこでは、鳥取、宮崎、沖縄以外は東日本の15道府県が騰貴の趨勢にあるのに対して、群馬、埼玉、神奈川、長野以外は西日本の23府県が低落の趨勢となっている。「変化なし」は石川、愛媛の２県のみである。つまり、小作料はおおよそ東日本と西日本で騰落が逆となっていた。問題は、その理由である。すなわち、騰貴趨勢の18道府県の内16道県が「人口増加に伴ふ耕地の不足」を理由の１つとしている。他方、低落趨勢の27府県の内20府県が「耕地過剰、小作人転業、農業労力の不足」の内の１つを理由としている。要するに、東日本と西日本では、耕地と人口のバランスが全く逆となっていたのである。

さらに、「小作期間の定めあるものと無きものの割合の変遷」という項目には、「明治30年頃以来人口増加の結果耕地不足となり期間を定むるもの漸次増加するに至れり」（福島、新潟）とある。ちなみに、小作期間の定期化は小作料引き上げ機会の増加を意味し、借り手による競争が激しいことの反映である(3)。これに対して、西日本では、「以前耕地不足の時は定期のものあり現時出稼するもの多く耕地の過剰を生し反つて定期のものを減す」（三重）や、「明治20年頃より耕地不足の為定期のものを増せしも近時出稼多く耕地過剰の為定期のもの減少し期間を定むる形式となれり」（大阪）とある。

つまり、明治期までは、東日本はもちろん西日本でも、人口圧の増大によって借地の需給関係は等しく借り手多数だった。それが大正に入る頃より西日本においては借地をめぐる需給関係が出稼ぎなどを要因として借り手少数へと逆転していたことがうかがわれる。

わが国の人口については、江戸時代中・後期は総じて停滞的であったが、幕末頃より人口増大が始まり明治以降にその勢いが加速したとされている(速水・鬼頭 1989：p.271)。したがって、明治期に全国的に見られた人口増加による耕地不足は、明治期に加速した人口成長の結果と見て間違いないであろう。問題は、大正期に生じた東日本と西日本の地域差である。

2．人口圧の地域性

この地域差が産業化や都市化に伴う農村からの人口流出によってもたらされたことは、自明のように見える。確かに、産業化や労働市場の拡大には地域差があり、西日本が相対的に進んでいた。しかし、果たして人口流出の地域差が東・西日本の違いを説明するものなのだろうか。

そこで1920年の国勢調査を利用して**表1**を作成した。この表では、出生府県と現在府県の差を府県間移動人口として、流出超過の現在人口に対する割合を示している。その結果は、北陸が概して比率が高く、それに加えて香川、滋賀、徳島、奈良などの京阪神周辺県が高くなっていて、産業化の影響を確かに見て取ることができる。しかし、それには及ばないにしても秋田、宮城、青森などの東北の県も全国的に見れば比率の高い方に属している。もちろん、この表が示すのは県外移動のみであって、県内において農村部から都市部へ人口流出が生じている県もあるだろう。それにしても、人口の社会移動とい

表１　府県別に見た人口に対する「流出超過」人口の割合

	府県名（%）
30％以上	富山（32）
20％以上	香川（25）　石川（23）　福井（23）　滋賀（23）　新潟（22）　徳島（22）
10％以上	奈良（19）　秋田（16）　宮城（15）　山梨（14）　青森（13）　千葉（13） 佐賀（13）　山形（12）　大分（11）　岩手（10）　島根（10）　鳥取（10）
０％以上	茨城（9）　広島（9）　高知（9）　熊本（9）　栃木（7）　岡山（7） 福島（6）　鹿児島（6）　静岡（5）　山口（4）　群馬（2）　長野（1）
マイナス（流入超過）	愛知（－1）　宮崎（－5）　兵庫（－7）　長崎（－7）　京都（－16）　神奈川（－16） 大阪（－32）　東京（－39）

注：１）内閣統計局（1928、1935）、第１巻、第３巻より作成。
　　２）北海道、沖縄を除く。

表２　地帯別に見た人口自然増加率

単位：‰

	1888	1893	1898	1903	1908	1913	1920	1925	1930	1935	1940
東　北	13.2	13.6	14.0	16.0	18.5	18.3	16.2	20.0	19.2	19.2	15.5
北関東	13.4	11.6	14.3	15.6	16.1	18.4	15.0	18.6	17.1	17.0	15.1
南関東	10.5	9.3	10.5	11.1	12.0	14.6	10.4	15.1	14.1	14.3	13.5
「東山」	14.1	9.5	10.5	15.2	16.0	17.1	13.6	17.6	16.7	15.8	14.6
北　陸	10.7	8.0	9.3	13.7	14.6	14.9	11.0	12.6	11.3	10.3	9.0
中　部	10.2	8.9	11.5	12.7	13.3	16.0	11.0	15.0	13.7	12.9	12.1
近　畿	8.8	6.6	11.3	11.3	12.6	13.4	8.3	12.2	10.9	10.1	9.6
中　国	6.7	4.8	9.7	9.3	10.4	11.5	9.5	11.4	10.2	10.1	8.6
四　国	9.2	5.7	13.7	12.6	12.8	14.6	11.3	14.2	13.7	12.4	11.3
北九州	8.7	8.0	13.4	12.2	13.3	13.7	10.9	15.0	13.3	13.3	13.0
南九州	8.9	10.0	13.9	15.7	16.9	17.3	15.7	17.9	17.5	17.2	16.4
平　均	10.3	8.6	11.9	12.9	14.1	15.2	11.8	15.2	14.0	13.6	12.3

注：１）出生率は伊藤（1987）。死亡率については、伊藤繁氏からデータの提供を受けた。
　　２）「東山」は山梨、長野、静岡の３県、中部は岐阜、愛知、三重の３県を指す。

う側面からは、小作料の騰落に示されていた東・西日本を区別するような地域差はストレートに説明しえないのである（4）。

そこで注目すべきなのが**表２**である。この表は、北海道と沖縄を除く府県について地帯別に人口の自然増加率を平均して示したものである。地帯の区分にあたっては、北と南で有意な差がある関東と九州を分けた。また、東山の中で特異な岐阜を愛知、三重と一緒に中部とし、代わって静岡を山梨、長野とともに「東山」に加えた。人口の自然増加率はいうまでもなく〈出生率－死亡率〉であるが、死亡率にはあまり地域差がなく、地帯差に貢献しているのは何といっても出生率である。

表３　地帯別に見た人口増加（1908〜1913年平均＝100）

	府県人口			郡部人口		
	1920年	1930年	1940年	1920年	1930年	1940年
東　北	103	118	129	103	112	118
北関東	105	116	125	104	110	113
南関東	99	109	119	99	106	99
「東山」	105	117	124	103	108	108
北　陸	94	99	103	92	94	90
中　部	101	116	130	99	100	96
近　畿	99	110	116	96	102	89
中　国	97	104	109	96	94	88
四　国	95	102	102	93	94	89
北九州	103	112	122	100	100	98
南九州	110	125	133	109	115	110

注：１）1908・1913年平均の数字は、内閣統計局（1916）より算出。1920、1930、1940の数字は、国勢調査報告より。
２）南関東については東京・神奈川を、近畿については大阪・兵庫を除いた。

さて、この表から、東北、北関東、南関東、「東山」の東日本は、自然増加率がほぼ恒常的に全国平均を上回り、しかも増加のピークが大正末まで持ち越される。ただし、全国平均を上回るという点については、南関東は例外である。一方、南九州を除く西日本の各地帯は、ほぼ全国平均を下回っており、しかも北九州以外は大正はじめに増加のピークを迎え、以後増加率は低下している。

また、各年次において比率の高い東北と比率の低い近畿・中国の差は、明治期の４〜５ポイントから昭和期の８〜９ポイントへと差を拡大していっている。この地帯差は、南九州の宮崎が小作料騰貴の趨勢にあったこと、南関東の埼玉、神奈川が小作料低落の趨勢にあったことを考え合わせるとき、小作料の騰落に示されていた地域性とほぼオーバーラップする。

そこで、この人口自然増加率の地帯差が、実際の農村人口の増減とどの程度相関するかを見るために、1908〜1913年平均を100として府県ごとの人口増加を指数で示したのが**表３**である。ただし、農村人口が焦点であるので、東京・神奈川・大阪・兵庫は除外した。この表で、府県人口には特段の地域差が見られない。しかし、郡部人口が農村人口を代表すると考えると、そこに示された地帯差には、**表２**における地帯差と強い相関が見られる。

すなわち、自然増加率の高かった東北、北関東、南関東、「東山」、南九州の各地帯が着実な人口増加を示し、他方、北陸、中部、近畿、中国、四国では、1930年の中部、近畿を例外として、郡部人口は減少傾向を示している。なお、中部・近畿には郡部であっても相当に都市化した町村が含まれている可能性が高い。さらに、関東の北と南、九州の北と南における差がここでも明瞭である。

このように、農村部の人口圧の地域性は、流出人口よりも自然増加率に規定されているように見える。このことは、これまで流出人口にばかりこだわってきた研究に再考を促すのである。つまり、農村人口は全国的に流出していたが、自然増加がそれを上回っていた東日本では人口圧が増大し、大正期以降に自然増加の低下で人口流出が上回った西日本では、農村の人口圧が低下していたのである。

３．人口圧と農家戸数変動の地域性

そこで、このような人口圧の地帯差が農業構造に与える影響を見るために、農家戸数の増減率を示したのが**表４**である。この表で農家戸数の推移を見ると、人口圧が特に強かった東北、北関東、そして南九州において農家数は高い比率で恒常的に増加している。他方、人口圧が低下していた中部、近畿、中国、四国の四地帯では、比率は低いにしても農家戸数は一貫して減少している。その他の南関東、「東山」、北陸、北九州は、中間的ないし時期によって傾向に変動が見られる。ただし、ここでも関東と九州の南と北では有意な差があることは確認できる。

自小作、小作農家戸数については、小作農家戸数の地帯差が顕著である。すなわち、東北、北関東、南九州では、農家戸数を上回る比率で小作農家戸数が増加しているのに対して、中部、近畿、中国、四国では逆に農家戸数の減少率を上回る比率で小作農家戸数が減少している。他の地域は、やはり中間的であるか、時期によって傾向が変動している。

その際、東北、北関東、南九州における農家戸数の増加、特に小作農家の

表４　地帯別、農家戸数の増加率（10年増減率）

単位：％

	農家戸数			自小作農家戸数			小作農家戸数		
	1910's	1920's	1930's	1910's	1920's	1930's	1910's	1920's	1930's
東　北	7.3	8.3	6.1	15.1	12.5	4.5	12.8	12.9	15.6
北関東	7.7	5.6	2.4	7.3	8.7	1.0	17.6	8.0	13.4
南関東	1.8	－2.5	－4.8	5.3	－4.7	－4.7	19.7	－3.4	6.3
「東山」	3.4	－4.3	6.4	0.3	3.3	6.3	11.0	－16.9	4.5
北　陸	0.7	－0.3	－4.3	8.7	0.3	－8.4	－2.5	－9.7	5.1
中　部	－0.8	－2.1	－4.2	1.7	5.8	－3.1	－1.6	－20.3	－10.6
近　畿	－1.3	－1.6	－6.8	－0.8	8.4	0.1	2.2	－13.9	－18.6
中　国	－1.1	－2.8	－7.3	9.8	2.3	－8.7	－11.9	－9.4	－10.3
四　国	－3.1	－0.8	－3.6	0.2	7.3	－3.3	－2.8	－11.8	－7.8
北九州	－3.8	0.3	－4.8	－2.1	3.3	－4.6	－7.8	－5.4	－0.8
南九州	4.6	6.7	5.1	11.9	5.8	0.4	18.0	8.3	10.8
全　国	2.8	0.5	－2.1	5.1	4.7	－2.6	4.7	－5.1	－1.3

注：加用監修（1977）より作成。

増加は、次三男の分家が予想される。というのも、わが国の農家相続は、「死後相続だけについて云えば、単独相続が原則であると云ってよい」が、「生前贈与を含めて相続を見るならば、農村でもむしろ分割相続が原則である」（川島編 1965：p.24）からである。

そこで、国勢調査を利用して1920年の農家世帯１戸当たりの人口を算出すると、東北6.5人、北関東5.8人に対して、中部・近畿5.1人、中国・四国5.0人で、人口圧の地域差に比例して東日本の人数が多い。それが1930年には、東北6.7人、北関東6.1人と増加は0.2人であるのに、中部5.4人、近畿・中国5.3人、四国5.4人と増加が少し大きい。これは、この十年間に東北、北関東では分家創出等によって家族数の少ない農家が増加し、逆に中部、中国、四国では家族数の少ない零細小作農家が脱農した結果と見ることもできるだろう。

４．人口圧と借地市場の地域性

そこで、**表５**を使って、この人口圧と借地市場の地域性を小作料騰落の趨勢という点から見ることにしよう。この表は、1897年と1926年の小作料水準を郡市ごとに比較した帝国農会の資料を使って、府県ごとに増加、不変、減少の郡市数の構成比を計算したものである（帝国農会 1927）。この表から、

表５　地帯別に見た小作料の変化（1897年と1926年の比較）

単位：％

	契約小作料			実収小作料			収穫量と実収小作料の比		
	増加	不変	減少	増加	不変	減少	増加	不変	減少
東　北	63.1	35.1	1.7	63.0	35.2	1.9	22.2	16.7	61.1
北関東	48.5	36.4	15.2	51.5	24.2	24.2	12.5	21.9	65.6
南関東	18.8	34.4	46.9	12.9	29.0	58.1	9.7	22.6	67.7
「東山」	17.9	57.1	25.0	14.2	50.0	35.7	3.6	21.4	75.0
北　陸	10.0	66.7	23.3	10.3	48.3	41.4	3.6	10.7	85.7
中　部	3.3	53.3	43.3	3.2	16.1	80.6	10.0	3.3	86.7
近　畿	13.3	45.0	41.6	6.6	20.0	73.3	3.4	5.1	91.5
中　国	11.9	66.7	23.8	11.6	18.6	69.7	2.3	6.9	90.7
四　国	30.0	46.7	23.3	30.0	20.0	50.0	10.0	16.6	73.3
北九州	30.8	28.2	41.0	28.2	25.9	46.2	7.7	7.7	84.6
南九州	70.6	29.4	0.0	81.3	6.3	12.5	50.0	0.0	50.0
全　国	28.4	45.0	26.6	26.6	26.9	46.4	10.5	12.5	77.4

注：１）帝国農会（1927）より作成。
２）郡市単位で見た小作料の変化を地帯ごとに合計し構成比で示したもの。各地帯との不明の郡市があるため、合計は100％とならない。
３）岐阜、長崎、佐賀は欠落しているため、計算から除外されている。

やはり東北、北関東、そして南九州という人口圧の高まっていた地帯において、契約小作料も実収小作料も増加している郡市が多いことが明瞭である。また、人口圧が低下していた中部、近畿、中国、四国においては、契約小作料こそ「不変」が多いが、実収小作料については「減少」が半数を超えている（これらの地帯については、すでに小作争議の影響も考慮されねばならない）。

しかし、収穫量と実収小作料の比で見ると、実収小作料が増加している郡市の多い東北、北関東であっても、収穫量との対比では比率が低下している郡市が６割以上を占めている。これは、これらの地帯で実収小作料の増加を上回る収穫量の増加があったことを示しており、このことが東北、北関東、南九州における小作料騰貴の条件を提供していたと考えることもできる。つまり、収量の増加という条件の下で、人口圧と小作農家の増加による借地競争を通じて、小作料がせり上がっていたのである。

以上の考察から、東北、北関東、南九州という地帯においては、人口増加に伴う人口圧の増大によって借地市場においては「貸し手優位」の関係が強められていたのに対し、中部、近畿、中国、四国では低い人口増加率と人口流出増加が相まって、借地市場は大正期から小作人のバーゲニングを強める方向へ向かっていたと言えるだろう。そして、この４地帯こそ1920年代に「新しいタイプの小作争議」が華々しく展開された地帯だったのである。

第３節　借地市場の構造変化と小作争議

１．画期としての1921年

大正期から昭和戦前期にかけて、小作争議は１つの社会問題となるが、その内容はきわめて多様であった。それを小作料減免を代表とする「小作料関係争議」と、小作人の耕作権にかかわる「土地関係争議」とに分類して分析したのが坂根（1990b）である。この分類を参考に作成したのが**図１**であって、1920年代には小作人からの小作料減額要求に端を発した比較的関係人数・面積の大きい「小作料関係争議」が西日本中心に展開され、1930年代になると地主からの土地返還要求に端を発した関係人数・面積も小さい「土地関係争議」が東日本を中心に多発した、とまとめることができる[(5)]。

人口圧の観点から小作争議の地域性を考える本章では、この内の1920年前後に展開された「小作料関係争議」に焦点を絞って考察することとしたい[(6)]。中でも、この時期の小作争議を特徴づけた「一時的減額」ではなく「永久減額」を要求する新しいタイプの小作争議の地域性を問題とする。

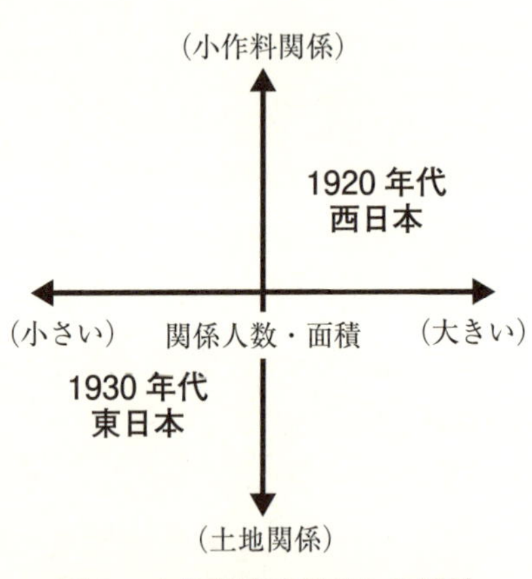

図１　小作争議の性格と地域性

その場合、なぜそれが「新しい」かと言えば、日本の地主小作関係においては、「不可抗力に因りて減収ありたる場合、契約小作料より一定の減額免除を行ふこと」は長い歴史を有する一般的慣行であって、「契約小作料は最高小作料であって、小作料減免に関する地主と小作人との交渉は旧来常に行われて来た」（帝国農会 1927：p.1）からである。その意味で、小作料の「永久減額」こそ、第一次大戦後の小作争議を特徴づける最大のポイントなのである。

そこで重要となるのが1921年である。この年は、農林省公式統計で小作争議が激増した年である。すなわち、小作争議件数は1917年85件、1918年256件、1919年326件、1920年408件と確かに増加傾向にあった。しかし、1921年には件数が一挙に1,680件と４倍に増加し、面積でも前年の26,814町から99,525町（3.7倍）へ、関係地主が5,236人から33,985人（6.5倍）へ、関係小作人が34,605人から145,898人（4.2倍）へと、大幅に増加した。そして、この年から小作争議は毎年２千件近く発生して最初のピークを迎える1926年まで一つの社会現象となったのである。

この年の意義については『日本農民運動史』の執筆者の青木恵一郎も「これは1920年の恐慌の直接的影響が、翌1921年秋になって俄然、表面にあらわれたことをしめしたのである」（青木 1959：p.31）と述べている。しかし、1920年の反動恐慌によって米価が惨落したのは1920年の春からであって、1921年４月には米穀法も成立して、夏以降は米価も持ち直していた[(7)]。

だから、米価の惨落と小作争議の急増との間には一年のタイムラグがあった。また、1921年秋に小作争議が前年に比べて急増したのは、和歌山（１件→101件）、大阪（47件→242件）、兵庫（67件→415件）、愛知（29件→278件）、神奈川（15件→46件）、埼玉（７件→74件）などの大都市圏、中でも大阪、兵庫、愛知であった。だから問題は、こうした地域において、1920年恐慌の結果として何が起きていたかである。

それについては、賀川豊彦の以下の回顧がきわめて示唆的である。

「それから大正９年に始った不景気に兵庫県の西部の川筋、揖保川とか石川とか加古川とかそういうあたりの川筋で、田を放棄し始めたのです。そうなると土地があれてしまうでしょう。そうすると食糧に困って居る日本が大へんなことだと思ったので、実は地主に小作料を払わぬでいいから、土地だけ耕せばいいではないかというので、最初は土地放棄の防止運動を含んで農民運動を考えたのです。それが最初の動機です」（農民組合史刊行会 1956：p.2）

これは、日本農民組合創設者の言としてしっかり受け止める必要がある。つまり、恐慌の結果として、田の放棄や小作地の返還が経済的な現象として広範に生じていたのであった。この小作地返還こそが、わが国の地主小作関係に新しい時代をもたらしたものであった。

2．1920年恐慌と小作地返還

帝国農会が1921年6月に全国道府県農会に委嘱した「小作地返還状況に関する調査」（帝国農会調査部 1921）は、「昨暮米価低落以来農村に及ぼしたる影響として小作者が生産費の収支相償はざる結果労力を他に転換し又は其他の事情にて小作地を返還したるもの不尠を聞き」（帝国農会調査部 1921：（一）p.56）実施したと記されており、まさに1920年恐慌の結果として大きな社会現象となった小作地返還を調査したものであった。

ただし、山形ほか8県からは回答が無く、調査は39道府県に止まった。この内、小作地返還といった現象「なし」と答えた府県は、青森、岩手、宮城、福島（以上東北）、茨城（北関東）、東京（南関東）、山梨、長野（東山）、新潟、富山（北陸）、島根、広島（中国）、愛媛（四国）と東日本中心の13県であった。

小作地返還があると答えた26道府県については、小作地返還のあった町村数、返還面積、地主小作戸数、返還理由、返還地の処分などが道府県ごとに集計されている。この資料は、問題もあるが[(8)]、小作地返還の地域性と理由、結果についておおよその状況を知る唯一のものである。

表6は、返還面積が100町歩以上の17道府県の内、北海道と福井、鳥取を除いて示したものである[(9)]。これで見ると、小作地返還は大分を除けば中部、近畿を中心として都市への人口流出が急激であった府県で多かったこと

表６　主要府県における小作地返還とその理由

地帯	府県名	町村数	面積（町）	地主（人）	小作（人）	異常原因（%）					正常原因（%）	総計
						収支関係	労力関係	小作料関係	その他	計		
関東	群　馬	28	168.0	423	754	13.8	44.8	10.3	0.0	69.0	31.0	100.0
	埼　玉	35	123.7	543	909	30.9	45.5	1.8	18.2	96.4	3.6	100.0
	神奈川	30	156.6	497	1,063	10.5	28.9	2.6	0.0	52.1	57.9	100.0
中部	岐　阜	46	154.4	288	869	9.7	25.8	41.9	1.1	78.5	21.5	100.0
	愛　知	37	693.0	na	na	19.0	71.4	4.8	4.8	100.0	0.0	100.0
	三　重	55	139.1	418	579	59.7	28.4	0.0	1.5	89.6	10.4	100.0
近畿・中国	滋　賀	78	439.0	2058	3,593	20.7	63.8	3.4	0.0	87.9	12.1	100.0
	京　都	62	188.7	620	1,052	32.6	51.2	1.2	1.2	86.0	14.0	100.0
	大　阪	62	212.0	484	882	61.7	20.0	0.0	0.0	81.7	18.3	100.0
	奈　良	19	396.5	257	480	12.5	54.2	0.0	8.3	75.0	25.0	100.0
	岡　山	71	259.7	930	2,331	32.8	24.6	9.8	1.6	68.9	31.1	100.0
九州	福　岡	49	371.0	561	1,224	19.3	43.9	14.0	0.0	77.2	22.8	100.0
	熊　本	45	184.2	257	563	52.3	15.4	9.2	0.0	76.9	23.1	100.0
	大　分	68	403.6	1,544	2,857	20.8	20.8	30.6	5.6	77.8	22.2	100.0

注：１）帝国農会調査部（1921）より作成。
　　２）理由における収支関係は米価下落・収支不償など、労力関係は労力不足・転業・労賃高騰など、その他は副業の関係や地主小作間の感情など。

が確認できる。問題は、その理由である。この調査では、「１は最近経済界の変動に基く小作地返還、２は往古行はるべくして行われ来れる小作地返還」に分けて、前者を「異常原因」、後者を「正常原因」としている（帝国農会調査部 1921：（二）pp.58-59）。

具体的には、米価下落や収支不償、労力不足、転業など恐慌の結果生じた12項目が異常原因とされ、他方、小作人の病気・死亡や小作地転換、所有権移動、地目変換などの理由が正常原因として掲げられている。**表６**では正常原因は一括し、異常原因も大きく収支関係、労力関係、小作料関係、その他の４つに再集計し、合計に対する構成比を示した。なお、この調査での理由の分類は、あくまで厳密なものではなく、「達観的」なものと付記されている。

これで見ると、「正常原因」は神奈川で57.9％と高率を示すが、他はいずれも２～３割であって、小作地返還の過半が恐慌に伴う「異常原因」だったことがわかる。しかも、小作料を理由としたものは、大分と岐阜を除くとい

表７　主要府県における小作地返還と返還地の処分

単位：%

		地主自作	転小作		再小作		休閑荒廃	その他	総計
			同額	減額	同額	減額			
関東	群　馬	41.2	17.6	14.7	0.0	8.8	2.9	14.7	100.0
	埼　玉	53.8	30.8	11.5	0.0	0.0	0.0	0.0	100.0
	神奈川	53.7	27.8	0.0	0.0	3.7	7.4	7.4	100.0
中部	岐　阜	57.6	33.3	0.0	5.1	4.0	0.0	0.0	100.0
	愛　知	50.0	4.2	8.3	0.0	37.5	0.0	0.0	100.0
	三　重	52.8	26.4	16.7	0.0	2.8	1.4	0.0	100.0
近畿・中国	滋　賀	48.8	45.7	2.3	0.8	0.0	2.3	0.0	100.0
	京　都	50.6	42.0	1.2	0.0	0.0	6.2	0.0	100.0
	大　阪	51.8	21.4	0.0	1.8	0.0	17.9	7.1	100.0
	奈　良	70.4	29.6	0.0	0.0	0.0	0.0	0.0	100.0
	岡　山	45.8	35.8	7.5	5.0	5.0	0.8	0.0	100.0
九州	福　岡	50.7	40.3	3.0	0.0	0.0	6.0	0.0	100.0
	熊　本	39.1	23.4	20.3	0.0	9.4	4.7	3.1	100.0
	大　分	53.1	33.7	10.2	0.0	1.0	2.0	0.0	100.0

注：１）帝国農会調査部（1921）より作成。
２）地主自作には、共同によるものも含まれる。その他には、植樹、請負耕作、耕地売却などが含まれる。
３）同額、減額は、小作料を指す。

ずれの府県も比率が低く、大部分は収支関係あるいは労力関係であった。ともかく、中部・近畿を中心とした大都市近郊の府県では、1920年恐慌の結果として小作人側から自発的な小作地返還が急増していたのである。

表７は、返還された小作地の処分である。これで見ると、どの府県も「地主自作」が最も多く、愛知を例外として他の小作者に同額の小作料で貸し出すものがそれに続いている。小作料の減額は、愛知と熊本で際だっており、群馬、三重、岡山でも１割を越えている。また、神奈川、京都、大阪、福岡など大都市を抱える府県では、休閑・荒廃も無視できない比率である。

この表では、地主自作が転小作を上回っていることが特に重要である。米価が下落し、労賃が高騰する下での自作は、決して地主が好んで選択した結果ではない。地主にとって最も都合のいいのは、同額での転小作であるが、滋賀、京都、福岡でこそ４割を占めているが、地主自作はそれを上回っており、減額しての転小作や再小作も生じていた。

このように急激で広汎な小作地返還は、わが国の地主小作関係の長い歴史上、かつて無い出来事だったと言える。それゆえ、この事態が与えた衝撃もきわめて大きい。このような重大な出来事がこれまでの小作争議研究において、なぜ強調されてこなかったのか不思議でならない。

ともかく、素直に当時の時評に目をやれば、次のような借地市場をめぐる需給逆転の指摘がいくつも見いだせるのである。

「農を専業とする者迄が悪田を返還して良田と借代へ遂には掟米を永遠に軽減すれば兎も角然らずんば小作せざる旨を地主に宣告する事にも立至った、今迄は小作人が地主に『土地を貸して貰いたし』と懇願したものであったが現在では小作はするにしても掟米の軽減が先決問題となった、……昔と今では地主と小作人との地位が全く傾倒した有様である」(林 1922：p.23)。

要するに、それまでは長年にわたって「貸し手優位」であった借地市場が、この年一気に「借り手優位」へと転換したのである。1921年秋から始まる小作争議の急激な昂揚は、このような小作地返還で生じたバーゲニング・パワーの逆転を背景に、小作料水準を需給関係に見合うものに変更を求めるものだったのである。

3．地帯別に見た小作争議の特徴

そこで1921年の小作争議の状況を農商務省の「各府県別小作争議の概況(第一回)」(10) を使って地域的に概観してみよう（下線は玉)。

まず、東北については、秋田、福島に少数の小作争議が見られるが、秋田については「地主の小作料値上に依る小作人の反対等が其の原因」であった。北関東では、群馬、栃木で小作料軽減を要求する争議が見られたが、それは「足利市付近の機業地にして足利郡にては紛争を惹起せるもの一村もなし」とあるように、機業地周辺に限定されていた。

南関東では、神奈川において、「主なる紛争に於て見る特徴は従来の如く土地を個人々々に借入れることを止め小作組合に於て一手に借受けて之を組合員に小作せしむることを要求せることなり之小作人か自ら小作料を競り上けたるの愚を悟り相互間に於ける競争を防止せんとする」とある点が注目される。

次に「東山」地帯では、山梨県について「而して小作人は交渉解決に至る迄小作料の納付を遅延し又は減額して一部を納付するものあると土地の返還を為すもの少く多くは互譲及地主の譲歩に依り解決したり」とある。

北陸では、新潟が「10年度に於ては風水害に因る減収其の他を動機として25件の紛争を見るに至れり」とあるように、自然災害に伴う減免が中心であった。

このような東日本における争議内容に対して、中部以西は明確に異なった様相を示している。愛知では、「小作人は農業利益あれば之に従事するも不利と見れは豊凶に拘らす逐次に小作料の減額を地主に迫り容れられされば土地を返還して復顧みさる状況なり」とあり、さらに「最近に於ては播種前に於て永久減免を要求するもの多く現に係争中なり又返還地も500町歩以上に達し地主は自作又は共同耕作等を行ひつつあり然れども共同耕作は過去3年の成績に依れは欠損を生しつつありと云ふ」とある。岐阜でも、農業警察により小作争議は急減していたが、やはり「播種前に至り不意に永久減を要求せしものに対しては未解決のもの多く、……而して協調成らす小作地返還せらるるものに対しては地主自作を行ひ中には杉、桐等を植樹するもの多し」とある。

近畿になると、滋賀においてやはり「播種前に至り土地返還を地主に申出て対抗中」とあり、大阪でも「農業薄利の理由の下に小作料の永久減免を要求し容れられざれば耕地返還の上農業を放棄して続々他に転業し地主は機械応用の自作又は共同耕作等を計画するものあるに至れり」とある。

最も小作争議が多数発生していた兵庫でも、「経過は概観すれは穏健なる方にして小作人に於て精算書を作成し地主側に突付け小作農の不利なることを明にし団結して小作料の減額を迫り地主若し容れされは耕地の返還、小作料の滞納等の手段を採るを一般とし暴行脅迫の如き過激なる手段は之を認めさるなり唯茲に注目すべきは小作人が地主に小作料減額を要求する場合に於て永久的減額要求の日に増加しつつあることなり」とあって、小作地返還とその後に一般化する収支計算書による永久減額要求が並存していた。

中国地方でも、広島で「御調郡等に於て小作人か小作料引下の要求をなし若し応ぜれば土地を返還せんとするものあり」とあって、岡山でも、「大正10年末より本年度春季に発生するものは稍々其の趣を異にし農業の不利なるを理由として小作料の永久的引下を要求し若し容れられざるに於ては春季播種期に至りて土地の返還を申出て強硬に地主と対抗し其の間労働運動者等の手つ延はさんとするも著しく増加せり」と記されている。

四国では、愛媛について「10年度以来の小作紛争は前述せし如く主として不作に依るものにして」とあるが、やはり「耕地返還小作料の滞納等の手段をとるものとす」とある。

九州では、福岡が「特に炭坑地方都会付近に多し」とあり、また「其の他本県下には地主の個人又は組合を以て自営を為すもの漸次増加するに至れり」とある。

以上のように、中部以西、特に愛知・岐阜、大阪・兵庫、岡山・広島においては、これまでの小作慣行にはなかった小作料の永久減額を要求する小作争議が多数見られた。しかも、そこには要求を入れられなければ、本当に農業を廃業して構わないとするものが先行し、それにより組織的、戦術的に小作地共同返還を小作料永久減額の手段とするものが続いていた。播種期直前の小作料永久減額要求や小作地返還は、まさに争議戦術として開発されたものであった。

４．小作争議戦術の変化と地域性

このような自然発生的に編み出された小作地共同返還という戦術は、1922年には更に広く普及したことが資料的にも確認できる[11]。これまでの小作争議研究では、林（1972)、田崎（1987）が小作地返還戦術について触れているが、この争議形態は小作料の永久減額を実現した最初の形態として、その意義はどんなに強調してもしすぎることはない。というのも、小作側にとって一時的減額と永久減額では天と地ほどの違いがあるだけでなく、「貸し手優位」の需給関係が長く続いてきた歴史から言って、永久減額は小作慣行に全く新しい１ページを開くものだったからである。

しかし、この小作地共同返還戦術は、1922年をピークとして急速に減少していった。それは、一旦、永久減額が既成の事実となってしまうと、そこまでしなくても永久減額を勝ち取れることが判ってきたからである(12)。特に、1922年４月に神戸で結成された日本農民組合が収支計算書による「永久三割減要求」を提起してからは、返還戦術は急速にそれに取って代わられていく。

実際、小作人は労働者と違って収穫物の所有者であり、耕地の占有者であるので、組合を組織して小作料を不納のまま耕作を継続すれば、中小零細な地主よりもはるかに長く経済的に耐えることができ、有利な条件で妥協に持ち込むことが可能だからである。それに日農という全国組織の後ろ盾と収支計算書という大義名分が伴えば、小作側のバーゲニング・パワーは更に強くなる。こうして、日農の提起した「永久三割減」の旗印は、小作農に大歓迎されることとなり、各地に小作人組合が結成されて、1923年にはこの新しいタイプの小作争議がさらに増加を示したのである。

この年の小作争議を発生原因別に見れば、確かに「風水旱病虫害其の他の不作」が66.7％を占めていたが、「小作料高率」「米麦等の価格下落」「労費多く収支不償」「小作農家収益薄少」「生計困難」「思想の変化並模倣」といった経営的、思想的原因によるものも21.9％を占め、さらに要求事項別に見るなら「永久的小作料軽減」が30.3％という高い比率を示していた。

このように日農結成と「永久三割減」の提起により、経営的な理由による小作争議は小作地返還争議の中心であった大都市圏からより広範囲な地域へと普及することになった。しかし、その場合でも重要なのは、収支計算書といった争議戦術の問題以前に、その地域が小作料の永久減額を要求できるような借地市場の需給関係にあったかどうかである。言い換えれば、日農の提起を受けいれることができたのは、借り手が減って抜け駆けを防げるところまで借地市場が「借り手優位」になっており、かつそうした需給関係に照らして小作料が割高な地域だったと言えるのである。

表８　地帯別、原因別小作争議件数（1921年～1925年５ヶ年計）

単位：件、％

	小作料値上げ	災害不作	経営的原因	小作権関係	特殊その他	総計	永久減要求
東北	2（17.9）	5（41.8）	2（13.4）	2（14.9）	1（11.9）	11（100.0）	2
北関東	4（ 8.2）	26（53.7）	10（19.7）	2（ 3.4）	7（15.0）	49（100.0）	6
南関東	3（ 1.9）	88（60.7）	40（27.5）	0（ 0.2）	14（ 9.7）	145（100.0）	20
「東山」	3（ 2.2）	91（65.1）	29（20.8）	3（ 2.4）	13（ 9.6）	139（100.0）	19
北陸	4（ 3.9）	41（45.2）	26（28.4）	4（ 4.4）	17（18.2）	91（100.0）	21
中部	2（ 0.5）	297（72.3）	76（18.4）	7（ 1.6）	30（ 7.2）	411（100.0）	50
近畿	0（ 0.1）	423（71.8）	112（18.9）	7（ 1.1）	48（ 8.1）	590（100.0）	46
中国	0（ 0.0）	50（44.7）	46（41.1）	2（ 1.8）	14（12.4）	113（100.0）	29
四国	3（ 2.1）	40（26.2）	89（57.9）	2（ 1.5）	19（12.4）	154（100.0）	64
北九州	1（ 0.9）	63（41.9）	64（42.4）	11（ 7.0）	12（ 7.7）	150（100.0）	41
南九州	0（ 0.0）	13（40.3）	15（48.4）	1（ 3.2）	3（ 8.1）	31（100.0）	7

注：１）農林省農務局（1926）より作成。
２）経営的原因には、小作料高率、農産物価格下落、生産費高騰、収支不償、生計困難、並びに思想変化・模倣を含めた。また、特殊その他には、その他に加えて、産米検査・奨励米関係、並びに耕地整理関係などを含めた。
３）永久減要求の件数は、実数が判明する1923年～1925年３ヶ年計。
４）地帯別の１府県当たり平均値のため件数の合計と総計は一致しない。

表８は、小作争議を原因別に分類し、地帯ごとに１府県当たり平均件数を示したものである。各地帯とも県ごとに多様で、地帯で平均することは乱暴な処理ではある(13)。それでも、比率をさておいて、経営的原因による小作争議の発生件数、また永久減額要求件数の２つを指標とすると、東北、北関東、南九州という人口圧の高かった地帯と、中部、近畿、中国、四国という人口圧が低下していた地帯との地域差は明瞭である。その他の地帯は中間的であるが、東日本の中でも南関東は特に経営的原因が多くなっている。

要するに、人口圧が高く、小作農家が恒常的に増加して、小作間の借地競争が強まっている東北や北関東、南九州では、小作地返還も稀で、日農の提起を受け止める条件も乏しかった。一方、大正初めから人口圧が低下していた中部、近畿、中国、四国では、借地市場において需給関係に照らして小作料が割高となっており、多くの小作農はそれを是正するチャンスを待ちかまえていたのである。そこに1920年恐慌による土地返還の増加や日農の「永久三割減」という提起が飛び込んできて、乾いた薪に火をつけたのである。

第4節　おわりに―小作争議の収束をめぐって―

このように、日農による「永久三割減」の提起は、借地市場が小作優位に変わっていた地帯の小作農に圧倒的に歓迎されたのであったが、日農は1924年には早々とそれを取り下げてしまう。実際に、要求事項別に見た小作争議件数においても、「永久的小作料軽減」は1924年23.1％、1925年21.7％、1926年9.2％と減少して行っている。それはいったいどうしてなのか。

青木恵一郎は、この事実を認めて、「これは一時減のほうが有利に解決されること、年々の作柄、経済的条件によって要求しうること、この闘争をつうじ、組合の組織を年々拡大・強化していくためである」（青木 1959：p.34）と、述べている。これは裏を返すと、永久減は組合組織の拡大・強化につながらなかったということである。組合運動の当事者であった杉山元治郎も「３割も永久に減免せられると、今までに比し小作人は相当に潤いがつく、其に従ふて階級意識は鈍くなる。少し位の不作があっても永久減をして貰ふてあるのであるから、此上要求するのは地主に対し気の毒だと云ふ様になるのである」（杉山 1926：p.62）と記している。

そうした小作人の心理について東浦庄治は、「特別なる場合を除いては地主小作双方共先祖代々同一の極めて共同的色彩の濃厚なる一部落に居住し、相互に人格的に相接し、相識ること極めて深いのである。……そこで問題は、一度小作人が地主をして小作料の永久的軽減を実行せしめると、小作人自身いくらか無理を言ったと言ふ気持ちが必ず少なからずあるものと思ふ。……その結果一度小作料の永久的軽減免除が行われた場合にはそこに小作争議が発生せず自然消滅的に組合が消滅していったのであろう」（東浦 1929a：p.45）と分析している。岡山県の小作争議について詳細な実証分析を行った太田敏兄も、「農民が農民組合に加入した目的は、主として小作料の減免にあった。そこで闘争によってその目的がある程度達せられ、それ以上減額の見込みがなくなったときは、その支部はおおむね解体し組織から離れるのが常である」（太田 1958：p.11）と述べている。

戦術を変化させながら1921年から1926年頃まで展開された小作争議の焦点は、何といっても小作料の永久減額にあった。それは大局的に見れば、それらの地域において人口圧の低下から生じていた小作料の割高を需給関係に照らして是正するものであったと総括することができる。であれば、地主小作双方の妥協により永久的な小作料の改定がなされたのであれば、小作争議が収束するのも自然の成り行きだったといえるだろう[(14)]。

おそらく、このような小作争議の理解は、小作争議を「半封建的地主制」を打ち倒す階級闘争とする研究史にあっては、「反動的」な理解ということになるのだろう。もちろん、小作争議は小作条件だけをめぐる紛争ではなく、社会全般に大きな影響を与えたものとして、単純に新古典派的な均衡モデルに解消することはできない。しかし、そこにおける市場競争関係を無視して、小作争議の収束を「階級的眠り込み」で説明しようとするのもあまりに政治的な評価と言わねばならない。

1920年代の小作争議は、財閥を中心とした独占的な経済構造が確立していく過程で、農業が相対的に立ち後れていくという枠組みの下で、第一義的には小作条件をめぐって争われた民事紛争であった。したがって、その地域性についても、先進・後進といった進歩主義的の序列からではなく、借地市場の構造における地域性との関連で理解される必要がある。とするならば、出生率に規定されて東日本と西日本で対照性を示しつつあった人口圧の地域差は、1920年代の小作争議の地域性に基本的条件を与えた最重要な要因だったと考えられる。

地主小作関係と小作争議の研究は、すでにやり尽くされたように考えられているが、それを「階級支配からの解放のための階級闘争」といったマルクス主義の「大きな物語」から解き放つことで、この章では常に変動していた小作農家数や小作料の水準、そして経済現象としての広範な小作地返還等、これまでの研究ではほとんど関心が払われていない事実を示すことができた。さらに、そこでの規定的な要因として、人口圧による借地市場の需給変動の地域差という問題提起もすることができた。

さらに、1930年代については、次章で金融破綻をトリガーとする農地の大量の売却、とりわけ負債整理のための地主の農地売買が小作争議を激発させる規定的要因であることを提起する。この農地売買市場についても、借地市場と同様にこれまでは十分な関心が向けられてこなかった。地主小作関係や小作争議の研究は、マルクス主義のパラダイムから解き放たれることで初めて、その実態に迫ることができるのである[(15)]。

注

（1）バブル崩壊後の日本経済の停滞を人口論から説得的に論じたものとして藻谷(2010)を参照。また、今日の“土地所有権の空洞化“については、飯國他(2018)、吉原(2017)などを参照。

（2）1921年の小作慣行調査からの引用は、すべて農地制度資料集成編纂委員会編(1969a)より。また、下線はすべて玉。

（3）実際、東北6県の「定めあるもの」の割合は、平均すると46.5%で、近畿6県の15.3%を大きく上回っている。また、期間についても、10年から3～5年へと短期化している。

（4）この点は、農村人口の流出について最も詳細な検討を行った清水(1983)からも確認できるように思う。清水はそこで、流出率の全国平均を基準として、県外流出型と少流出型を区分しているが、示された図で見る限りは、平均の近傍に大多数の府県が集中していて、それほど地域性はないと見る方が適当であるように考えられるのである。

（5）なお、坂根(1990b)については、それを批判的に検討した玉(1992)を参照。

（6）その際、小作料水準が小作条件の中心をなすことは言うまでもないが、それがすべてというわけではない。伝統的な慣行としての口米や米穀検査の代償としての奨励米なども小作条件の重要な要素としてしばしば小作争議の争点となったのであった。

（7）1920年の米価下落に直接反応して起こった農民運動は、系統農会を中心とした米投売防止運動である。これまでの農業史研究は、農民運動といえば小作争議ばかりで、この運動とその意義について完全に無視してきた。数少ない研究として、玉(1996：第4章)を参照。

（8）この調査では、町村数は示されているが、件数が示されていない。しかも、理由や返還地処分が複数回答のため、件数に対する比率を示せず、総回答数に対する構成比しか示せない。また、道府県ごとに精度がまちまちであるようにも見える。

(９)北海道は考察の対象外として、鳥取は資料不備のため除いた。福井は101町歩と100町以上で最も少なく、北陸では他の県も少ないので除いた。

(10)農業総合研究所にある農地制度文庫（3156）農商務省『各府県別小作争議ノ概況（第一回)』（謄写刷り）。「石黒机」の記載あり。下線は、玉。

(11)１つは、帝国農会調査部（1926：p.119)。これによれば1922年度には返還地の総計が全国で26,205町歩と最高に達していた。もう１つは、月別に見た争議発生件数で、1921年には全体の87.8％が９～12月に集中して、３～６月は5.4％でしかなかったのが、1922年には３～６月が28.8％も占めるに至っている。これは春先に不意に小作地返還を通告する戦術を反映したものと考えられる。

(12)こうした小作地返還から不返還への戦術の転換については、杉山（1926）や森（1928）に分析があり、田崎（1987）も詳しく分析している。

(13)特に、北九州は、福岡と熊本２県と他の佐賀、長崎、大分でまったく異なる。中国が比較的少ないのは、山口で小作争議がほとんど見られないことに影響されている。また、東西日本の境界に位置する静岡と福井は、中部・近畿に近い内容を示している。

(14)新しいタイプの小作争議の収束には、この他に地主側も対応策を講じ、立毛仮差押え処分や債務不履行を理由とした土地返還訴訟を積極的に提訴するようになったことも重要な要因としてある。小作争議に関する民事訴訟件数は、1923年1,696件、1924年1,984件、1925年2,539件と増加しており、大半が地主からの提訴である（農林省農務局 1926)。

(15)近年の小作争議研究は、再び活発となってきている。目に入ったものとして、平野（1995)、原（1997)、高嶋（2007)、有本・坂根（2008a)、有本・坂根（2008b)、内田（2009)、池田（2010)、川口（2011)、浅利（2011）等がある。とはいえ、いずれも過去の小作争議研究に対する批判的見地やマルクス主義のパラダイムを超えようとする意欲はあまり感じられず、当然のように私が提起した人口圧力を背景とする借地市場の構造変化という観点に触れるものもないのはさみしい限りである。

[『農業史研究』第35号、2001掲載の同名論文を加筆修正]

第3章
青森県における借地市場と小作争議

第1節　はじめに

この章もまったく新しい視角から1930年代の小作争議の実証分析を行う。地主小作関係を、借地をめぐる市場関係と位置づけた上で、借地市場の需給関係の変化から小作争議（貸し手と借り手の間での小作条件ないし耕作権をめぐる紛争）を分析することは、前章と同じである。それに加えて、この章では、1930年代の農地の売買をめぐる農地市場の動向とそれが借地関係に与えた影響について青森県を対象地に選んで考察する。

前章でも述べたように、戦前の小作争議には際だった地域性があった。すなわち、1920年代に小作料減額を求める比較的大きな争議が西日本で広範に発生し、1930年代になると今度は小作継続を求める小規模な土地関係争議が東北地方で多発した。これに対して、これまでは小作争議を封建制（「地主制」）から資本主義へ至る階級闘争と捉えることで、小作争議が早期に発生した西日本は近代化の進んだ「先進地帯」、反対に小作争議の発生が遅れ、しかも土地争議という形態をとった東北は前近代にとどまる「後進地帯」という定式化がなされてきた。

しかし、リンゴの主産地として、また馬産地として日本の中で個性的な農業を展開してきた青森県農業を先進／後進という二項対立に押し込めて理解することには疑問もある。近代的な工業生産について言えば、確かに西日本に後れをとっており、その影響は否定しようもないが、だからといって小作争議に示された地域性も先進／後進という同一レースの前後関係として理解して良いのだろうか。

この章は、これまでの研究とはまったく異なって、この地域差を人口増加圧力の地域差から論じる。このような議論は、これまでのマルクス主義や近代化論のパラダイムからすれば、とんでもない暴論として完全に無視の対象にされてきた。しかし、例えば1935年刊行の「東北問題」を特集した『社会調査時報』（174号）は、上田・小田橋（1935）のように、東北地方が人口増加で特異な特徴を持ち、それが東北経済の弱点を示すとして、人口統計の分析を行っている。こうした人口増加率における東北の際だった特質を考慮も分析もしてこなかった戦後の小作争議研究こそ、偏った研究といわざるをえないのである。

そこで、この章では、人口の増加率という視角から東西日本における借地市場の構造的な違いを示し、それを踏まえて戦前の小作争議の西と東の地域差と、1920年代と1930年代との性格の違いも整理してから、青森県の小作争議が遅れて発生しながら、なぜ急激に数を増したのかという点について分析することとしたい。

第２節　小作争議における西と東、1920年代と1930年代

１．小作料の騰落と借地をめぐる需給関係

『農商務省小作慣行調査報告』（農商務省 1996）は、1921年に実施された小作慣行調査の町村別の調査結果を収録したもので、青森県については、西津軽郡を除く、東津軽郡21村、中津軽郡16村、南津軽郡29村、合計66村が収録されている。この中の調査項目「小作料騰落の趨勢及び其の原因」を見ると、66村中の実に40村（66.6％）が「騰貴の趨勢」とあり、その原因は、**表1**のように95％までが「人口の増加に伴ふ耕地の不足」となっている。

例えば、南津軽郡大光寺村では、「人口の増加に伴ふ耕作地の不足に依るが最大原因にして其他之れに伴ふ小作人の変更又は売買に依る地主の変更等か重大なる原因なり」、また、同郡蔵館村では「其の原因は耕地の不足と人口の増加とに帰因するの外耕作法改良に依る増収も幾部その因をなすか如

表１　小作料騰貴の原因別町村数（総計40町村）

騰貴の原因	町村数	比　率
人口増加による耕地不足	38	95%
小作人の変更、売買による地主変更	25	63%
耕作方法の改善による増収	24	60%
租税公課の増徴	4	10%
物価の高騰	1	3%
未記入	2	5%

注：農商務省（1996：「青森県」）

し」とある。このように、津軽地方の６割の村で人口増加を原因として小作料が騰貴の趨勢にあった。耕作法の改善による収量増加も重要な要因であるが、それも借地競争が激しいという状況ゆえに小作料引き上げに帰着していたのである(1)。

では、全国的にはどうだったのだろうか。同調査の全国集計によれば、「一般に小作料が騰貴の趨勢を示せるは19道府県にして」、「26府県に於ては低落の傾向を示せり」と大きく分かれていた。また「其の原因を観るに騰貴の場合は人口増加に伴ふ耕地不足、土地価格の騰貴、地主小作人の変更、耕地整理其他の土地改良の行はれたること、耕作法品種改良等に依る収量の増加、公租公課の増額等にして」と、やはり人口増加に伴う耕地不足が騰貴理由の筆頭にあった。これに対し、「低落の場合は小作人の転業、出稼の増加、副業の普及発達に基く小作地の過剰、生産費の騰貴、農業生産物価格の低落に基く農業利益の減少、小作争議の影響等なり」とあった（細貝 1970：p.39）。

つまり、全国的には、騰貴の地域と低落の地域に分かれ、その原因は騰貴の地域にあっては人口増加による耕地不足が第１であり、他方、低落の地域では小作人の転業や出稼ぎ、副業の発達などによる「小作地の過剰」だったのである。このように、戦前の小作料は「経済外的な力」で固定されていたわけではなく、借地をめぐる需給関係を反映して騰貴や低落を示しており、しかも、1921年の時点では人口増加による騰貴の地域と、小作人の減少による低落の地域という両極端の動きが地域的に見られたのである。

こうしたきわめて基本的な事実も、これまでの「地主制」研究や小作争議研究では、踏まえられてこなかったように思われる。小作料は借地に対する需給関係で変動するものであるという発想がなかったからである。

２．欠落した視点としての出生率の地域差

そこで取り上げるのが、戦前の日本における出生率の地域差である。昭和戦前期に冷害凶作が続いて東北問題が叫ばれた時、大きな問題として取り上げられたのが東北の際だって高い出生率であった（上田・小田橋 1935）。そして、近年は伊藤繁氏によって出生率の東高西低の地域差として改めて実証的に提示されている（伊藤 1987）。**表2**は、これまで地域性を論じる場合に常に取り上げられてきた東北６県と近畿６県について、人口の自然増加率を比較したものである。なお、‰は人口1,000人当たりの増加数を表す。

これを見れば、全期を通じて東北の人口自然増加率が近畿に対して際立って高く、とりわけ第一次大戦以前の1913年に増加のピークを迎える近畿に対して、東北は1920年代、1930年代まで高い増加率を維持している。中でも青森県は、東北平均も常に上回り、滋賀、京都、大阪などに対しては倍以上の増加率である。

津軽地方の多くの村が人口増加による耕地不足を訴えていた事情は、この

表２　人口自然増加率の推移：東北６県と近畿６県の比較

単位：‰

		1888	1893	1898	1903	1908	1913	1920	1925	1930	1935	1940
東北	青　森	14.0	17.1	15.2	19.3	20.9	20.5	18.1	**21.2**	20.5	20.2	16.1
	岩　手	9.7	11.1	11.1	13.3	17.2	16.9	14.9	18.6	18.7	**19.0**	15.9
	宮　城	16.3	15.3	14.2	15.2	18.5	19.6	16.7	**21.1**	20.1	19.9	16.8
	秋　田	11.6	13.9	15.5	16.9	19.1	17.6	16.6	19.5	19.6	**20.1**	14.4
	山　形	12.2	10.2	14.0	15.6	17.5	17.3	15.1	**19.5**	17.3	17.1	13.4
	福　島	15.3	14.0	14.1	15.7	17.9	18.1	15.8	**20.2**	18.9	18.7	16.6
	平　均	13.2	13.6	14.0	16.0	18.5	18.3	16.2	**20.0**	19.2	19.2	15.5
近畿	滋　賀	9.3	6.7	10.0	10.3	10.2	**12.8**	7.2	11.3	10.0	9.4	7.7
	京　都	6.7	6.0	8.4	8.4	10.0	10.4	5.5	**10.6**	9.4	9.2	9.1
	大　阪	8.1	3.7	9.4	8.2	9.4	10.5	5.7	**11.6**	10.9	10.7	12.1
	兵　庫	10.2	6.8	12.7	12.4	13.4	**14.0**	8.8	12.6	12.0	11.1	10.8
	奈　良	11.2	9.1	14.4	14.9	**16.7**	16.6	10.8	13.4	11.0	9.7	8.7
	和歌山	7.3	7.1	12.9	13.7	15.7	**16.3**	11.8	13.8	12.3	10.7	9.2
	平　均	8.8	6.6	11.3	11.3	12.6	**13.4**	8.3	12.2	10.9	10.1	9.6

注：出生率は伊藤（1987）、死亡率は伊藤繁から直接データを得て、自然増加率をだした。

表３　総農家数、小作農家数の推移（1915年=100）：東北６県と近畿６県

	総農家数					小作農家数				
	1920	1925	1930	1935	1940	1920	1925	1930	1935	1940
青　森	106	111	115	123	129	101	107	114	130	142
岩　手	102	106	112	117	119	102	113	124	140	145
宮　城	105	111	117	122	122	106	112	124	153	149
秋　田	105	111	114	118	122	111	109	115	131	128
山　形	102	106	111	115	118	104	108	118	130	135
福　島	103	101	105	106	106	99	93	107	120	114
滋　賀	100	99	97	93	91	101	91	81	73	68
京　都	98	98	97	94	91	105	95	85	77	68
大　阪	96	90	90	85	79	94	91	86	77	67
兵　庫	100	100	98	96	93	106	99	84	79	69
奈　良	99	101	104	103	96	103	104	95	88	77
和歌山	100	97	99	99	94	101	96	94	86	77

注：加用監修（1983）より。

数字からも十分にうなずける。もちろん、人口の増減は自然増だけではなく社会移動の影響を受けるが、第１次大戦中に顕著となる都市への人口流出は東日本より西日本で大きく、この東高西低の人口増加圧力が社会移動によって相殺されたとは考え難く、むしろこの地域差を拡大する方向に作用しただろう。

それを裏付けてくれるのが、1920年代、1930年代の農家戸数の増減である。**表3**を見ると、東北の農家数は福島を除けば軒並み20～30％の増加を示すのに対して、近畿では５～10％の減少となっている。また、小作農家数も東北では福島を除いて30％～50％も増加するのに対して、近畿では20～30％の大幅な減少を示している。

これが意味するところは、1920年代、1930年代を通じて、人口増加圧力の高い東北では小作農家戸数が激増し、借地市場が「貸し手優位」だったのに対して、人口増加圧力が低く、労働市場にも恵まれた近畿では小作農家の大幅な減少が続き、借地市場が「借り手優位」となったことが容易に見て取れるのである。

この東北と近畿における小作農家数の大幅な増加と大幅な減少、この基本的な事実を踏まえたならば、1920年代に西日本で発生した主に小作料の減額を求める小作争議は、人口増加圧力の低下と都市への人口流出が相まって、借地市場が急激に「借り手優位」になったことを背景とみることが自然な見方であろう。1921年の小作慣行調査が「小作地の過剰」と述べていたのは、こうした事態を表現したものだったのである。

当初、小作側が小作地共同返還といった戦術をとったのも、借り手不足の借地市場では小作地返還がバーゲニングパワーを最も有効に示す方法だったからと考えて良いだろう。ここで、都市化による人口流出は「借り手優位」の借地市場をもたらした重要な要因の一つであった。しかし、その根底にある人口増加圧の問題を見ないと、なぜ都市化が西日本と同様に進んだ関東で、西日本のような小作料減額争議の昂揚がみられなかったのかが十分説明できなくなる(2)。実は、南関東はそれほどでもないが、北関東は東北と同様に、出生率が高く人口増加圧力が高い地域だったのである。

むしろ同じ時期に東北、北関東などの出生率の高い地域では、小作料の引き上げが進行していた。東北で小作料の減額を求める小作争議が発生しなかった理由は、こうした借地市場をめぐる需給関係の違いからまず理解すべきであって、安直に「後進性」に帰すべきではない。また、西日本における小作争議も基本的には小作料水準や小作条件を借地の新しい需給実態に見合うものへ改定する取り組みと捉えるべきである。

もちろん、当時の時代状況や社会思潮を反映して、それが農民組合の支援の下、デモや演説会、更には同盟休校といった戦術によって闘われたのは事実である。また、農民組合運動の進歩的役割も認められる。しかし、争議のきっかけは作柄が悪い時に一般的慣行としてあった小作料減免交渉であった。だから、小作料や小作条件が需給実態を見合うところに至れば争議が収束していくのも当然であって、それを「階級的眠り込み」などとするのは、妥当な理解とは思われないのである。

３．1930年代の小作争議

では、1930年代に東北地方で小作継続を求める土地関係争議が多発してくるのはなぜなのか。その最初に確認すべき最重要ポイントは、昭和農業恐慌の下で小作農家はいうに及ばず、多数の中小地主、自作農家もまた経営破綻し、その結果として負債整理のための農地売却が大幅に増加したことである。

『第一回地方事情調査員報告』（農林省 1933）の「田畑売却者及び売却の原因」によれば、「最近如何なる人が田畑を手離したるやに対しては地主最も多く自作農之に次ぐ。田畑を手離したる原因につきては負債によるもの最も多く競売、離村これに次ぐ。其の他投機、子弟教育、医療費調達、婚礼等の為土地売却せしもの相等多数あり」とある。

ここからは、米価の低落や小作料収入の減少、また投機の失敗といった経営破綻に加え、村内上層としての体面から教育費や婚礼費用など家計費支出がかさむ地主や自作農が負債を多く抱え、負債整理のために農地の切り売りや離村を余儀なくされている姿が浮かび上がってくる。

一方、農地の購入者については、「自作農最も多く小作人之に次ぐ地主及び商人等が購入せしは其の大部分が抵当流れ又は競売によりたるものにして自ら進んで購入したるものに非ざることは全報告を通じて観察せられたり」とある。

こうした事態をマクロ的な数字で示してくれるのが、農林省農務局が1933年～35年の３ヵ年について行った農地売買に関する調査結果である（農林省農務局 1937）。この調査は、農林省が各道府県に委託して代表的な町村を各郡から３ヵ町村選び、それら合計1,633町村について耕地の売却、購入をとりまとめたものである。これによれば、年平均で19万町歩、総農地面積に対して自作地の3.2％、小作地の3.1％、田の2.8％、畑の3.5％が売買されている。

表4は、この調査に基づいて、３年間の合計を業者別売却購入差引で示したものである。これによれば、農地は３年間で、地主の手から82.6千町歩、自作農から4.5千町歩離れ、その内の52.2千町歩が小作人に、6.7千町歩が自小作農に渡ったことがわかる。これによって、先の『第一回地方事情調査員報告』から得られた地主・自作から自小作、小作への農地の有償移動という事実がマクロ的に確認されたことになる。

要するに、昭和恐慌の下では、中小地主や自作農が負債整理等を理由とし

表４　業者別農地売却及び購入による差引増減面積

単位：町

業者	売却面積	購入面積	差引増減面積
1．金融業者	22,251（ 3.9）	28,658（ 5.1）	6,407
2．産業組合	3,297（ 0.6）	8,865（ 1.6）	5,574
3．商工業者	44,096（ 7.7）	51,781（ 9.1）	7,685
4．俸給生活者・自由業者	19,337（ 3.4）	22,967（ 4.1）	3,630
5．地主（1～4を除く）	214,335（37.5）	131,688（23.2）	－82,647
6．自作農	168,112（29.4）	163,589（28.9）	－4,523
7．自小作農	100,477（17.6）	107,182（18.9）	6,705
8．小作農	－	52,212（ 9.2）	52,212
9．合計	571,905（100）	566,942（100）	－

注：1）農林省農務局（1937）より。
　　2）1933年～35年3カ年の合計。

て農地を多く手放し、その農地は結果的に自小作農、小作農の手に渡ったのである。このマクロ的にみて重要な変化も、これまでは、事実として十分に踏まえられてはこなかった。しかし、このマクロ的変化は1930年代の土地争議を理解する上で、きわめて重要である。

というのも、1930年代に多発する土地返還争議には、おおよそ３つの主要類型があった。すなわち、①小作料滞納者に土地返還を要求する「滞納克服」型、②地主自身が自作のために返還を要求する「地主自作」型、そして③購入した小作地を新地主が自作のための返還を要求する「新地主自作」型の３つである。**表4**のマクロ的変化は、３類型の内の③「新地主自作」型が多発する環境がかなり広範に存在したことを示すものと言うことができる。

秋田県を対象に土地返還争議を詳細に分析した品部（1979）は、この「新地主自作」型について、実は小作地を購入した耕作農家が自作を希望して購入地の小作人に立ち退きを求めるような「農民間の土地争い」という性格付けを行っている。また、岩手県を対象に土地関係争議を分析した坂根（1990b）も、購入した小作地の自作を希望して返還を求める「地主」の方が、返還を求められた小作農よりもむしろ経営規模が小さい場合すらあった事実を検出していた。小農国の地主小作関係は、広範な零細規模の農地の貸借関係なのであり、土地の返還を直ちに地主階級による困窮した小作農からの土地剥奪といったマルクス主義のパラダイムが描いてきたイメージで捉えてはならないのである。

その意味でも、**表4**のマクロ的に見た農地移動は、昭和恐慌下における小作争議を理解する上で、決定的に重要な事実なのである。しかし、問題はむしろここからである。では、なぜ小作継続を求める土地関係争議が西日本ではなく、東北地方で多発したのかという問題への解答である。

この理解の鍵は、やはり先ほど述べた両地域の「貸し手優位」構造と「借り手優位」構造の違いにほかならない。東北のように借り手が多数で「貸し手優位」にあるということは、単に小作料水準だけではなく、小作条件においても地主（所有権）と小作人（耕作権）の力関係が地主に有利であることを意味する。だからこそ、東北では地主が土地返還を当然のように要求し、それによって生活を脅かされた小作人が小作継続を求めて争議化することになったのである。

これに対して、借り手が減り一旦「借り手優位」になった西日本では小作料が下がっただけではなく小作人の耕作権も強化されていた。その実態を以下の岡山県の記述が証明している。

「小作地に対する小作人の強固な権利は争議の生んだ一つの結果であったが、これは逆に経営拡大への障害として存在する。というのは小作人自身土地の購入によって経営拡大を企画しても小作権の存在がこれを阻止し、前小作人を土地から引き離し得ず、自ら経営者たる地位を確立するのは容易でないからである。従って小作人をその儘引継ぎ自らは寄生者とならざるを得ない」（帝国農会 1941：p.175）。

つまり、借り手が減って「借り手優位」の借地市場の下では、耕作権が強化されて、小作地の返還を要求することもままならない。その結果、売りに出た小作地を買った自小作農は、その小作地を自作することもできず、本書で何度も問題にしてきた「地主自小作」に留まらざるを得ないのである。

このように、1930年代の土地争議は、農業恐慌下での地主経営、農家経営の破綻による農地所有権の移動が契機となった場合が少なくないという意味で、1920年代の小作争議とは性格を大きく異にすると共に、発生地域も耕作権が弱い東日本が中心となったのである。したがって重要なのは、「富農的か／貧農的か」、「革命的か／防衛的か」といった従来の座標軸ではなく、人口増加圧力が「高いか／低いか」、借地市場が「地主優位か／小作優位か」という座標軸である。この座標軸によって、人口増加圧が高く、借地市場が地主優位の東日本だからこそ、小作継続を求める土地関係争議が多発することになったのである。

第３節　青森県における借地をめぐる需給関係

そこで次に、青森県内における借地をめぐる需給関係を郡レベルまで降りて検討してみよう。**表5**は、国勢調査を使って人口の５年毎の増加率を示したものである。各郡でばらつきはあるものの、戦時体制への移行が進む1935年以前においては、市だけでなくどの郡においても人口増加率が高く推移していることがわかるだろう。

続いて**表6**で、農家戸数の推移を自小作別に見ると、県計をはじめ全体に自作農と小作農の増加が顕著である[(3)]。これは、自作地の分割や小作地を獲得しての零細規模での分家創設が広範に行われたことを示すと思われる。それら零細な新設農家が次に目指すのは借地による規模拡大であり、これが

表５　郡市別人口増加率の推移

単位：％

	1925/20	1930/25	1935/30	1940/35
総　計	7.5	8.2	9.6	3.8
弘前市	12.6	7.0	6.2	11.9
青森市	22.9	14.2	21.2	6.0
八戸市	17.6	13.7	17.6	18.1
東津軽郡	5.5	7.1	3.0	▲4.1
西津軽郡	3.0	4.5	9.9	▲2.0
中津軽郡	2.1	9.2	8.8	▲4.0
南津軽郡	6.4	8.1	7.5	4.5
北津軽郡	4.5	7.7	11.4	1.1
上北郡	8.0	9.8	10.3	8.5
下北郡	6.4	5.6	12.3	5.8
三戸郡	4.3	5.4	6.0	▲1.5

注：各年度国勢調査結果より。

表６　自小作別農家戸数の推移（1915年を100とする指数）

		合　計	自作農	自小作農	小作農
県　計	1925年	120	110	130	118
	1935年	132	124	130	142
東津軽	1925年	115	128	110	108
	1935年	131	161	109	123
西津軽	1925年	121	94	140	124
	1935年	127	116	126	138
中津軽	1925年	127	91	163	130
	1935年	127	106	155	124
南津軽	1925年	129	103	127	145
	1935年	134	134	117	152
北津軽	1925年	120	103	125	123
	1935年	140	134	129	151
上北	1925年	137	154	125	112
	1935年	155	134	129	175
下北	1925年	108	101	125	133
	1935年	148	92	259	345
三戸	1925年	105	109	121	80
	1935年	110	111	112	93

注：１）各年度青森県統計年報より。
　　２）三戸郡の1935年については、1915年、1925年とエリアをそろえるため八戸市を含めた。

借地市場をきわめてタイトにしたことは想像に難くない。

しかし、郡別に見ると、水田農業が中心となる津軽地域と畑作にウエイトがある南部地域の違いは当然として、両地域の中でも違いが読みとれる。すなわち、津軽地域にあっても東、西、南、北が1925年と1935年の間で、自作農と小作農が大きく増加するのに対して、中津軽郡だけは1925年と1935年の間に農家戸数の増減が無く、内訳においても自小作農、小作農が減っている。また、南部の三郡でも自小作農、小作農が大幅に増加する上北、下北に対し、やはり小作農の指数が100以下の三戸郡は異なっている。これは、中津軽郡は弘前市に、三戸郡は八戸市に接していることが関係しているだろう。

そこで今度は供給側の要素として自小作別、田畑別の農地面積の推移を**表7**で見てみよう。まず、農地面積は上北、下北において増加が顕著で、この二郡では耕地拡大が農家戸数の増加を吸収して借地市場をある程度はルーズにした可能性を示唆する。これに対し津軽地域も耕地は増加しているが、農家戸数の増加と比べるとその程度は十分とはいえない。

表７　自小作別田畑別面積の推移（1915年を100とする指数）

		耕地面積計	自作地・田	自作地・畑	小作地・田	小作地・畑
県　計	1925年	103	100	104	105	105
	1935年	113	100	108	136	112
東津軽	1925年	105	104	98	107	120
	1935年	104	102	105	108	96
西津軽	1925年	97	88	99	105	119
	1935年	108	70	103	155	126
中津軽	1925年	104	94	112	110	108
	1935年	121	78	172	146	111
南津軽	1925年	113	99	158	101	147
	1935年	116	80	143	121	204
北津軽	1925年	102	102	113	101	89
	1935年	109	94	128	121	87
上北	1925年	105	98	94	109	122
	1935年	136	157	112	174	133
下北	1925年	110	104	109	104	135
	1935年	146	177	94	307	247
三戸	1925年	98	108	100	107	86
	1935年	97	123	94	126	81

注：１）各年度青森県統計年報より。
　　２）三戸郡の1935年については、1915年、1925年とエリアをそろえるため八戸市を含めた。

このような耕地増加は、米騒動後に制定された開墾助成法によって政府の助成金を得て進められた開墾が中心であり、実際、1927年末時点で助成法による開墾は田が2,552町歩、畑が1,032町歩、合計3,584歩に達していた。その内訳は上北が最も多く全体の５割近くを占め、東津軽、北津軽では田が、中津軽では畑が多かった（東奥日報社 1928：pp.456-460）。

こうした開墾地が、小作地として新たな小作人に貸し出され、この間の小作農家の増加を助長する役割を果たしたことは間違いない。ところが、昭和恐慌によって米の過剰問題が深刻化した1932年以降は開墾助成費も大幅に削減され、耕地拡張は急激に縮小する。この点も小作地をめぐる需給関係をタイトにし、争議を頻発させる要因になったと思われる。

自小作別、田畑別の動向に目を移すと、津軽地方における自作田の減少と小作田の増加が際だっている。これは津軽地域における小作田の増加が耕地拡張のみによってではなく、自作田の売却による小作田への移行によって生じていることを物語っている。中津軽の独自性について言えば、おそらくリ

表８　業者別農地売却及び購入による差引増減面積（青森県）

単位：町

業者	売却面積		購入面積		差引増減面積
1．金融業者	502.36	(3.7)	605.74	(4.5)	103.38
2．産業組合	28.09	(0.2)	52.29	(0.4)	24.20
3．商工業者	753.84	(5.6)	1,564.47	(11.7)	810.63
4．俸給生活者・自由業者	264.19	(2.0)	535.56	(4.0)	271.37
5．地主（1～4を除く）	3,956.66	(29.6)	2,320.492	(17.3)	−1,636.17
6．自作農	5,337.30	(39.9)	5,078.632	(37.9)	−258.67
7．自小作農	2,541.72	(19.0)	2,120.101	(15.8)	−421.62
8．小作農	−	−	1,106.85	(8.3)	1,106.85
9．合計	13,384.16	(100)	13,384.13	(100)	

注：1）農林省農務局（1937）より。
　　2）1933年～35年３カ年の合計。

ンゴ園を意味する自作畑の大幅増加が注目され、農家戸数も増えていないことから、借地の需給は中津軽だけは緩和していたと見られる。

最後に、前節で見た1933年～35年３カ年の農地売買の業者別差引面積を青森県についても**表8**で見ておこう。**表7**における自作地・田の大幅な減少を裏付けるように、農地売却は地主よりも自作農が多く、自小作農についても差引面積はマイナスとなっている。とはいえ、差引マイナスが最も大きいのはやはり地主であって、全体として地主、自作農から小作農への農地所有の移転という基本動向については青森県でも進展していた。また、抵当流れが予想される商工業者の購入面積が多いことも青森県の特徴と言えるであろう。

以上のように、青森県においては高い出生率を反映した人口増加が農家戸数を増加させ、その借地需要によって地主小作関係は中津軽を除く津軽地方、中でも西津軽、北津軽で特に「貸し手優位」の構造となっていた。その間、開墾助成法による耕地の増加も見られたが、津軽地方については農家戸数の増加に見合うものではなかった。そこに昭和期に入って経済恐慌や自然災害が加わることによって、地主と自作農による農地売却が急増し、地主の小作地売却がきっかけとなって所有権と耕作権をめぐる紛議が発生しやすい土壌が作り出されていたと考えられるのである。

なお、借地をめぐる需給関係を検討する上で、もう一つ欠かせない点は出稼ぎの問題である。なぜなら、「好景気時代に於いては出稼収入によって少くとも１ヶ年生活費の大部分を維持することが出来たのであるが、所謂不況時代に至ってその収入は全く極端に縮減し、……せめて飯米位は確保せんとする帰農者の増加を見るに至った」（石井 1935：p.66）ことが、小作農増加の原因と指摘されている。実際、1931年には、「本県の出稼漁夫数は例年各方面を合して３万人を突破する状態であったが、昭和５年には２万人に減じ更に昭和６年は１万５千人に減少し本県としては重大な問題である」（東奥日報社 1931：p.490）とある。つまり、昭和恐慌以後、多くの農家は出稼ぎ機会を失うこととなり、その分だけさらに必死に借地を求めた結果として、借地市場はさらに「貸し手優位」の構造を強めたことになるのである（4）。

第４節　青森県における小作争議の特質

１．県内における小作争議の地域性

以上のような借地市場をめぐる需給関係を踏まえて、いよいよ青森県における小作争議の分析に進むことにしよう。その最初に全国的に見た青森県の位置を**表9**から確認しておこう。

1917年から始まる小作争議の中心が、岐阜、兵庫、愛知、岡山、大阪等の西日本であったことはこの表からも明瞭である。それは1930年まで続き、そ

表９　小作争議発生件数上位道府県

	1917-20年		1921-25年		1926-30年		1931-35年		1936-39年	
1位	岐阜	268	兵庫	1,716	大阪	1,003	秋田	1,743	山梨	1,760
2位	兵庫	153	大阪	1,265	兵庫	903	*山形	1,286	福島	1,336
3位	愛知	115	愛知	746	新潟	769	*北海道	1,286	山形	1,248
4位	岡山	89	福岡	500	岐阜	601	福岡	1,026	北海道	1,147
5位	大阪	60	岐阜	321	福岡	530	山梨	1,008	秋田	1,083
6位	福岡	42	三重	293	奈良	505	新潟	941	**青森**	1,071
7位	奈良	40	和歌山	285	山形	482	栃木	881	宮城	940
8位	*東京	21	埼玉	283	京都	443	三重	802	栃木	822
9位	*山梨	21	香川	268	山梨	360	**青森**	772	福岡	721
10位	神奈川	19	熊本	202	鳥取	320	福島	755	三重	676
青森県	44位	0	47位	0	35位	97				

注：１）農林省農務局『各年度小作年報』より。
　　２）*印は同数、同順位。

表10　郡別小作争議発生件数

	1926		1927		1928		1929		1930	
	件数	面積	件数	面積	件数	面積	件数	面積	件数	面積
東津軽	–	–	–	–	–	–	1	0.4	–	–
西津軽	1	0.7	2	42.5	8	8.3	13	69.3	21	22.8
中津軽	–	–	–	–	1	1.5	2	13.9	–	–
南津軽	1	1.0	1	0.4	3	0.9	4	2.1	3	1.4
北津軽	–	–	1	5.7	6	5.5	12	10.2	4	5.6
上　北	1	7.0	–	–	1	7.5	4	3.3	3	3.2
下　北	–	–	–	–	–	–	–	–	–	–
三　戸	–	–	–	–	–	–	–	–	–	–
合　計	3	8.7	4	48.6	19	23.7	37	99.1	32	33.0

注：1）東奥日報社『東奥年鑑』1929年～1942年
　　2）1930年の各郡の合計は31となり合計欄とは一致しない。

の間、青森県は全国でも小作争議のきわめて少ない県であった。それが、1930年代にはいると東北の諸県が上位を占めるようになり、青森県も1931年～35年では９位、1936年～39年では６位の発生数を示しており、その数も増える傾向にあった。この1920年代と1930年代の違いは地域移動にとどまらず、争議の内容も小作料減額要求から小作継続要求の土地関係争議に中心を移していたことは、述べてきた通りである。

そこで青森県の小作争議についても、**表10**で郡別の地域性をまず見よう。1930年までは総数95件の内、西津軽が45件（47.4％）、北津軽が23件（24.2％）を占め、借地をめぐる需給関係が特にタイトであった両地域が争議の中心であったことがわかる。争議が急増する1931年以降は、下北を除いて争議は全県に広がるが、やはり西津軽、北津軽は中心で、それに東津軽、南津軽が続き、借地市場がルーズであった中津軽と三戸においては小作争議が明らかに少ない。

このように、下北を除いて、青森県における小作争議の発生と借地をめぐる需給関係とは、明瞭な相関関係があった。もちろん、借地の需給関係に加えて、西津軽と北津軽は、岩木川下流域の水田単作地域で、中津軽や南津軽に比べて治水・水利が不完全で自然条件も厳しく、したがって生産力も不安定な地域であった。要するに、小作条件は県内でも最も厳しい地域であった

単位：件、町

1931		1932		1933		1934		1935	
件数	面積	件数	面積	件数	面積	件数	面積	件数	面積
2	1.8	10	27.7	15	16.8	36	66.9	57	65.0
19	50.7	25	49.0	46	75.7	42	34.6	37	41.5
5	13.1	7	4.0	16	11.2	11	7.8	13	8.5
14	17.3	21	31.0	41	25.9	57	39.2	42	39.4
20	20.1	28	49.7	26	13.6	18	15.2	115	108.0
7	13.1	7	11.2	9	42.9	13	234.8	15	11.2
–	–	–	–	–	–	–	–	–	–
–	–	–	–	2	1.7	2	1.1	3	2.1
67	111.6	98	172.5	155	188.3	181	397.0	282	275.9

と言える。そうした地域で初期の小作争議が多く発生した理由はどこにあるのか、この点の考察から始めることにしよう。

２．1920年代の小作争議の特徴

既述のように、東北の人口増加、農家戸数の増加による借地市場の「貸し手優位」の構造こそ、西日本とは異なって1920年代に東北で小作争議の発生が少なかった理由であった。しかるに、青森県内でも借地市場が最も「貸し手優位」の西津軽、北津軽で最初に小作争議が発生したのはなぜなのか。最初に検討しなければならないのは、この問題である。

農業条件、自然条件が厳しく小作条件が劣悪であったことは、小作人に様々な争議の導因を生む土壌であったことは間違いない。しかし、「貸し手優位」の構造の下で、それは泣き寝入りを強いられるものだろう。それが争議として顕在化するためには、「貸し手優位」の力関係を小作人側に引き寄せる力が必要である。その意味で、西津軽、北津軽においてその力となったのは、全国と結んで組織された農民組合であった。

青森県における最初の農民組合は、1924年９月に西津軽郡車力村で岩淵謙二郎等によって組織された「車力小作組合」である。この組合は、日本農民組合に加盟して支部として活動を開始し、1926年12月に車力村で起きる小作争議で青森県に華々しくデビューすることになる。小作人６名が塩水害による不作を理由に、地主４名に対し８町５反の耕作地について小作料の２割から５割の軽減を求めたこの争議については、『東奥年鑑』（1929年版）に次のようにある。「この争議はかなり近代的な小作争議となり、交渉、デモンストレーション、演説会等にて地主に当る」、「昭和２年２月より６月頃迄に全部解決。１割より３割５分迄要求容れらる」（東奥日報社 1929：p.703）。

こうして、借地の需給関係から言えば交渉力の弱い構造にあったが、小作人達は日本農民組合をバックにすることで、全国各地で開発された交渉戦術を駆使して地主を譲歩させ、要求をほぼ達することができたのであった。

この農民組合による小作料減額交渉の勝利は、同じように劣悪な小作条件にあった岩木川下流域の町村に大きな反響を呼び起こしたことは言うまでもない。翌1927年には北津軽郡の内潟村、武田村、中里村、西津軽郡の水元村、車力村富、東津軽郡の新城村に、1928年には西津軽郡木造町に、次々と農民組合が結成された（農林省農務局 1936a：pp.32-34）。これらはいずれも車力村近隣の岩木川下流域両岸に位置する町村である。

こうした農民組合の結成が、1928年からの西津軽、北津軽における小作争議発生を説明する。特に、「之れ津軽地方には礼米と称し前納小作料を徴する慣習存し或は返證付売買の縁故ある小作地を小作人の無知に乗し返還せしむるが如き事件頻々として起るが為め小作人は農民組合の指導を受け之に反抗せんとするに因るなり」（農林省農務局 1928：p.29）とあるように、「貸し手優位」の構造の下で作られていた小作人に不利な特殊小作慣行を廃止することが、全国的な情報を持つ農民組合にとって最初の攻撃目標となったのである(5)。

小作争議が37件にまで増加した1929年も、それを町村別に数えるならば、北津軽郡中里村で９件、同郡内潟村で３件、同郡車力村で１件、東津軽郡新城村で１件、西津軽郡木造町で３件、1928年に組合が結成された上北郡四和村で３件、1929年に組合が結成された上北郡藤阪村で１件、そして1930年に組合が結成される西津軽郡稲垣村で９件となっており、稲垣村も加えれば37件中30件（81％）が農民組合の結成された村での争議であった。

また、その要求事項についても、礼米廃止や小作料の一時的減額、永久減額も数多く含まれ、きわめて不利な条件に甘んじてきた小作条件を農民組合の支援を得て積極的に改善しようとする争議が少なくなかったことがわかるのである(6)（東奥日報社 1930：pp.806-807）。

３．1930年代における土地争議の増加

しかし、大豊作によって争議も減った1930年を経て、昭和農業恐慌と冷害凶作のダブルパンチに襲われる1931年以降になると、小作争議はそれまでの農民組合のイニシアティブとは異なった形で急増する。

表11に示されるように、1931年から1934年までの４カ年について農民組合が関与した争議の数は、1931年こそ、54件（75％）251名（62％）と４分の３のシェアを占めたが、翌年以降は件数人数とも減り、1934年には17件（９％）64名（９％）にまで、その関与の程度は弱まっていった。

その原因は、農民組合運動の激化と治安維持法等を背景とした組合幹部の逮捕・拘留といった側面もあるが(7)、基本的には昭和恐慌以降の小作争議が小作料を中心とした小作条件を争うものから、地主の土地返還の要求に対して小作人が小作継続を求めるものへと重点が移ったためである。『東奥年鑑1932年版』も、「而して争議の原因は以前は単に小作料減免問題を以てしたが最近経済界の不振に伴ひ、中産階級以上の土地所有者が其の所有土地の売却により家政整理をなすもの、又は競売処分に附せらるるもの続出し之に伴い土地返還問題激増し小作人は小作地返還は生活の根拠を失ふ為め頗る頑

表11　農民組合の関係する小作争議

	1931	1932	1933	1934
総件数	72	92	141	182
関係小作人	403	188	269	740
農民組合の関係した争議件数	54 (75.0)	48 (52.2)	13 (9.2)	17 (9.3)
関係小作人	251 (62.3)	87 (46.3)	58 (21.6)	64 (8.6)

注：１）農林省農務局『各年版小作年報』より。
　　２）農民組合は、1933年の１件20人の単独組合を除いてすべて全国農民組合である。

表12　青森における小作争議の推移

単位：件、人、町

年次		1929	1930	1931	1932	1933	1934	1935	1936	1937	1938	1939
件　数		37	35	72	92	141	182	285	362	311	236	162
内）災害不作		12	9	17	15	3	20	93	61	21	3	4
同比率（%）		(32.4)	(25.7)	(23.6)	(16.3)	(2.1)	(11.0)	(32.6)	(16.9)	(6.8)	(1.3)	(2.5)
内）小作地返還		13	17	46	56	116	126	151	254	224	173	108
同比率（%）		(35.1)	(48.6)	(63.9)	(60.9)	(82.2)	(69.2)	(53.0)	(70.2)	(72.0)	(73.3)	(66.7)
地　主		40	35	332	115	200	203	272	457	373	252	181
小作人		144	103	403	188	269	740	467	595	576	404	347
関係面積		159.1	86.3	463.2	207.3	174.0	538.1	310.5	383.0	373.3	282.4	265.6
内）田の面積		142.1	38.2	301.4	180.4	150.7	476.5	266.9	292.4	266.3	176.4	152.8
同比率（%）		(89.3)	(44.3)	(65.1)	(87.0)	(86.6)	(88.6)	(86.0)	(76.3)	(71.3)	(62.5)	(57.5)
結末	妥　協	16	2	26	44	88	78	153	159	100	67	132
	要求貫徹	1	2	4	12	18	66	21	26	20	26	3
	要求撤回	−	−	1	−	2	8	3	1	2	1	13
	自然消滅	−	−	−	−	1	−	−	−	−	−	−
	未解決	20	31	41	36	32	30	108	176	189	142	14

注：農林省農務局『各年版小作年報』より。

強に対抗し往々暴行等の不祥事を惹き起す事がある」（p.485）とある。

表12を見ても、土地返還争議は1931年以降に急激に増加し、1933年には116件にも達し、以後ますます増加して1936年には254件を数えるにまでに至る。その中には、「地主の負債整理に伴ふ土地処分の結果、自作農程度の者の買取りするもの多く斯る場合は直ちに小作人に土地返還要求をなし争議と化するもの多く又小作人間の小作地の争奪もあり最近の小作争議は土地返還に原因するもの頗る多し」（農林省農務局 1934a：p.36）といった、「農民間の土地争い」の性格のものが多数となった。

また、1933年になると、「本年に入って俄然激増した果樹園争議は、一般農村の不況による果樹園地主の土地売却及昨年のモラリア被害の結果、果樹園としては珍しく小作料の減免問題が発生したこと、更にリンゴの価格があがって来た為地主直営を目ざす者が多くなって来たこと等に由来し、今後随時増加するものと見られている」（東奥日報社 1934：p.455）とあるように、それまで水田に集中する傾向があった津軽地方の小作争議がリンゴ園にも広がるようになった[(8)]。

1935年開催の第９回地方小作官会議に提出された青森県の答申にも、「本

表13　農村不況の耕地に及ぼしたる影響

単位：人、件、町

	A：地主及び自作農が債務のためその所有土地を競売せられたるもの（競売手続き中のものを含む）		B：地主又は自作農が債務弁済のためその所有土地を売却せるもの（売却予約中ののを含む）		C：自作農が負債のためその所有耕作地を失い小作人となりたる事例		D：自作農が負債のためその耕作地を失い農を廃し又は他に転住せる事例	
	1932年	1933年	1932年	1933年	1932年	1933年	1932年	1933年
地主数	224	224	986	947	−	−	−	−
自作農数	443	367	1,967	2,652	1,014	872	140	132
競売件数	605	591						
土地面積	682.8	764.8	2,798.1	2,984.6	974.3	909.7		

注：１）農林省農務局（1935）p.88。
　　２）本表は各市町村に対し照会したる結果をとりまとめたもので、競売件数は裁判所における数字とは多少の相違あり。

県に於ける小作争議の約80％は土地返還又は小作継続申立事件にして、其の原因の約90％は所有権移動に関するものなり」（農林省農務局 1935：p.82）とある。また、土地所有権移動に関しては「青森県は県内耕地の三分の二が担保に入っていると言はれて居ます。之は元来青森県の地主、自作農には借金が非常に多いのでありまして、之が昭和６、７年の始め県内の銀行が全部取付にあって以来之等土地は殆んど町の金貸、商人等に行ってしまったのでありまして……」（同：p.19）とされていた。

地主、自作農による土地売却が多く、それが小作農と共に商工業者の手に移っていることは**表9**で確認したが、この会議に提出された**表13**からも、この２年だけで債務弁済のため農地売却や競売に付された地主が2,381人、自作農が5,429人の多数にのぼり（AとBの合計）、小作農への転落、あるいは離農に至った自作農も2,158人（CとDの合計、いずれも延べ数）に達していたことがわかる。

その際、商工業者にわたった農地の小作条件については、「之等の地主は金利打算のみを目的とする為、小作条件の如きは寧ろ時代に逆行し、悪化を見るもの少からざる実情に在り」（農林省農務局 1935：p.79）とされ、借地をめぐる需給関係が「貸し手優位」であることを背景に、商工業者の手に渡った小作地では小作条件が悪化する事態も生じ、それがまた小作争議の原因を作り出したことがうかがわれるのである。

４．小作調停法の果たした機能

以上のような昭和農業恐慌後の農地市場における売買の増加が土地返還争議急増の第一原因とはいえ、果たしてそれだけであのような急激な増加の説明がつくのであろうか。小作側のバーゲニングパワーを支えていた農民組合の影響力が衰え、他方で出稼ぎの減少によって借地市場は以前にも増して「貸し手優位」となっていた。そのような不利な状況で、小作人は何を頼りに争議を起こしたのか。

注目されるのは、**表14**に示される小作調停申立件数の急増である。しかも、申立は小作料支払請求を別にすれば、小作継続要求を中心として圧倒的に小作人からであった。1933年４月17日の新聞記事にも次のようにある。「県下の小作調停申立数は今年に入ってから現在まで100件に上り昨年同期に比べ約３倍の激増である、……このうち土地返還に関する申立約８割を占めあと２割が小作料減免土地取引事件であるのも農村時代相を如実に反映している」（大原社会問題研究所 1933）。

小作調停法は、1924年から施行されたが、青森県は施行が遅れ1929年からであった。その最初の事件について小作官補の石井清吉が紹介している（石井 1936）。

それは、北津軽郡中里村の礼米廃止を求める争議が裁判となり、地主が立入禁止の訴訟を提起した時点での小作人側からの小作調停申立であった。こ

表14　小作調停申立件数の推移

事　由		1929	1930	1931	1932	1933	1934	1935
小作条件改善		1	4	－	－	3	5	－
小作料支払請求		4	12	5	17	－	7	17
小作料減免要求		11	9	11	9	12	10	47
小作継続又は土地返還		7	9	26	68	117	111	138
その他		1	15	1	2	7	11	25
合　計		24	39	43	96	139	144	227
申立人	地　主	4	15	8	25	11	25	
	小作人	20	24	35	71	128	119	

注：１）事由別件数は、石井（1936）（其の一）p.9より。
　　２）申立人欄は農林省農務局（1936a）p.31より。

の結果、訴訟事件は公判中止となり、調停委員会による調停へ移った。この訴訟中止により、小作側は土地立入禁止を合法的に免れ「安全にその小作地を占有し、耕作を継続すること」（石井 1936：（其の三） p.3） が出来た。これは小作人にとってそれ自体が大きな勝利であった。また、第三回調停委員会では、礼米全廃を含む小作側に有利な条件で調停が成立していた。

ここで「強硬な地主の土地返還請求も調停申請小作人が取下げぬ内はものにならず小作人側は、取下げる以前に稲の刈入れを終るので結果は小作人に有利となった」（同：p.1） とあるように、小作調停の申立は物権が債権を破る明治民法体制の下にあって、地主の所有権に基づく強制執行をとりあえず免れる手段としてだけでなく、地主と交渉する道を開いてくれるものであった。1931年からの小作地返還争議の大半が小作調停に持ち込まれたことからいっても、小作調停法がある意味で争議激増の起爆剤になったと考えてよいであろう。また、小作調停が小作側にとって頼りになるものであれば、農民組合の力に頼らなくてもよく、小作調停申立の増加と農民組合の影響力の低下は背中合わせの関係であったと言えるのである。

表15は、土地返還争議に限っての解決の形態を一覧にしたものである。借地関係は、それぞれが経緯を異にして多様であり、解決の形態もそうした

表15　土地返還争議の解決形態

		1929	1930	1931	1932	1933	1934	1935	1936	1937	1938	1939
件　数		13	17	46	56	116	126	151	254	224	173	108
返地	無　条　件	−	−	−	1	5	6	3	2	2	1	6
	有益費補償	−	−	2	−	−	1	−	1	−	−	−
	離作料支払	−	−	7	7	12	7	12	12	16	7	11
	小作料減額	−	−	−	4	4	3	3	3	5	1	1
	一部返却	−	1	1	9	19	12	9	14	16	4	3
	代地交付	1	−	1	3	7	5	5	8	4	3	13
	小　　計	1	1	11	24	47	34	32	40	43	16	34
継続	定　　期	4	1	3	5	13	38	31	36	25	24	29
	不　定　期	−	−	7	10	31	31	13	50	20	35	31
	小　　計	4	1	10	15	44	69	44	86	45	59	60
小作人買収		−	−	−	1	3	3	2	2	8	4	2
そ　の　他		−	1	−	−	1	2	1	1	1	−	9
未　解　決		8	14	25	16	21	18	72	125	127	94	3

注：農林省農務局『各年版小作年報』より。

多様性を反映して様々な結末を示している。また、量的に妥協できる小作料の減免交渉と違って、土地返還争議は所有権と耕作権が往々にして二律背反となることから未解決数も少なくない。しかし、全くの無条件返還といった小作側に厳しい解決は全体としては例外的であり、返還するにしても離作料の支払いや一部の返還、代地交付などのような小作側の利益も考慮されたものが多い。また、小作継続は最も数が多く、全体の７割近くを占めている年もある。

こうして見ても、昭和恐慌下に急増する地主からの土地返還争議の帰結は、農民組合の影響力が衰えた中にあっても必ずしも一方的に地主の主張が認められたのではなかった。未解決の数が無視できないとはいえ、全体としてみればむしろ小作側の事情を考慮した解決となっていたように思われる。それは、次項で見るように、しだいに社会全体が耕作者＝生産者重視の総力戦体制へと向かいつつあった時代思潮によるところが大きいと言えるだろう。

５．小作紛議防止委員会の設置と役割

従来の小作争議研究では、警察や行政はもっぱら地主側に立って農民組合運動や小作争議を一方的に弾圧していたかのように論じられてきた。確かに青森県にも1933年２月21日付けの新聞記事に「検事局果然重大視す、青森の小作人脅迫事件」として次のようにある。「青森県北津軽郡中里村の小向金木署長が小作人を威しつけ強制的に小作調停の申請を取下させたと農民組合から県特高課に捻込んだ事件は果然検事局側で重大視し、15日稲塚検事正は土居警察部長に事実調査方の依頼をしたので警察部では近日中に警務課員を出張させ詳細取調べることとなった」（大原社会問題研究所 1933）。

ただし、この記事からも警察、行政が組織的に地主の側に立っていたとは見なせない。実際のところ、借地市場が圧倒的に「貸し手優位」の状況下では、小作農家が社会的に見た経済的弱者であることは誰の目にも明らかであった。大原社会問題研究所蔵のスクラップブック（大原社会問題研究所 1934）にある新聞記事を拾っても、1934年６月８日には「出精の小作争議

６ヶ月目に解決を見る、県特高課の努力で」「地主側に非があるので多大の譲歩を求めたと加藤特高課長語る」とあり、同年７月９日には、「小作争議に積極的調停をせよと通達」という見出しで「加藤特高課長は県下各署長に対し、従来の消極方針を改め積極的に小作争議の調停に乗出す様命令したが、当局の新しい方針として注目される」とある。

また、社会的に影響力のある軍の姿勢も注目される。やはり1934年１月26日の記事には「出征兵士の土地取上げ解決、青森連隊区も乗出し非常時の圧力で」の見出しで、「北原司令官もすこぶる小作人側に同情し在郷軍人会同村分会をして極力斡旋せしめた結果、年を越した去る３日午後12時に至り急転直下円満解決を見るに至った」とある。

地主・小作間の紛争は、あくまで私的な民事紛争であって、警察や行政、軍などの公的機関が直接介入する性格のものではない。しかし、民事紛争であってもそれが多発して大きな社会問題となり、かつ一方の側の実情があまりに悲惨で世論の同情を集めるような状況に至れば、行政の対応も異なってくる。とりわけ、地主は働かずして地代だけを取り立てる寄生的な金貸しのイメージと重なり、一方、小作人は額に汗して働く直接的な生産者で、また兵隊の主要な供給源でもあるというステレオタイプ化した新聞の論調や世論の動向が強まるごとに、警察や行政が次第に小作人側により有利な形での介入を強めていったことは想像に難くない。1934年の加藤県特高課長の消極方針から積極方針への転換は、そうした転機を表すものだったと考えられる。

表16は、解決した小作争議だけを取り出して調停者を示したものである。前項で述べた通り1931年からの小作調停の増加が注目されるが、それは1933年の80件をピークに減少に向かっている。1934年に警察官吏が急増して28件となるのは、県特高課長の打ち出した方針を反映したものと言えるが、問題となるのは、1935年と1936年に圧倒的に増加する「その他」である。そして、次の『東奥年鑑1935年版』の記事を読めば、この「その他」に当たるのが1934年より各市町村単位に設立された小作紛議防止委員会であることがわかる。

表16　小作争議調停者別件数の推移

		1929	1930	1931	1932	1933	1934	1935	1936	1937	1938	1939
解決件数		17	4	31	56	109	152	177	186	122	94	149
直接交渉		2	0	4	3	18	24	2	−	−	−	6
調停者によるもの		15	4	27	53	91	128	175	186	122	94	143
調停者種別数	調停法による	2	1	15	37	80	77	48	3	−	−	82
	小作官補	1	1	−	−	−	−	−	1	2	1	1
	警察官吏	2	1	6	8	9	28	2	12	76	83	53
	町村長	−	−	1	−	−	2	−	−	−	−	−
	農業団体役員	−	−	1	−	−	−	−	−	−	−	−
	農民組合	2	1	1	−	−	−	−	−	−	−	−
	地方有志	−	−	2	5	−	−	−	−	−	−	−
	その他	8	−	−	3	2	21	125	170	45	10	8

注：農林省農務局『各年度小作年報』より。

「県特高課では小作上の紛議を争議に至らぬ前に未然に解決し、農村の円満なる発達を期する９年９月に小作紛議防止委員会設立を準備し、10月から仕事を開始した。各町村を組織単位として構成員は農村の指導階級たる町村長、農村技術員、警察署長で各町村に委員会が出来た。これは小作人側と地主側との要求を考慮してその中間をとって解決しているもので開設以来の成績は非常によく、将来常設の施設としてゆく筈である」(p.452)。

さらに『東奥年鑑1936年版』には、「県特高課では各署に従来の小作紛議防止委員会の外に農村相談所を開設し、更に各署毎に町村長、地主、小作人等の協議会を持って紛議、争議の円満解決をはかったため悪質の争議等はみられなかった。また凶作の影響は小作人のみでなく地主にも及んでいることは、地主の土地転売が激しいためと自作するための土地取上げが多かった為である」(p.512) とある。

ここから見る限り青森県における小作争議への行政的な対応は、1935年を前後して、農林省が進めてきた小作調停法に基づくものから、県特高課－各警察署長のルートで整備された各町村単位の小作紛議防止委員会へと中心が移ったと見ることが出来る。**表16**において、1937年から再び警察官吏が調停者として増加する点も、この延長線上といえる。

表17は、1936年３月までの小作紛議防止委員会が扱った争議の内容であるが、注目されるのは小作人からの申請が圧倒的に増えていることである。

表17　小作紛議防止委員会解決事件一覧

		1935年１～12月	1936年１～３月
小作争議件数		285	192
解決件数		134	106
申請者	地　主	22	7
	小作人	68	90
	自発的	44	9
事由別	土地取上	62	65
	小作料増額反対	3	-
	小作料減額要求	50	39
	未納小作料請求	9	1
	その他	1	1

注：東奥日報社（1936）p.513。

この小作紛議防止委員会は、町村単位に設置されており、その手続きも小作調停より簡便で、農村に伝統的な有力者への陳情に似たものであっただろう。その結果、「防止委員会」という名とは裏腹に、この委員会は、むしろ小作人に今までは我慢してきたようなより軽度の不満や問題についても争議化させるように作用したと考えられる。1936年、1937年の300件を越える争議の激増、またそれに合わせた未解決の急増は、小作調停以上に小作紛議防止委員会が争議の起爆剤として作用したという見方を支持するように見えるのである。

第５節　おわりに

この章では、戦前期の地主小作関係を前近代の「地主制」と見るこれまでの立場にかわって、借地市場というダイナミズムを内に含む関係と捉える立場から、全国と青森県の借地をめぐる需給関係と小作争議の展開について考察してきた。その結果、1920年代に西日本を中心に展開された小作争議については、西日本の低い出生率が基礎となって、それに都市への人口流出が重なった結果として生じた借地市場の「借り手優位」を背景に、小作人による新しい需給関係に見合う小作条件と小作料水準を求める動きとして捉えられるという結論が得られた。

東日本、とりわけ東北はこの時期に小作争議の発生が見られなかったのは、西日本とは逆に高い出生率による人口増加・農家戸数の増加によって借地をめぐる需給関係が「貸し手優位」となっていたためであり、むしろこの時期、耕作法改善による収量増加とも相まって小作料は上昇傾向にあったのである。

これに対して、1930年代に東北地方で小作争議が爆発的に増加する事態には、青森県の分析から以下のような結論を導くことが出来た。すなわち、青森県では西津軽郡、北津軽郡に代表されるようなもっとも借地市場が「貸し手優位」で、かつ自然条件においても小作条件の劣悪なところから小作争議が発生した。そうした地域には、小作側に争議を起こす切実な導因は多数存在していたが、借地市場が「貸し手優位」の構造だったために小作人は泣き寝入りを強いられてきたのである。しかし、全国の影響を受けて農民組合が設立されたことにより、小作人側も交渉力を獲得し、争議を起こすと共に、小作条件の改善を図ることもできたのである。そこでは、全国の経験を駆使したデモや集会が、圧倒的な「貸し手優位」の下でも地主の譲歩を引き出す力となったのである。

しかし、1930年代になると、地主や自作農の負債整理のための農地売却や競売が増加し、それに伴う土地返還要求が新たに小作人側における争議の導因を全県的に作り出した。そしてここで農民組合に替わって小作人側に争議を起こさせる後ろ盾となったのは、裁判所による強制執行を停止させ、現状を保全して地主との交渉に道を開く小作調停申立であった。この小作調停が、地主の所有権の絶対性をある程度制限し、小作人の実情を考慮した調停案による双方の妥協を促すものであったことが、小作調停を申し立てる小作人を大幅に増やし、小作争議を激増させたのである。

さらに、1934年になると、それまでは民事紛争として介入を控えていた警察が方針を転換し、積極的に紛争に介入して調停を行う姿勢を明確にした。町村単位に設置された小作紛議防止委員会がその方針の具体化であり、小作争議の調停者として中心を占めるに至る。しかし、このような町村単位の問題相談機関の登場は、長年の「貸し手優位」の構造の下で弱い立場に置かれてきた小作人に、より多くの問題を争議として顕在化させる役割を果たしたように見える。こうした論点を具体的な争議事例や町村レベルの実体に即して検証していくことが今後の研究の課題である。

このようにして、青森県は、その高い出生率による人口増加問題が昭和農業恐慌と重なり、特に水田単作地帯においては借地市場が圧倒的に「貸し手優位」となり、小作人は土地返還要求に脅かされたことになった。しかし、それは「農民間の土地争い」という性格のものも多く、総力戦体制に向かいつつあった国家としても、そうした事態を民事紛争として市場にゆだねておくことは生産力増強の課題からも許されなくなり、戦時農地統制が耕作権強化を一段と強めていく。戦後の農地改革は、むしろその帰結であり、また東北農民の行政依存の体質化でもあった。

以上のように、1920年代に西日本からはじまった小作争議は、1930年代には「小作料関係」から「土地関係」へと性格を変えて東北地方が中心となるという地域性を示す理由が、人口増加率の地域差を介することで借地市場の需要関係と農地売買という農地市場から一貫した論理で理解可能となるのである。

注

（１）ただし、リンゴ園では、「苹果園にありては施費の多きと技術を要する点に於て小作料下落の傾向にあり」（中津軽郡船沢村、南津軽郡大鰐村）とされ、経費負担や技術問題で借り手が少ないと見え、小作料は下落している。

（２）この点に関し、田崎（1987）を参照。

（３）**表3**で示した農林省統計と**表6**の青森県統計書とは、農家の定義が異なると見えて戸数に差違が見られる。しかし、全国比較では前者によるしかなく、県内の郡別比較については後者によるしかないため、**表3**と**表6**の差は問題にしないことにする。

（４）この時期の青森県の出稼ぎについては、玉（1999a）を参照。

（５）1928年に北津軽郡中里村で発生した小作争議は、そうした代表的な事例である。小作人４人が地主１人に対して礼米廃止を求めたこの争議は、「昭和２年日本農民組合の支部の設立を見るに至れり組合幹部の教化指導に依り益々啓発せられし小作人等は終に地主に対し礼米廃止を要求し本争議を起すに至れり」

（農林省農務局 1929：p.795）とある。

（６）青森県の小作官補である石井清吉も、次のように特殊慣行の廃止について、農民組合が果たした役割を認めている。「極端なる悪小作条件と見られる礼米慣行、前作米慣行、地主小作間の捨米慣行などは漸次改廃された、これは本県の初期の小作争議が農民運動的色彩が強く、従って積極的に小作条件の改善を企図された関係もあり、また時代の流れに対する地主の自覚も大いにあった事に因るものである」（石井 1941：p.128）。

（７）当初、農民組合による戦術は組織力による地主への威圧が多く、上北郡四和村の争議でも、「日夜全国農民組合幹部員４名及小作人11名は地主宅に赴き遂に暴力行為に出たる事件を惹起し事件は深刻化せり該組合幹部３名は各懲役に処せられたり」（農林省農務局 1930：p.10）とある。しかし、その後、農民組合は次のように運動方向の転換を見せている点は今後の研究課題として重要である。「其の活動状況を観るに最近に至り各種経済的方面に活発なる日常闘争を展開し相当なる効果を収め又農村の無産大衆に異常なる衝動を与え組合員の獲得状況も順調に進みつつあり、殊に注すへきは組合幹部が体制内運動の極めて緊要なるを自覚し互助、教育、生産等の伸長に力を致し、消費組合運動を起し昭和４年度２組合、昭和５年度10組合の設立を見其の成績も概ね良好……」（農地制度資料集成編纂委員会編 1969b：pp.11-12）。なお、青森県の農民運動については、農業問題研究会（1963）を参照。

（８）リンゴ園の小作事情と小作争議については、この章では扱えなかった。その点に関しては、青森県経済部（1936）を参照。

［『青森県史研究』第３号、1999掲載の同名論文を加筆修正］

補章1

書評：西田美昭『日本農民運動史研究』東京大学出版会（1997）

はじめに

本書は、1968年の最初の論文発表以来、一貫して近代日本の小作争議、農民運動史研究における第1人者として研究をリードしてこられた西田美昭氏による待望の単著である。しかも、本書では過去30年間の氏の研究が総括されるだけでなく、これまでの近代日本農民運動史研究を根本的に見直す立場から、日本の農民運動がもつ「1920年代中葉の小作争議・農民組合勢力の拡大と、農地改革直前の農民運動の爆発的高揚という2つのピークを…統一的に理解する論理」（p.3）の解明が目指されるのであるから、研究史上におけるその出版の意義はきわめて大きいと言わねばならない。

しかし、本書の中の西田氏による評者へのコメントにも端的に示されるが(1)、西田氏と評者は認識や理論において大きく異なる立場に立っている。もちろん、評者の理解など取るに足らないものでしかないが、すでに優れた書評を持つ本書（例えば、岩本純明『経済学論集』第63巻第4号、1998を参照）であれば、変則的でも、評者との理解の差を際だたせる形で内容を紹介するのも許されるだろう。

そこで論点を予め提示してしまうと、評者が西田氏の研究を高く評価するのは、氏がこれまでのどの研究者よりも明確に、そして誠実に、また一貫して「農民経営」の充実・発展を研究の基軸の論理として理論的・実証的に取り組まれてきた点である。地主経営の分析をもって「地主制」の分析としたり、全国統計の単純な加工で小農経営を論じたり、そうした手抜きの実証で化石と化した権威主義的シェーマを振り回すというようなことは、されなかった。その点こそ、評者が西田氏に最も敬意を表したい点である。

しかしその一方で、西田氏は、1920年代の小作争議をそのまま農民運動と捉える点で、評者とは見方が大きく異なる。評者は拙著で述べたように、当時、帝国農会にいた東浦庄治が示した次のような見方に賛同する。すなわち、それは「農民自身の著しき自覚の結果ではなくして、只一時的なる利害観念と、かかる運動の雷同性とに依存する」もので、「だから流行には消長あるが必然でこの表面的現象は決して本質的なる農民運動と混同されてはならない」（玉 1996：p.232）と。ここには、戦前の農業問題の焦点を、土地所有をめぐる地主と小作の階級闘争と見るか、独占資本の支配が進む国民経済の中で小商品生産者としての小農民が陥った経営・生活の困難と見るか、の違いがある。

また、本来的に孤立分散性を特徴とする分割地農民をジャガイモに例え、彼らは階級を形成せず、自らを代表することができないとして、「ナポレオン的観念」という概念を提起したのはマルクスである。そして、こうした分割地農民の性格を最大級に重視したのが栗原百寿であった（玉 1995：第7章）。

敗戦後に空前の盛り上がりを見せた農民運動も、こうした小農の「雷同性」や「ナポレオン的観念」という視点を必要とするのではないか。また、農民運動史研究は、地域の生活者として、経営者としてしっかりと地に足の着いた運動に、もっと目を向けなくてはならないのではないか。このような評者の認識と視角から、以下、西田氏の著書の各章を順次紹介し、検討することにしよう。

第1章「戦前日本における労働運動・農民運動の性質」

この章で西田氏は、これまで同列に扱われてきた戦前の労働組合運動と農民組合運動が、前者の早期の右傾化に対して、後者は「左翼」主流を維持し、昭和恐慌後も数的にも、継続性においても、調停形態においても、より「左翼」的であったという事実を確認し（第1節、第2節）、その上でその理由を労資関係と地主小作関係の性格の違い、とりわけ労働者と小作農民の生活形態の違いに基づいて解き明かそうとする（第3節）。すなわち、労働者は世帯収入の大半を世帯主の賃金収入に依存するのに対して、小作農民は自小作であれば自作地収入に、純小作でも兼業収入により地主に対する経済的自立性が資本家に対する労働者よりも勝っていたという生活構造の違いこそが、2つの運動の違いを説明するというのである。

このような西田氏の議論自体に無理はない。しかし、それは戦前の農家が小商品生産者であったという当然の事実を再確認するものである。主要な生産手段としての土地は、純小作であっても長期的な占有者で、農具や馬などの労働手段は明確に彼らの所有物である。生産物の販売も他の副業・兼業も彼ら自身の判断によって行われる。したがって、全く同じ条件であっても、家族労働力の数や才覚、勤勉さ、器用さ等によって一戸一戸の農家の経営と生活は大きく異なることになる。その上、小作形態がまた千差万別である。このような小農民が階級を形成するであろうか。生産手段から切り離され自らの労働を売るしかなく、仕事は与えられた標準化されたもので、労働の成果＝生産物は資本家のものである労働者とはまるっきり異なるのである。

だからこそ、この最初の章ではぜひ西田氏に、労資関係と地主小作関係との違いだけでなく、そのような地主小作関係とは、いかなる関係か論じていただきたかった。本書では、「地主制」、「地主的土地所有」などの言葉を使われるが、どこにもその概念的内容について論じられていない。前近代の封建的な階級関係で、小作争議は近代へ向けての解放闘争であるという「講座派」以来の古典的想定が当然の前提とされているかのようである。しかし、こうした想定は、西田氏がせっかく実証されている小商品生産者としての小農民の市場経済への対応とあまりにもミスマッチなのではないか。

第2章「農民的小商品生産展開の論理と実証」

この章で、西田氏は「農民的小商品生産の発展が小作争議発生の基礎にあったことを理論的・実証的に明らかに」しようとする。まず、小作争議の理論的解明にとって農民的小商品生産概念の把握が鍵をなすことを確認し（第1節）、中村政則氏のように「剰余＝利潤＝m」ではなく、「P」（余剰）が生じるかどうかを基準とし、農民的小商品生産が発展の方向であるかどうかを「P」と農業投資（「Ia」）との比較で分析するという分析モデルを提示する（第2節）。続いて山形県庄内の資料や山梨県八代郡英村の資料から農民的小商品生産の絶対的必要条件である農業生産物中の販売部分を確認し（第3節）、それが「P」や「Ia」を生み出すほどのものかどうかを西山光一家の経営と（第4節）、新潟県南蒲原郡中之島村の3戸の「農家経済調査結果」から分析する（第5節）。

そして、一方では、余剰や農業投資の存在から農民的小商品生産の維持・発展を確認しつつ、他方では、それが少なからず農外収入や自家労賃の切り下げ＝「自己搾取」に依拠するものであったことの限界を指摘し、それが重い小作料減額要求の動機となったと結論する。

以上のように、この章では、西田氏による理論モデルの提示が一つのハイライトである。そして、そこでわれわれは“農民的小商品生産の発展から資本家的農業経営へ”というクラシックな理論に再会する。世界はすでに19世紀末に帝国主義の時代に突入し、資本輸出による植民地農業開発が、両大戦間期の世界経済に農業問題を構造問題としていた中に日本資本主義も日本農業・農家もあったわけである。昭和恐慌も世界恐慌の一環であり、米価暴落は朝鮮・台湾での産米増殖により加重化されていた。

西田氏が詳細に示してくれたように、純小作農家と言っていい西山家は、順調であった1920年代から一転して5,752円もの負債を背負うことになる。それはとりもなおさず、西山家が仲買業や農機具購入、肥料購入など、小商品生産者として市場経済に深く包摂されていたがゆえに、昭和農業恐慌の影響をもろに受けた結果である。この逆境を、西山家は家族労働力の完全燃焼による経営多角化と農外賃稼ぎで克服していく。

西山家の農家収入にしめる米販売代金は、この時期50〜60％、支払い小作料は販売量の3分の1以下なので、農家収入に占めるその負担は、評者の住宅ローンより低い15%程度のものである。つまり、西山家にとって小作料負担は、重い負担ではあるが、死命を制するようなものではない。安いに越したことはないが、それで生活のすべてが決まるわけはなく、生活をよくする手だては、副業や兼業など多様である。とすれば、小商品生産の発展が小作料減額要求の契機となるのは当然としても、小作料減額のための小作争議だけが小作農家にとって唯一の選択肢とはいえないだろう。

第3章「小作争議の展開とその性格」

この章では、西田氏が長年にわたって取り組まれた小作争議の個別事例分析がまとめられている。第1節では、小作争議の地域性、特徴、1920年代と1930年代の差異が全国統計により総論的に論じられる。第2節以下は、対象とされた事例のみ記すと、新潟県北蒲原郡三升米事件（第2節)、新潟県西蒲原郡小新小作争議（第3節)、北海道空知支庁蜂須賀農場争議（第4節)、山梨県東八代郡英村小作争議（第5節)、新潟県中頸城郡和田村小作争議（第6節)、新潟県三島郡王番田小作争議（第7節)、そして、第8節は、今回書き下ろされた小括である。

小括にまとめられた結論は、以下の4点である。第1が、小作争議が農民的小商品生産の発展を基礎に発生・展開していること、第2が、昭和恐慌期にも担い手に変化はなく、その意味で「貧農的農民運動」という通説は修正されるべきこと、第3が、昭和恐慌期に農民運動は後退したといわざるを得ないが、地主的土地所有の後退もまた決定づけられたこと、そして、第4に、地主的土地所有の後退は、農民的改革方向と自作農創設による地主的改革方向と二つの方向が対立していたことである。

さて、この章は本書でも最も紙数の多い中心をなす章といっていいが、最初にも述べたように、この章の分析においては、小作争議と農民運動が全く区別されていない。小作争議の性格、それ自体が農民運動の性格として論じられている。確かに、この章で扱われた小作争議の事例は、いずれも農民組合と関係していた。しかし、全国で見られた小作争議が一様に農民組合運動として展開されたかといえば、農民組合の組織人数を見ても、決してそうは言えない。また、農民組合運動自体も、様々な路線対立から分裂したり、政党による干渉を受けたり、昭和恐慌期には新たな運動方針を模索したり、決して地主だけを相手に取り組まれていたのではない。こうした違いを無視して、小作争議をもって農民運動の性格を貧農的であるとか、ないとか、議論することが果たして妥当なのだろうか。

西田氏は、戦後については、「農民運動の目標が必ずしも農地改革の実施のみでなく、むしろ主要には農家経営の充実をめざすものであった」（p.297）と述べられているが、戦前についても同様な指摘は可能ではないか。農民運動の目標は、必ずしも対地主だけに向けられていたのではなく、むしろ主要には「農家の生活向上」をめざすものだったのではないか。

もちろん、小作争議もまた、そうした「農家の生活向上」を目指すものであっただろう。しかし、小作争議の目標を西田氏が言われる土地制度の「農民的改革方向」に求めることは、あまりに机上の議論ではないだろうか。当時は、少なくとも私的所有権に立脚した商品経済社会である。そうした社会で、事実上、地主の所有権を否定するような要求を、願望としてはともかく、実際の小作争議に参加した農民が抱いていたとは評者には、考えられない。

小作争議とは、小作料関係のものであれ、耕作権関係のものであれ、農地の貸し借り自体を否定するようなものではなく、貸し手（地主）と借り手（小作）が互いの生活をかけて争ったいわゆる民事紛争だったのではないか。

第４章「農地改革の歴史的性格」

この章で西田氏は、これまで本格的な研究がなされてこなかった戦前の自作農創設政策をまず全般的にトレースした上で（第１節）、それに対する農民運動の対応と政策変更を求める運動の評価を行い（第２節、第３節）、さらに戦時下の自作農創設政策に対する新潟県の実態に即した分析を通じて（第５節、第６節）、自作農創設政策に対するこれまでの否定的評価に修正を求めるとともに、農地改革をその段階的発展の最後に位置づける。

つまり、それは当初は「債務を負った不自由な自作農の創設をはかる地主的改革方向」であったが、戦時下には小作料統制や地主米価の低位化、所有権の制限などを通じて「農地改革の柱である小作料の低額金納化、これとリンクした安い購入価格による自作農創設という構図は、戦時下というゆがんだ環境のなかではあるが、事実上できあがっていた」こと、その意味で農地改革はそれを土地改革として完成させたものであったという。さらに、そこに実現した所有権は、農民運動が要求してきた小作料の大幅減額と耕作権の確立という内容において「農民的土地所有」というにふさわしいものであったとされるのである。

この章の意義は、これまで十分な検討のないままに「反動的」「保守的」といった評価を与えられてきた自作農創設政策を再評価し、特に戦時下における政策的拡充に注目して、その農地改革との連続性を指摘された点であると思われる。こうした視点は、『西山光一日記』の戦時期の分析から得られたものであることは間違いなく、実際、第6節でなされた分析は、従来の政策論レベルのものとは比較にならないリアリティをもってこの章の結論を説得的なものとしている。

しかし、その一方で、それが戦時総力戦体制から戦後改革へというまさに現代の分析であれば、それを依然として近代の「農民的土地所有」か否か、といった視角から評価することが適当かどうかという疑問も持たざるを得ない。自作農体制は総力戦体制における生産力増強第一主義が導いた生産者優先の制度的枠組みによって作り出され、戦後に持ち越される食糧危機によってより徹底した形で帰結したものなのではないだろうか。

だから、それは偶然、「戦時下というゆがんだ環境」で出来たというようなものではなく、その歴史的性格も土地問題だけを切り離して論ずるのではなく、総力戦体制の下での補助金制度も、農業団体制度も、技術指導体制も、農業金融体制も含めた総体的な枠組みの一部として捉えられる必要があるのではないか。

第５章「農民運動の高揚と衰退—戦後農村社会への転換—」

この章では、戦後の農民運動が農地改革を求めて高揚し、その実現をもって衰退するというこれまでの通説に対して真正面から挑戦し（第１節）、新潟県の具体的分析から、むしろ農地改革よりも供出問題に農家の関心があったこと、また農民運動の衰退は指導層の農業団体役職員への進出と相関関係があること（第２節）、さらに農民運動の衰退が直ちに農村の保守化ではなく、農村の保守化は農家経済にとって農業依存度が急速に低下する70年代以降に生じることを（第３節）明らかにする。

この章は、前章とともに画期的な意義を持つ章である。何よりもその意義は、戦後の農民運動にとって農地改革が占めた位置を相対化し、「農業経営の充実をめざす」ところにむしろその中心があったことを実証的に明らかにしたことに求められる。戦前の小作争議がそうであったように、これまでは戦後改革期についても農地改革が農業問題として過大視されてきた。それが実態と食い違うことは、西田美昭編著『戦後改革期の農業問題』（日本経済評論社、1994）で、より包括的に実証されている。これまでの農業史研究における土地問題中心史観こそ根底から問い直さなければならないというのが評者の持論だが、その繰り返しはやめて、ここでは専業農家中心主義を問題にしたい。

確かに、西田氏のように農家の要求を「農家経営の充実」だけに限定すれば、兼業化の進展は「農家経営の解体状況」となる。これに対して評者のように、「生活向上」を農家の最大の要求と捉えれば、兼業化は一つの有力な選択肢として容認される。どうも、西田氏を含め実際に農業をするわけではない学者には、農家は農業だけで食っていくべきであるといった勝手な思い入れがあるのではないか。それに越したことはないが、兼業農家でどこが悪いのか。「生産性が低い」というのは、生産力増強優先の総力戦体制が作り出した国家の論理である。農家にとっては安定して生活していけることが一番である。

実際、70年代以降に兼業化と保守化が同時進行したことを、「農業の産業としての急速な衰退」というように悲観的にだけ見る必要はなく、多くの農家が兼業によって以前よりも所得の安定した生活を実現できたという積極的な側面も見なければならない。それがなければ、異常な工業化の進展によって、農村の社会や地域文化は完全に崩壊していただろう。兼業化によって未だに多くの村や町が人口や地域社会を維持しているのである。また、保守化したのは農村だけではない。その間に、保守対革新、という枠組みが陳腐化したのである。

その意味で、今、問われねばならないのはむしろ、大蔵省と金融機関、通産省と産業界、補助金や行政指導といった戦時総力戦体制に出発点を持つ戦後の体制が農業についても強固に存在し、そういう体制が根底から改変を迫られているにもかかわらず、農家や農業団体がそれから容易に脱却できないという問題ではないだろうか。

そうした視点から見たとき、もっと注目すべきは、保守か、革新かではなく、その地域の歴史と伝統を継承していく地域社会の担い手としての農家の組織であり運動であるように思われる。そして、その有力な事例は、1970年代以降の村おこし、町おこし、などに多くあるのではないか。残念ながら「おわりに」を見てもこうした農村文化運動は、西田氏の射程には入っていないようである。

以上のように、本書は西山日記の克明な分析により、小商品生産者としての小農民の経営と生活を生き生きと描き出すことによって戦前から戦後における農村の実態に迫り、農地改革が近現代の日本農業史において占める位置を相対化したという意味で大きな学問的貢献を果たしたと考える。しかし、最初に立ち戻って、農民運動の２つのピークを統一的に理解する論理は解明されたのであろうか。そのためには、戦前においても農民運動の中心は、必ずしも対地主にあったわけではなく、また農業経営の充実だけでもなく、兼業も含めた総体的な「生活向上」にあったことが明確にされる必要があったのではないか。

西山家の分析から多くを学ばせていただいたことに感謝しつつ、大変非礼な書評となったことについては西田氏のご寛恕を請いたい。

注

（１）「ここで述べられている玉の主張は、ある意味では全く正しいし、農業史研究者が常に念頭に置いてきた常識であったといってもよい。しかし、玉の議論からは、戦前日本農業の骨格とその問題点が一向に明らかにならない。戦前日本農業を分析する際に、何が最大の問題であったのか。仮に『日本農業＝地主制』『農民運動＝小作争議』という把握が一面的であるとするなら、玉は『日本農業＝？』『農民運動＝？』とするのだろうか。そこを示さない限り、新しい『分析フレーム』を提示したことにならない。戦前日本農業は地主制を無視して分析することはできないし、戦前農民運動も小作争議を抜きに語ることはできない」（西田 1997：p.62）。

[『日本史研究』第435号、1998掲載に注を附加]

補章2

書評：林宥一『近代日本農民運動史論』日本経済評論社（2000）

本書は1999年に52歳の若さで急逝された林宥一氏の遺稿を、西田美昭・大門正克両氏が遺稿集として編められたものである。林宥一氏は、優れた社会科学者であった。本書を通読して改めてそのことが痛感された。一つには、密度の高い実証研究者としてである。

未利用の一次資料が的確に加工、配置されることによって明快な筋をもった議論が説得的に展開されている。本書で気づかされたが、林氏による小作争議の論文は意外に少ないのである。にもかかわらず、誰もが林氏を小作争議研究の第一人者と認めたのは、一つ一つの論文が群を抜いて質が高かったためだろう。もう1点は、論理矛盾を鋭くつく論評者としてである。本書に収められた論点整理や書評に、それは端的に示されている。

しかし、本書はまた林氏の農民運動研究が決して平坦なものではなく、むしろ理論と実証の間で苦しみもがいたものであったことを教えてくれる。1970年代はじめに『歴史学研究』に華々しくデビューし、論文を発表するごとに注目を集めた林氏ではあったが、1980年代には明らかに迷いが読みとれる。森武麿編『近代農民運動と支配体制』（森編 1985）への書評である本書の10では、「いま、なぜ、農民運動史なのか」（p.265）を自らに対しても厳しく問いただしている。

というのも、かつて「農業理論は革命理論の全体を左右するカナメの地位」（p.245）にあり、農民運動史も体制の変革との関わりで取り組まれてきた。国際通貨危機やベトナム戦争終結、石油危機などから「世界資本主義の全般的危機」などといわれた1970年代にデビューした林氏も、農民運動史研究にそのような意味を見いだしていただろう。しかし、1980年代に入って世界は様相を一変し、労農同盟や革命を云々する状況は消え失せてしまった。社会主義は体制として崩壊し始め、農業問題がその一大原因となっていた。先の書評で林氏が、小作農民を小商品生産者として見るのか、プロレタリア的な無産階級と見るのか、と厳しく問いただしたのも、そのためであると思われる。

評者は全くの異端者であるが、わが国の農業理論は致命的な誤りを犯したと主張してきた。すなわち、地代論の無媒介な適用によって高率小作料だけを根拠に戦前の地主小作関係を前近代的な階級関係としたことである。この結果として、小作料の高率性にとどまらず、土地の貸借自体が前近代の不正義なものとされ、小作争議は直ちに制度・体制の変革を目指す農民運動として扱われることになってしまった。

しかし、わが国では幕藩体制の下ですでに事実上の農民的小土地所有が成立しており、戦前の地主小作関係はその農民的小土地所有が分解して生じたものであった。実際、1924年に50町歩以上地主の耕地が都府県の耕地面積に占める比率は５％に満たない。耕地所有者の74％までが１町未満で全体の平均所有面積は1.2町、耕作農家の73％が耕地所有者で、平均耕作規模は1.1町であった。こうした農地所有の構造は、今日においても基本的には変わっていない（レーニンが描いた農業の資本主義化というテーゼは、理論としても歴史認識としても単純すぎた）。

このような農民的小土地所有の下で土地の貸し借りは、家族労働力と所有農地のアンバランスを調整する役割も果たしており、小作料の水準も借地の需給関係と無関係には決まらない。その意味でも、小作地をめぐる戦前の紛争は、小作料など小作条件をとっても、所有権と耕作権との対立であっても、基本的には民事紛争であった。

以下では、評者の理解にたって林氏が何について悩み、どのような方向に向かいつつあったのかを念頭に置きつつ、各章の内容を批判的に紹介してみたい。もはや反論することのできない林氏に対して、批判を加えることは不適切なのかもしれないが、研究者として誠実であった林氏に評者としても誠実に応える意図からである。

1**「小作地返還闘争と地主制の後退」**は、埼玉県入間郡の小作地返還争議を分析した林氏の処女論文である。そこでは、小作地返還が組織的団結による「共同」返還であり、争議の勝利に有効であったことが見事に論証された。それは小商品生産者への指向と自らの労働力の価値への自覚を動因とするものであり、そこに権利意識の芽生えがあるとして、この争議を「土地を農民へ」を要求する昭和期の階級的な農民運動の前史と位置づけたのである。

ただし、林氏は、なぜ小作地の「返還」という戦術が採られたのかについては問題にされなかった。しかし、そこには戦前の農地貸借における流動性という重要な実態があった。林氏が示した表でも、労働力不足や転業などを理由とする小作地返還が多数を占めていた。こうした借り手が少ない状況こそ、小作地の共同返還を争議戦術として有効たらしめたのである。換言すれば、それは借地をめぐる需給関係が急激に「借り手優位」に変化したことに伴って生じた、小作料水準の改訂を求める民事紛争であった。だから村長や県当局、警察なども一貫して「仲裁者」という役回りを演じているのである。

2**「農民運動史研究の課題と方法」**は、小作争議を政治史的に総括することの重要性や、西田美昭氏の消極的評価を批判して昭和期の小作争議を運動のより進んだ段階と評価した論文として有名である。すなわち、農業経済だけでなく、政治を含めた総体から見るならば、昭和期の小作争議は防衛的なものではなく、小作料という小作条件の段階からより進んで、「地主的土地所有の存在そのものの否定・解体をめざす」（p.42）段階へ突き進んだものと評価される。同時に、それはプチブル的な中富農層から無産的な下層貧農層へ主体が変化していく過程とも把握されている。

3**「初期小作争議の展開と大正期農村政治状況の一考察」**は、上記の論文の提起を実証的に論じようとしたものである。林氏は、初期小作争議を高く評価する経済史的な観点に対して、政治史的な観点から限定を加える。それは、初期の指導者の天皇制への態度であり、その中富農層という階層性であり、既成政党との関係などである。だからそれは中富農層と下層貧農層との

「事実上の統一戦線の形成」（西田美昭）ではなく、「政治的未分化の状況」にすぎないと。

このように、林氏はいわゆる講座派の正統的な農業理論に依拠して地主小作関係を体制の一翼を担う制度的・体制的なものと捉えていた。それは、「天皇制国家によってすぐれて機構的に保障された地主的所有権」（p.91）という言葉によく表れている。だからこそ、小作料争議は未だ自己利益追求の範囲であって、階級的に体制変革を目指す前段でしかない。そこから階級闘争組織が分化して、労働者・農民の政府の樹立と地主的土地所有の革命的否定を明確に掲げる昭和期の農民運動になって初めて、全機構的な変革の一翼を農民運動が担うことになる、というのが林氏の主張である。しかし、この見通しは、その後の実証研究によって大きく狂うことになる。

４「農民自治会論」は、少し異質な論文である。地主的土地所有への政治的闘争や労農同盟との関係からは日農こそ重要であると述べながら、農本主義的な色彩の農民自治会運動をテーマとしたものだからである。それには、渋谷定輔氏からの影響が大きいことが巻末の解説で明らかにされている。林氏は、そこで農民自治会運動の反都会主義的性格や非政党運動の限界を指摘する一方で、またそれをいわゆる日本ファシズムに直結する農本主義と評価することにも強く反対している。すなわち、それはあくまで昭和初期の農村が流動性を持っていた時代における農民運動の自主的な統一戦線への模索であったと。その運動の中心であった渋谷定輔が、小作争議を副次的問題と捉え、むしろ農村を分裂にみちびくと論じていたことも紹介されている。

５「昭和恐慌下小作争議の歴史的性格」は、当時の左翼農民運動の中でももっとも革命的と言われた長野県五加村の小作争議を取り上げ、『所得調査簿』を利用して階層を客観的に確定しながら分析を行った画期的なものである。しかし、内川部落に集約されたその分析の結果は、「経営的上層農民が、他ならぬ経営的下層農民の敵対する耕作地主層のうちに一体化され」ており、「地主・小作の対立はある意味で農業経営者どうしの対抗という性格をも内包」（p.155）するものであった。地主といっても３～４町が最大規模で、一戸は小学校教員である。他の地主は、すべて3町以下の中農的経営の耕作地主であって、どう見ても庶民でしかない。そこからは、とても体制変革を目指す階級的な農民運動の内容は看取できない。林氏がこの論文に託した目論見は、見事にはずれたと言わざるを得ないのである。

6は、西田美昭編著『昭和恐慌下の農村社会運動』に対する書評である。そこで林氏は、①主業養蚕地帯という分析対象地の位置づけ、②地主的土地所有との対抗・矛盾ではなく国家的統合政策への中農層の対応に焦点を当てた分析に、かなり辛辣な批判を加えている。それだけでなく、「外在的批評」として、昭和恐慌期の「農村社会運動」をテーマとすることと「現実が提起している諸問題との接点」が見えないと指摘する。すなわち、「本書からこの地域社会における歴史的変革がどのように展望されるのだろうか」（p.164）と。かつて「地主制」こそ農業問題の焦点といわれ、その否定の後には農業問題解消が展望されていたはずである。それが戦後もなお農業問題が残っているとすれば、それはなぜであり、どんな運動が必要なのか。評者には、これは理論的想定と現実との食い違いに対する林氏自身のいらだちを見るような気がする。

安田常雄著『日本ファシズムと民衆運動』（れんが書房新社、1979）への書評である**7**においても、林氏はきわめて辛辣である。特に、安田氏が農民自治会を長野県の社会運動の原点とした点を「著者の創見」と高く評価する一方で、日農—全農左派という「正統的マルクス主義的農民運動」の限界の指摘に対しては、「他の重要な歴史的意義を欠落させる結果を招きかねない」（p.182）とかなり手厳しい。それは林氏が懐疑を抱きつつも、弱さや未熟さはあっても依然として「正統的マルクス主義的農民運動」を農民運動の正しい主体と考えていたからであろう。

8「日本農民組合成立史Ⅰ」は、きわめて興味深い論文である。すなわち、日農が第3回ILO総会をいわば触媒として、多様な思潮の未分化な集合体として成立することが生き生きと描かれているからである。そこでは賀川豊彦や杉山元治郎、石黒忠篤、そしてこれまで分析されたことのない松本圭一の思想と行動がILO総会を焦点に解き明かされ、日農成立が世界的な潮流の中に位置づけられている。この論文には、明らかに続稿が予定されていたはずであるが、それは書かれなかった。それは単に時間的な問題だったのではなく、何かが引っかかっていたのだろう。

9「両大戦間期における農村『協調体制』論について」は、庄司俊作・坂根嘉弘両氏の農村「協調体制」論への論評である。1980年代に入って小作争議研究は、小作争議が収束した理由に焦点を移していた。その中で、労資の団体交渉機構と類似した「協調体制」の成立を論じた庄司・坂根両氏の研究が脚光を浴びていた。林氏は、「協調体制」論が「部落＝大字」共同体に労資の集団的関係の母体を求めることに強い疑問を提示し、「部落＝大字」は農業団体の下部組織として行政団体化されたと見るべきであるとした。その際、注で戦後の米の生産調整を例として挙げていることにも、現状との接点を強く意識する林氏の研究姿勢が見て取れる。しかし、それはまた戦前、そして戦時体制がある意味で現在まで連続するという認識につながるのである。

一方、小作争議収束の根拠を「農民的小商品生産の上からの組織化」に求めたのが森武麿編『近代農民運動と支配体制』（柏書房、1985）であったが、**10**はその書評である。こちらに対して林氏は、農民の中の小ブルジョアとプロレタリアという二つの側面を一つに押し込めたことによる分裂と乖離を問題とする。それは、網代村と山添村の分析結果の対立でもあり、農民運動の「階級的組織化」だけが問題とされ、「農民的小商品生産の下からの組織化」が問題とされないという矛盾の指摘である。果たして、階級的組織化と労農同盟、社会主義革命だけが戦前の農民運動の進むべき唯一の道だったのだろうか。この問いは自らへの問いであると、林氏ははっきりと述べている。

11「農民運動史論」は、科学的農民運動史研究を提唱した栗原百寿の研究を再検討したものである。そこで林氏は、栗原が地主的土地所有を焦点とした当初の段階から、独占資本の農民収奪を重視するものへ変化していたことを確認する。しかし、この区別には重きを置かず、むしろ「農民的小商品生産」が地主的土地所有の内部の米・養蚕から外部の蔬菜・果樹へ変化した点に注意を喚起する。しかし、戦前においては地主的土地所有に対する小作争議の条件は払拭されず、また、それは決して経済的運動に極限されるものではなく、小作農民が階級的に成長を遂げていく「ながい醗酵期間」（p.289）として捉えるべきであるとした。

12「近代農民運動史研究の軌跡」は、『歴史科学大系　農民運動史』（校倉書房）の解説として書かれたもので、戦前段階の研究から始めて戦後1970年代までの研究史が整理されている。当然そこでは、日本資本主義論争も扱われているが、その中でかなりの紙幅を村上吉作の紹介に当てていることは興味深い。彼は、農民を貧農・半プロとする見方から小商品生産者とする見方へ変化させた論者だったからである。また、研究の現状については、運動史が農業構造論や政治体制論に組み込まれることで、「農民運動の世界」を独自に追求する問題意識が弱まっていることへ危惧を表明している。それこそ、林氏が自らの課題として深く自覚しながら果たせなかった課題であるとも言えるだろう。

以上のように、昭和期の農民運動から期待通りの結果が得られなかったことをきっかけに、林氏は農民の勤労大衆としての性格と小商品生産者としての性格のどちらに重きを置くかで揺れていた。そして、しだいに小商品生産者としての性格をより重視する方向に向かいつつあったように評者には見える。しかし、林氏は、最後まで地主的土地所有が天皇制権力の一部分としての地位を敗戦まで持ち続けたという講座派のオーソドックスな立場を堅持していた。その意味で、評者の立場からすると、林氏がたとえ小商品生産者としての性格に軸心を完全に移したとしても、このコアの部分の認識がある限り、迷いの解消にはならなかったと見る。

確かに1920年代及び1930年代初期は小作農民を「無産階級」として、その運動を労働者・農民の政府樹立へ向ける議論が一定のリアリティを持つ時代であった。林氏の別の遺著である『「無産階級」の時代』（林 2000）に、それは描き出されている。

しかし、その後の歴史を踏まえれば、「階級」という概念による農業問題把握が実のある認識も現実ももたらさなかったことは、否定しようのない事実ではないだろうか。社会主義農業の破綻にそれは象徴されている。「階級」という問題把握が致命的であるのは、問題を人と人との土地所有をめぐる関係に矮小化してしまい、人と自然との関係を問題とする視点を欠いていたことである。1970年代から新たに浮上してきた問いは、この人と自然との関係である。農民運動は確かに、農民の生存権をかけた運動と評価しうるが、農業が自然との対話の中で営まれる暮らしに依拠するものである以上、自ずと自然と対立する関係の工業文明、都市文明への批判を内包せずにはおかないものであった。それは、林氏が「階級的農民運動」からはずれるにもかかわらず、こだわりを捨てきれなかった農民自治会運動に間違いなく内包されていた。農民運動史研究に現実との接点を求め続けた林氏であれば、必ずや21世紀のテーマとして、産業化社会批判としての農民運動に新たな評価を与える仕事に着手したに違いないと、評者は考えている。

こうした乱暴な議論をふっかけて、林さんととことん議論を闘わせたい。そうした年来の思いが、急逝によってもはやかなわないことは、本当に残念でならない。

[『歴史評論』第622号、2002掲載]

第2部

小経営的生産様式論

第1章
小経営的生産様式と農業市場

第1節　はじめに

「農業問題とは何か」。こうした問いは久しく聞かれなくなった。かつては、近代日本農業史研究において様々な論争に登場した「農業理論」という言葉も見なくなった。確かに、「理論」が絶対視されたのは、戦前の日本資本主義論争や戦後の啓蒙主義、科学主義の時代のことであり、いま使うとすれば、「フレームワーク」や「アプローチ」、「モデル」といった言葉が適当なのだろう。

この章は、これまで近代日本の農業史を支配してきた「地主制」や「土地制度」といった概念に換えて、「小経営的生産様式」という概念を使うことによって、農業問題の新たなフレームワークを提示することを課題としている。それにより、次章以降の理論的、実証的な研究に、予め見取り図と基本認識を提供することとしたい。

さて、戦後の「農業理論」を代表するものとしては、次の３つが挙げられるだろう。

１つは、土地制度のあり方を問題の根源とする構造論的なものである。私は、それを「土地問題史観」と呼んで批判してきた。２つ目は、農民層の資本主義的分解の未達成に問題の根源を求めるものである。私はそれを「産業化ビジョン」と呼んで批判してきた。３つ目は、独占資本主義という資本主義の「段階」に農業問題の根源を求めるものである。これは、もともと世界システムである資本主義を一国的に捉えているところに難点がある。

ところで、この３つは対立しているようでいて、農業問題の解決を「農業生産における資本家的経営の支配」に求めている点では共通だった。だから、こうした「理論」に一種の懐かしさを感じるのは、何十年にもわたる農業構造政策を経て、多くの論者が農業における小経営の存続を現実として受け入れるようになったからかもしれない[1]。それに変わって、関心を呼んでいるのは「ムラ」論である。集落営農への政策支援が一つの背景であるが、そこではもっぱらムラの機能に関心が向けられ、それが存続する根拠についてはあまり問題にされていない。

他方で、この30年間を席巻してきたのは、グローバリゼーションを背景とした新自由主義の経済理論と経済政策であった。その下で、国民国家に構造化されていた市場制度は、「規制改革」の名の下に次々と規制緩和され、並行して日本経済はインフレ時代からデフレ時代へ移行して、貧困化や格差拡大が進行している。

この結果、農業市場でも2011年の米先物取引の復活に象徴されるように、歴史の逆転現象が生じている。これは歴史分析にも反省を迫っている。というのも、日本農業の歴史分析は、未だ「土地問題史観」が根強く、研究は小作争議に偏り、農地改革でフィナーレとなっている。そのため、第一次大戦後に始まり、総力戦体制の下で制度化され、1980年代から自由化へと逆転する農業市場への国家介入を、総体として論ずるパースペクティブな視角が希薄なのである。同様に日本を遅れた資本主義としてしまって、世界資本主義の一部として農業問題を分析する視点もきわめて弱かった。

こうして、グローバリゼーションの進展は、改めて現状分析と歴史分析を統合した農業問題分析のフレームワークを求めているように思われる。この章は、過去の議論にも立ち返りつつ、歴史分析と現状分析を整合的に結びつけることに力点を置いて、「小経営的生産様式」という概念を使って農業市場研究の新しいフレームワークについて論じてみたいと思う。

第２節 「農家」から「小経営」へ

１.「農家」という概念

今日でも「農家」という言葉は、行政用語としても、研究論文でも幅広く使われている。この「農家」という言葉の使用は「時代錯誤」であると、1980年代の終わりに問題提起されたのは、小倉武一であった。曰く「ところがどういうわけか、役所のほうも大学の先生も、平気で『農家』という言葉を使っている。その『農家』という言葉はどういう意味かということをご存じでお使いになっているのか、私は非常に疑問に思う」（小倉 1989：pp.7-8）と。

小倉の指摘は重要であって、行政も研究者も自らが使う言葉に自覚的でなければならない。小倉は、「農家とは経営をいうのではなく、家計の単位としての世帯」を指す言葉なのであって、農業の事業単位を示すのには適当でなく、さらにこんな言葉は「英米仏の農業経済なり農業政策の本を読んでも出てこない」（同）と問題を指摘されたのであった。

これに対して私は、「農家」概念の確認のために、農林大臣官房統計課『我が国農家の統計的分析』（1939）を提示した。そこには、「日本農業に於ける農家の意義」と題して、「農家世帯は農村の生活単位であって、農業の経営はこの世帯の生活手段の一に過ぎないことを考える時、我々はこの生活手段を其の生活単位から切り離さないで、之を総合的に把握する所がなければ農村生活の真相、延ては日本農業の生産関係は闡明されないと思ふ」（農林大臣官房統計課 1939：p.2）と記されていた。

この認識が適切であるとすると、問題はかつて世帯の生活手段の１つとして営まれていた農業が、1980年代には、そうでなくなっていたのかどうかである。残念ながら、それは今日においても変わっていないだろう。

では、小倉が言うように、それは特殊日本的なことなのか。農家を英語にすれば、farm householdである。実は、ヨーロッパにおいても、farm householdに対する研究者の関心が高まっていた。その背景には、1980年代から価格支持に依拠したヨーロッパ共通農業政策が転換を迫られ、農業を営む世帯にとって多就業（pluriactivity）や農家民宿といった農外所得の重要性が認識されたためであった。

この変化をイギリスの農業経済学者R・ガッソンは、次のように述べていた。「農業を家族ビジネスと見たとき、それは家族によって営まれる唯一のビジネスでもなければ、唯一の所得源でもないことを頭にいれなければならない。他の所得を得る活動との結合は、多くの産業化された国において顕著であり、増加しつつある」（Gasson R. et al. 1988：p.28）と。

こうして、1991年に東京で開催された第21回国際農業経済会議では、1つの全体テーマが“Farm Household as the Dominant Institutional Units in Agriculture（農業に支配的な制度単位としての農家）”であった。「農家（farm household）」が農業において支配的であることは、日本に限ったことではなく、世界的な実態なのである(2)。

2．家族農業の普遍性

イギリス農業は、資本家的な経営のメッカとされてきた。これには、マルクス『資本論』の影響が大きい。そこでは、イギリス農業が地主・資本家的経営者・農業労働者という「三分割制」で描かれていた。しかし、ガッソン・エリングトン著『ファーム・ファミリー・ビジネス―家族農業の過去・現在・未来―』（ビクター・L・カーペンター、神田健策・玉真之介監訳、筑波書房、2000）は、「イギリスをはじめ先進工業国では、農業は主として家族の事業として行われている」（ガッソン・エリングトン 2000：p.5）ことを詳細に論じている。

著者等は、そこで「家族農業の消滅」という多くの論者の確信に満ちた予言は、少なくてもイギリスでは間違っていたと明言している。

「かつて家族農業は、不変性、安定性、保守主義、伝統主義と描かれ、……合理的、契約的、利潤優先の近代的農業に適さないとされた。しかし、この章（前掲書、第９章…玉）は、家族農業経営は以前に想像されていたよりはるかに弾力性に富み、変化によって生き残っていくと主張する」（同：p.179)。

この本の真骨頂は、「ファーム・ファミリー・ビジネス」という概念の提起である。これまでの研究は、「家族農業の消滅」を確信するあまり、小さな変化を取り上げて、家族農業の終わりの始まりとしてきた。日本で言えば、「利潤意識の形成」や「地代負担能力」、「法人化」などである。これに対して著者等は、弾力性に富み、変化によって生き残っていく家族農業を明確な境界線を設けて定義するのではなく、コアの要件と副次的要件を合わせた理念型として提示したのである（同：第１章)。

すなわち、コア要件とは、「事業の所有と経営が結合している」、「中心的担い手が血縁や結婚によって結びついている」などである。他方、副次的要件は「家族が農場で暮らしている」や「事業所有と経営が世代間で継承される」などである。こうしてみれば、たとえ株式会社という形態を取ったとしても、所有と経営が結合し、家族の紐帯で営まれる経営はファーム・ファミリー・ビジネスである。

著者等が明らかにしたもう一つの重要な点は、家族農業の多様性である。特に、相続と経営継承のあり方は、各国の法的、税制的枠組みに加えて、歴史的な社会規範や経済環境が複雑に絡み合って、西欧といっても実に多様な形態が存在する。ただし、強いて分類すると、①先祖代々の土地に執着する形態と、②職業としての農業に執着する形態、の２つに大別できるという（同：第７章)。

前者は、引き継がれてきた農地を次の代へ渡すために１人の息子が選ばれることが多く、農地の流動性は低く、規模も固定的であるのに対して、後者は特定の土地への執着は弱く、移民をはじめ場所移動への抵抗が少ないため、農地の流動性が高く、規模も相対的に大きくなる。著者等は指摘していないが、これにヨーロッパの農家兼業の分布を重ね合わせると、前者の地域は兼業農家が多く、後者の地域は専業農家が多い。その意味でも、日本は前者の典型と言えるのである[3]。

3.「小経営」と「小経営的生産様式」

家族農業の普遍性を踏まえて経済社会を見渡すと、所有と経営が結合し、家族の紐帯で営まれている事業は農業に限られていない。林業や漁業はもちろん、商業や工業にすら家族経営は多数見いだすことができる。農業に比べれば大資本のシェアの大きい林業や漁業、ほぼ大資本に支配されている商業や製造業でも、未だ家族林業、家族漁業は広範に存在するし、小商店はもちろん町工場も決して珍しくない。

さらに、経済のグローバル化の下で高齢化、後継者不足など抱える問題は同じで、また全国各地で地域興しの主要な分野となっていることも共通である。これまで、縦割りの行政・学問の下で林業問題、漁業問題、中小企業問題など別々に議論されてきたが、農業問題の根源的な特質を考えるためにも、家族経営で営まれる経営体を分野横断的に一括りにして概念化する必要がある。

その概念が「小経営」である。すなわち、農家や漁家、商家などを包含する概念である。実は、この概念はマルクスの『資本論』で決定的な役割を与えられていた。

『資本論』で「小経営」が論じられたのは、「いわゆる本源的蓄積」（第１巻第７篇第24章）の章である。そこでは、「労働者が自分の生産手段を私有しているということは小経営の基礎であり、小経営は、社会的生産と労働者自身の自由な個性との発展のために必要な一つの条件である」（マルクス 1967b：p.993）と述べられている。以後、マルクスは、「この生産様式」という言葉を使い、「小経営的生産様式」を個別性、特殊性を越える普遍性を持った概念として使っている。

問題はその後である。マルクスは続いて、「この生産様式は滅ぼされなければならないし、それは滅ぼされる」（同：p.994）と言う。この一文が学者や社会に絶大な影響を与え、現実社会の小経営にも大きな禍をもたらしてきた。その意味で、罪深い一文である。マルクスを絶対視した学者も同罪だが。

マルクスはここで何を言おうとしているのか。それは、いわゆる「否定の否定」のトリアーデである。すなわち、第1の否定は、まさに労働者と生産手段が結合した小経営的生産様式の否定である。それにより、生産手段を所有する少数の資本家が、生産手段から切り離された多数の労働者を使用して生産する資本主義的生産様式が成立する。しかし、それは限りなく少数の大資本と限りなく多数の労働者へと分極化してゆき、ついには第2の否定、すなわち「収奪者が収奪される」「資本主義的所有から社会主義的所有への転化」となる。否定の否定である。

この弁証法に多くの研究者が心酔し、小経営の絶滅を「歴史法則」と信じ込んだ。しかし、これは観念の世界での「理論モデル」の提示であり、それをそのまま現実と受け取るべきではできない。産業化の19世紀から、戦争と革命の20世紀を経てはっきりしたように、人間社会はそんなに単純ではないのである。

マルクスは小経営的生産様式が絶滅する理由として、資本主義的生産様式に比べ孤立分散的で、経営内での生産手段の集積や分業・協業が十分でなく、自然への支配も狭い限界にとどまる、と述べている。ある程度は、その通りだろう。しかし、農業の場合、大規模に分業・協業したとしても天候や季節、農地の制約を超えられるわけではなく、また生物の扱いと小経営の親和性や組織的な市場対応といった小経営の側の主体的な動きもある。

したがって、この程度の理由では絶滅の論証にはまったくなっていない。それが絶対視された真の理由は、社会科学における権威主義である。とはいえ、マルクスによって小経営的生産様式が普遍的な生産様式として提示されたことの意義は大きい。なぜなら、小経営が直ちに絶滅しないとすれば、小経営的生産様式は資本主義経済の中にあって市場による分解作用を受けながらも、“副次的”な生産様式として存在するという構造論的な認識にわれわれを導くからである。

そこで次には、この構造的な認識を踏まえながら、なぜ小経営的生産様式の中でも、農業が特別に問題とされてきたのかについて考えてみることにしよう。

第3節　農業生産と食料消費に固有の特質

1．いわゆる「19世紀末農業恐慌」の性格

家族農業が存続する理由については、資本主義の帝国主義段階における社会政策的な小農保護政策によって説明する理論が有力であった[(4)]。その際、19世紀末のドイツにおける保護関税がその論拠とされていた。しかし、この理論は、資本主義が当初から世界的な構造を伴って発展してきた事実を十分に踏まえていないという難点がある[(5)]。

「当時のイギリス資本主義は、国内で資本主義化しにくい産業部門、たとえば農業部門については、それを自国の外に押し出し、むしろ非資本主義諸国のそのような生産物を商品として輸入しつつ、自己の生産を拡張する方向に発展したのであり、このような機構こそが、イギリスを工業国、他国を農業国とする、この段階固有の世界市場のひとつの構造としてあらわれたのであった」(侘美 1980：p.147)。

マルクスが「19世紀に自由貿易がかちえた最大の勝利」と呼んだイギリスにおける1846年の穀物法廃止は、そうした農工国際分業体制の狼煙であった。自由貿易の理念の下で、イギリスを追って産業化を進めていた主要国も相次いで穀物関税の引き下げや撤廃を行い、今日のグローバリゼーションに勝るとも劣らない自由貿易の時代が19世紀の中葉から始まる。

この貿易自由化は、新開国における急速な農業開発に火をつけることになった。とりわけ、1870年代からはアメリカは言うに及ばず、カナダ、オーストラリア、アルゼンチンなどへの鉄道建設投資が急速に進み、鉱物資源と農業の開発が劇的に展開される。スエズ運河開通や大型鋼製快速汽船の登場による「海運革命」がそれに拍車をかけた。こうして新開国からの農産物輸入により、ヨーロッパの穀物価格は下降線を辿っていくのである[(6)]。

この結果、ヨーロッパは1873年を起点とする「19世紀末農業恐慌」に見舞われることになる。ドイツ、フランスなどで穀物保護関税が復活するのもこの頃である。この農業恐慌こそ、今日の農業問題の起点であり、その原因として２つの基本矛盾を確認しておく必要がある。すなわち、①世界農業の不均等発展、②構造的過剰と「増産メカニズム」、の２つである。

前者は、先進資本主義国と新開国とでは、農地所有をはじめ歴史的制約条件が小さい後者で農業生産の発展が飛躍的に進むという、当然の事態である。新開国では、広大な耕作地で農業機械も奴隷労働も積極的に活用された（奴隷制とは近代的なものである）。それは、長い固有の歴史を有する先進資本主義国の農業とは異質のものであり、単純に同じ農業生産として扱えられるものではない。言い換えると、製造業のように技術革新によるキャッチアップが不能な関係なのである。

より重要なのは２番目の矛盾である。これは、「人間の食べ物への欲望は胃袋の大きさによって制限される」（アダム・スミス）という食料という商品の特殊性から生じた。すなわち、人口が増加していたとはいえ、工業製品と違って食料の需要量には一定の限度がある。新開国農業の急速な開発は、早々と世界の食糧需要量の限度を超える生産能力に到達してしまったのである。換言すると、一般恐慌による購買力の低下は、きっかけに過ぎず、構造的な需給ギャップこそ農業恐慌が長期となった真の原因である。

穀物価格の傾向的下落はその結果であるが、それに拍車をかけたのが「増産メカニズム」である。すなわち、「小経営」が多数を担う農業生産では、個々の生産主体は、価格下落による所得減少を販売量の増加で補おうと増産を行い、その集合により益々過剰生産となって価格下落に拍車をかけるというメカニズムである。工業製品と違って価格弾力性が小さい食糧農産物は、価格が下落しても需要増加は限定的で、農業恐慌は一般恐慌とは異なって慢性的、長期的性格を帯びたのである[7]。

この農業生産と食料消費の双方における基本矛盾こそ、農業問題が国内問題のみならず、世界資本主義における世界農業問題として発現する理由であり、「19世紀末農業恐慌」はその最初の発現であって、その後も繰り返されるのである。

２．家族農業の強靱性

この19世紀末から20世紀初頭における慢性的、長期的な農業恐慌によって、先進資本主義各国の農業は変化を開始する。ガッソン・エリングトンは、「1870年代には、イギリス農業の黄金時代が終わって、家族農業の重要性が増す転換の時代となった」（ガッソン・エリングトン 2000：p.45）と述べている。具体的には、農業労働の雇用をやめて家族労働に依存する経営の増加、また、経営内容を穀作から酪農や畜産、園芸などの集約的な農業に転換する動き、農業労働者が小規模の農地所有者となる動きなどである。

また、マルクスが描いた「三分割制」が確立していた地方（ハンバーサイド）では、「この三つの社会階層の中では、借地農が最も不安定であった」（同：p.46）としている。一時、イギリス農業の９割までが借地農業であったが、20世紀に入ると自作農が傾向的に増加して行く。その過程について、「高度集約農業が展開されたビクトリア時代の中期以来、大土地所有者は数的に、権力的に地位が低下し、雇用労働者は減少して、家族農業が脆弱な環から強靱な環になったのであった」（同）とガッソン・エリングトンは結論している。

ドイツ、フランスでは保護関税が復活した。この関税の性格をめぐる議論には立ち入らないが、それが農産物だけではなく工業製品とも一体のものだった点は確認しておこう。むしろ注目すべきは、この時代に始まる都市化の進展と協同組合運動の普及である。

都市化は、基軸産業が繊維工業から重工業へ移行すると共に、労働力の主体が基幹男子となって大きく進展した。都市の食料消費も高度化し、穀物だけではなく食肉や乳製品、野菜などの都市における食料需要を満たすための卸売市場が発達し、それが品目別の主産地形成を促すと共に、品質をめぐる産地間競争も活発にした。つまり、単純な生産性ではなく、ブランド化を含む重層的な市場競争が開始されたのである。

他方で、都市の膨張は農村の下層に位置した農業労働者や零細農家を吸収し、農村の過剰人口問題を緩和した。19世紀末の東ドイツでは大量の農民離村が生じ、資本家的なユンカー経営は労働者不足となり、ポーランド労働者の導入やユンカー経営を分割して自作農を創設する内国植民政策が展開された。

協同組合運動は、ドイツの家族農業地帯であるライン州のライファイゼン農村信用組合を嚆矢として、農村金融の分野から普及を始め、後には共同購入や加工、販売などの分野に広がっていった。それは孤立分散的な小経営の経済的弱点を補うことで、家族農業が長期の不況期を生き残る条件を拡大した。その際、注目されるは、歴史的に小経営の生活保障の役割を担ってきた村落組織が協同組合の母体となっていたことである（村岡 1997）。

農業恐慌の下で家族農業が生き延びたもう一つの要因として、家族労働力の柔軟性が挙げられる。ガッソン・エリングトンは、それを「家族の忠誠と献身」と表現している。すなわち、「家族労働者の状況は、最低賃金の権利がある雇用労働者より、短期的には著しく悪くなり得る」のである（ガッソン・エリングトン 2000：第５章）。

さらに、強調される必要があるのは、副業・兼業、出稼ぎ等によって家族員が行う世帯の生計補充である。これらの特質は、レーニンによって「プロレタリアートへの第一歩」と規定されたが、実態はむしろ逆で、農外所得との結合によって家族農業の持続性は増したのである[(8)]。

このように、家族経営の存続は、自由貿易を維持したイギリス農業においても見られた現象であって、関税などの「小農保護」政策を根拠としては説明しえないものである。もとより、関税が及ぼす影響は、家族経営に限られるものではなく、ユンカーの大規模な経営とて同じである。

こうして、この章が旧来の農業理論に換えて導く結論は、以下のようなものである。すなわち、世界資本主義は、農業に固有の２つの矛盾から19世紀末に最初の慢性的、長期的な世界農業恐慌を発現させた。この農業恐慌は、比喩的に言えば、農業の“氷河期”であり、この時代を生き伸びる適応力において、家族農業という種（＝小経営的生産様式）が他の種よりも勝っていたのである。

３．地主の撤退開始

19世紀末の農業恐慌を経て、先進資本主義国の農業には、もう１つ重要な変化が現れていた。一言で言えば、地主の農業からの撤退開始である。

イギリス農業は、1846年の穀物法の廃止で直ちに危機に直面したわけではない。アメリカは南北戦争の混乱もあり、また輸送手段も帆船で輸送量には限界があった。当時はむしろ拡大する国内の食料需要に支えられて、畜産と穀作を結合したハイファーミングによって、イギリス農業は黄金時代を迎えていたのである。その牽引役となっていたのは、地主による積極的な農業改良投資であった（椎名 1973：第３章）。

それは当時の農業が高い利回りを約束する魅力的な投資対象であったことを意味する。しかし、1873年の農業恐慌の開始以後、長引く穀物価格の下落により、地主にとって農業は投資対象としての魅力を急速に低下していった。それに対応して、土地制度上も２つの変化があった。

１つは、いわゆる「テナントライト」補償と言われるものである。1883年の借地法によって、「テナントライト」補償条項は、強制力を付与され、借地農の土地改良投資に対する補償が地主に義務づけられた。これは、慢性的、長期的な農業恐慌の下で、土地改良投資の主体がそれまでの地主から借地農へと移行したことの反映であった（椎名 1973：p.268）。

他の１つは、「継承的不動産権設定法」の1882年改正である。この法律は、イギリスの貴族的大土地所有を守るために、大地主を次代に資産を譲り渡すための財産管理者として、農地売却や投資先を制限するものだった。それがこの改正により、地主の農地売却は自由裁量となり、土地投資に限られていた売却資金の使用も、国債や証券へ投資することが可能となったのである（同：p.270）。

こうして、19世紀末農業恐慌は、イギリスの大土地所有者が投資先を農業から証券や植民地へと移す起点となり、その後のイギリスにおける貴族的土地所有の解体に途を開いたのである[(9)]。

同様なことは、東ドイツのユンカー経営にも当てはまるし、少し遅れるが日露戦争後の日本においても見て取れる。日本は19世紀末農業恐慌の直接的な影響を受けたわけではないが、日露戦後の農業不況の長期化により、大地主は投資先を山林や植民地、証券等へと移す動きを始め、第1次大戦後には大地主の減少が始まるのである。

以上のように、世界農業の構造的過剰による慢性的、長期的な農業恐慌局面は、地主にとって投資対象としての農地の魅力を喪失させるものだった。それは、終わり無き増殖を本質とする資本にとっても魅力の喪失を意味する。こうして農業生産における資本の活動領域は狭まっていくが、この点が林業や漁業と比べても、農業の際だった特質であり、結果として小経営的生産様式の中でも農業がとりわけ大きなウエイトを持って存在し続けることになったのである。

第4節　日本における小経営的生産様式

1．今日の「農家」の起点

世界の資本主義国における家族農業の普遍性という事実を踏まえて、日本の家族農業を見ると、薄れてきたとはいえ「先祖代々の土地に執着するタイプ」の典型と言えそうである。ただし、それはもう少し検討が必要である。

まず、日本の農地相続は、東日本で長子相続の規範が強いのに対して、西日本は長子優遇相続であるという地域差を持っている（Tama・Carpenter 2007：Cap.2）。また、西南九州は分割の末子相続である。それ以上に、日本の農家の場合、分家や農地の切り売りもよく見られる慣行であって、その意味では農地を未分割で次代に譲るという規範よりも、イエの存続という規範の方が勝っていると見ることができる。

その理解のためには、やはり近世にまで遡らなければならない。大藤修は、「近世には村落においても都市においても、小経営体としての家とそれを主体とする地縁共同体が形成され、社会の基礎をなした。のみならず、1960年代の高度経済成長期までは日本社会の基底に生きつづけた」（大藤 2005：p.1）と述べている。

ただし、それは近世の初めからそうだったのではない。近世初期には、隷属的な譜代下人や傍系親族を使役した手作り経営、また本家・分家等の同族団における上下関係など、ムラの中に特権的身分関係は広範に存在した。それが地域差を伴いながらも18世紀頃までに、小農民の家が自立性を強め、それぞれが家名・家産・家業および祖先祭祀権を一体としたイエ意識を持って単独相続する小農的イエシステムが成立するようになったのである（大藤 2005）。

このようなイエは、幕藩体制における村請制の下で、単純に私的な小農家族の単位ではなかった。ムラから入会などの権利と賦役や年貢の義務を割り当てられる半ば公的な、いわばムラを構成する「株」のような性格を持っていたのである。それ故に、イエの当主は、何よりもイエの永続を最優先に世帯の生存戦略を考えねばならなかった。同時に、イエの存続はムラ共同体に支えられてはじめて可能であり、また村請制支配下における利害の共通性から、「『村』が農民結集の単位となった」（大藤 1996：p.67）のである。

この近世中期に成立した「小経営体としての家とそれを主体とする地縁共同体」を近世初期の農村社会とは区別し、かつ戦後の「農家」につらなる日本農業の基層構造として捉えるためには、新しい概念が必要である。それが、副次的な生産様式として時代を貫通していく「小経営的生産様式」である[(10)]。また、これには、漁村における漁家や都市における商家なども含めておく必要があるだろう。

しかし、もう一つ忘れてならないのは、商品経済の発達である。「労働者による生産手段の私有」という小経営の純粋モデルに含意されているのは、自らの生産物を市場に対して自由に販売する市場対応主体の姿である。それは言い換えると、市場対応の如何によって、経営を拡大する小経営もあれば、没落もするものもあると言う意味である。

周知のように、近世は商品経済社会として相当程度に発達していたが、とりわけ、18世紀後半以降、商品経済はますます農村に浸透し、市場向けの作物栽培や農産加工が全国的に見られるようになった。それに伴って、農産物価格の下落や肥料費の高騰、凶作や家族労働力の疾病などの経営条件が複合して、農地を質入れして借金する小農も増え、債務を返済できずに質流れとなって、地主小作関係が生じてきたのである（水林 1987：p.374）。

ここから導かれる結論は、近世末期の地主小作関係の広がりこそが、小経営が市場対応主体として登場したことの証ということである。換言すると、近世末期における地主小作関係の広がりは、小経営の指標となる事実上の農民的土地所有が成立し、それを取り巻く農産物市場や購買品市場、金融市場も形成される中で、農地市場も借地市場も形成されたことの証なのである(11)。

2．「地主制」モデル

このようなイエとムラで特徴付けられる農家を、小経営的生産様式として近世末期から戦後までつなぐ認識は、これまで「土地問題史観」によって阻まれてきた。なぜなら、それは、農業問題を「資本主義的土地所有権」の未達成に求めて、地租改正や農地改革によって農業問題の発展段階が異なるものとされたからである。この結果、地租改正から農地改革までは、「地主的土地所有」ないし「地主制」が農業問題とされ、視野は地主小作関係に狭められ、小経営的生産様式が日本資本主義の副次的な生産様式として多様に展開する市場対応の理解が強く妨げられてきたのである。

地租改正後の土地所有の性格が近代的な私的所有であったことは、ようやく通説となりつつある。「近代的・資本主義的土地所有権」の指標は「土地所有権の土地用益権への従属」であるといった、かつての通説的理解も否定されるようになった（坂根 2002)。しかし、「多いときには半分程度の耕地が小作地であり（1929（昭和４）年48％が全国平均のピーク)、農家はほぼ

３分の２が小作農か自小作農であり、なんらかの形で小作地に関係していた」（同：p.408）というように、ことさら地主小作関係が強調される点は未だに変わっていない。

このことは、裏返せば半分は自作地で、純粋の小作農は４分の１でしかなかった。それなのに、３分の１の自作農は無視され、農地所有者でもある自小作農の扱いは小作農と同列にされてきた。しかし、まったく土地を持たない無産者の小作農と一応農地所有者である有産者の自小作農が同じであるはずはないだろう。同様に「地主」は、圧倒的多数を占めた庶民的な生活程度の零細地主までも、土地を貸しているというだけで、巨大地主と一体で論じることもおかしいだろう。これを、素直におかしいというのが、私の「土地問題史観」への批判であった。

これに対して、暉峻衆三氏から反批判をいただいた（暉峻 1997）。これは、これまで私が「土地問題史観」に対して行って来た批判に対する唯一の反批判である。「土地問題史観」は、あまりに多数派で、その中でだけで十分に研究していけるので、その外の議論は無視すればよい。あるいは反論できないのかもしれない。いずれにしろ、暉峻衆三氏の反批判は貴重であり、深く感謝して、氏の反批判を検討したい。

繰り返しとなるが、「土地問題史観」の際だった特質は、土地所有の性格規定を地主小作間の小作制度から判定することである。その理由を氏は「社会科学、とりわけマルクス経済学において、ことがらの性格規定をおこなうばあい、それは基本的には生産力を担う人間の権利と生活状況を基準にしてなされるべき」と表現しておられる。その上で氏は、「『いえ』や『むら』、身分的諸関係」が残存し、「両者のあいだで小作料＝剰余の収取関係が展開されたという点では、あきらかに階級関係であったというべきではないのか」（同：p.35）とされている。つまり、「小作料＝剰余」をもって階級関係の根拠とされるのである。

この立論は「地主の階級的性格」からも確認できる。すなわち、小地主であっても「耕作農民の一般的水準を超える生活を実現しているばあいは、彼

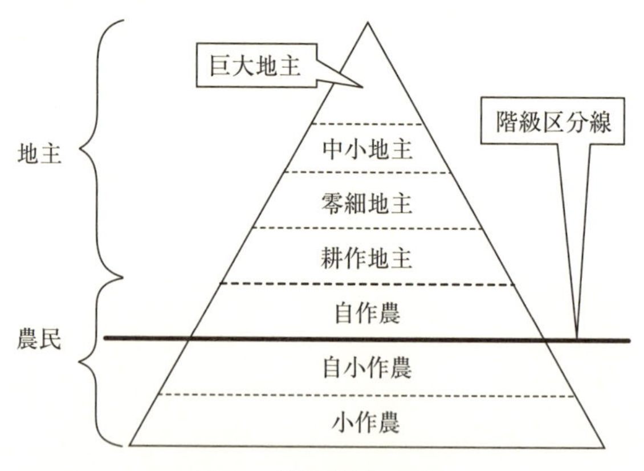

図１　「地主制」モデル

らの地主としての階級性はより強く」、貸付地がわずかである場合は「地主としての階級的性格は希薄となる」とされている。ここでも、程度の違いはあれ、農地を貸して小作料を収取することに、階級性の根拠が求められているのである。

しかし、農地を貸して小作料を収取することを「剰余の収取」＝階級関係と言うためには、何か経済外的な強制力ないし身分的諸関係の中身を根拠として示さなければならないはずである。そうでなければ小作料は農地貸借市場における借地料にほかならない。大地主と小作人の身分的格差については、事例を挙げておられるが、貸付地がわずかな地主も、そのような強制力を持つのか。かつては「むら」が封建制と同一視されて有力な論拠とされていたが、今ではそれも通用しなくなっている。そこで登場するのが、次の「ピラミッド構造」である。

「『戦前期』日本の地主制度、さらには地主小作関係、小作争議は、地主的地主と小地主からなるピラミッド型の構造として、全体として（それは大、小地主の区別なき一括ではなく）その階級的性格と特徴が明らかにされなければならない」（同：p.36）。

これを図示すれば、**図１**のようになる。つまり、巨大地主から零細地主までが「全体として」小作農に強制力を及ぼしているというものである。その延長線上で自作農も、「地主の藩塀」などの表現で、自小作農、小作農とは階級的に区分されるのが通例であった。

こうして、戦前期の農業問題の解決は、ピラミッド内での階級闘争となり、小作争議が主要なその手段となってしまうのである[12]。言い換えると、外から市場の影響を受けたとしても、問題はピラミッド内に閉じているのである。かつての農業史研究が、小作争議と地主経営分析に極端に偏ってきたのはこのためである。また、国の政策もピラミッドの中で考えられることによって、後述のように、国家の農業政策の基調を見誤ってしまうのである。

３.「農家」モデル

戦前の農村には、「地主制」モデルでは不都合な実態があった。それは、農地を借りているが（小作)、貸してもいる（地主）という「階級矛盾」した農家の存在である。近世以来の分散作圃の下では、遠くの不便な田んぼを貸して、近間の田んぼを借りることもあった。また、農地を買ったが、その農地には小作人もついてきて追い出せない、という場合もあった。

京都府の馬路村では、1935年に「地主自小作農」が構成比で７％いた（坂根 1990b：p.65)。山形県八栄里村には同じ年「地主自小作農」が24％、「地主小作農」も２％、つまり４分の１の農家は土地を借りてもいるが貸してもいたのである（大場 1967：p.177)。私的土地所有の下では、農地の売買と同様に貸借も自由であり、貸すことだけは不正義とする「地主制」モデルでは、戦前の農村の実態は正しく描けないのである。

これに対して、私は1987年に暉峻衆三氏を批判した際、以下のような対案を提示した。

「そうではなく、むしろその基底にある広範な小農民経営＝小農範疇を小経営的生産様式として捉えることによって、日本資本主義における日本農業の非資本主義的部分としての独自性を捉え、また一方で農産物市場、労働市場、購買品市場、金融市場、土地市場等々の各種市場を通じての小農的農業の対応と包摂の諸段階と諸形態の問題として分析の枠組みは構築されるべき

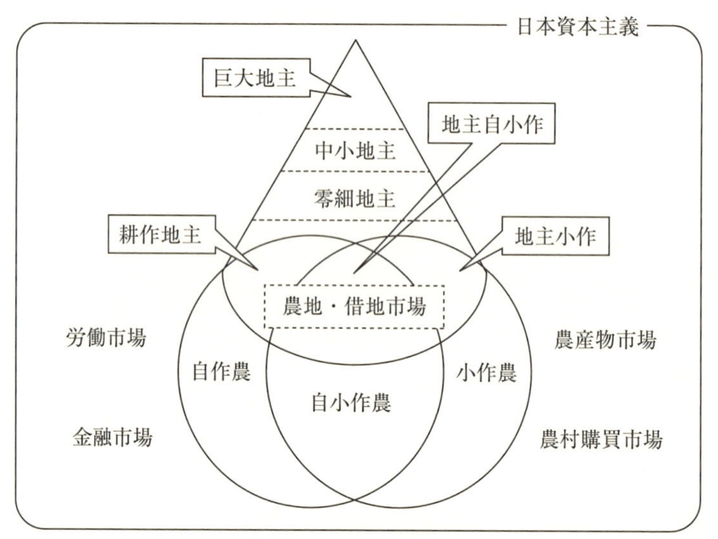

図2　「農家」モデル

であると考えるのである」（玉 1994：pp.202-203）

この章の主張は、この「小農民経営＝小農範疇」を「農家」と言い替えたものである。それを「地主制」モデルとの対比で図示したのが、**図2**の「農家」モデルである。このモデルの特徴は、自作農、自小作農、小作農が階層的ではなく、「農家」の存在形態の一つであること、また地主と「農家」も重なりあっていて、そこに耕作地主や地主自小作農、地主小作農も同じく「農家」の存在形態の一つとして含まれるのである。

さらに重要な点は、農業問題が農業の内部で閉じるのではなく、農業を取り巻く農業市場と市場対応主体である農家との間で、市場問題や農家の経営・生活問題として生じることである。その意味で、農地・借地市場が比較的農業内に閉じているが、それも日本資本主義経済における労働市場や農産物市場、金融市場と深く結びついており、さらに第1部で分析したように、人口圧や農家数の増減など、借地をめぐる需給関係の影響を受けるのである。

言い換えると、農業問題の解決には、「地主制」モデルのような階級闘争ではなく、主産地形成や産業組合運動などの農家の経営改善につながる様々な地域的、組織的な市場対応が重視される。政府による農業市場の制度化も、農家の組織的な市場対応を促し、場合によっては一体となって進められたものであった。実際、卸売市場制度や農業金融制度、また食糧管理制度等々、1920年代から戦時期に制度化された農業市場制度は、すべて戦後の農業市場制度に連なっていくのである。

しかし、重要なことは、農家の市場対応も、農業市場制度も、農業問題の根本解決ではなく、基本矛盾の一時的な解決＝「矛盾の運動形態」に他ならないということである。だから、それは恒常的なものではなく、資本主義の展開と合わせて、常に変化を余儀なくされるものなのである(13)。

こうして、この章も農業市場への国家の介入を論じるところまできた。

第５節　農業市場への国家の介入

１．第１次世界大戦の衝撃

先進資本主義国の農業政策を大転換させたのは、第一次世界大戦中の食糧危機である。ここから有時に備えた食糧増産・自給化政策が始まった。食糧という商品は、過剰も問題であるが、不足はもっと深刻な問題となる。人間は食べ物無しには生きられない。それを如実に示したのが、第一次世界大戦中のドイツとロシアであった。

世界最先端の工業力を誇ったドイツが、イギリスによる海上封鎖によって76万人とも言われる数の餓死者を出し、それが11月革命、ひいてはドイツの敗戦につながったのである（藤原 2011）。ロシアでも1917年、国際婦人デーの「パンをよこせ」というデモが起点となって２月革命が起き、ロマノフ帝が崩壊した後、10月の社会主義革命へと至った。

イギリスでもドイツによる無制限潜水艦攻撃によって、食料不足となり、餓死者はでなかったものの食料品価格の高騰により、民衆の不満と不安が高まった。そしてついに自由放任政策は放棄され、牧草地の耕地化など、食糧増産政策に国家が乗り出すのである。

同時に、第1次世界大戦は、総力戦の始まりであり、軍事力のみならず、経済力、技術力、科学力、政治・思想等々の動員が勝敗に深く結びついた。中でも食料とエネルギーは、持久戦を戦うカギであり、その確保・配給が国家の存亡にかかわるとの認識が広がった。こうして、有事に備えた食糧増産・自給化が第1次世界大戦後の資本主義国における農業・食糧政策の基調となったのである。

しかしこれは、19世紀末に構造化された世界資本主義の農業問題を、より一層深刻にして発現させた。というのも、大戦中のヨーロッパにおける農業生産の減退で、アメリカ、カナダ、オーストラリア、アルゼンチンなどの新開国の農業生産は勢いづき、生産力を飛躍的に増大させていた。それが戦争終結と共に、資本主義各国が国内農業の保護と増産に踏み切ったために、世界の農産物市場は再び深刻な過剰局面へ移行し、資本主義国における保護強化と農産物輸出国におけるダンピング輸出が応酬される世界農業の構造的過剰を再現させたのである(14)。

これは、国際資金循環の切断を意味した。新開国や熱帯諸国に投資されていた資金は回収され、大衆消費社会への移行で国内景気が過熱するアメリカへ投資が集中し、ついには1929年の大恐慌となるのである。このとき国際連盟は、世界恐慌の解決策として、資本主義国に農業保護の撤廃と世界農工分業体制の再建を提起したが、ブロック経済化が進展する中で資本主義各国がとった対応はむしろ逆に、農業危機を国内的に緩和するための農業保護の制度化であった。

国内農業の保護政策は、各国の農業構造や農産物市場の違いによってきわめて多様である。しかし、以下の3つの特徴は共通といって良い。1つは、農産物の輸出入や農産物市場に国家が介入して、農産物価格を支持する制度が作られた点である。2つ目は、こうした価格支持による農業所得の補償が、体制危機の緩和と国内有効需要の創出という役割を担うものだったことである。そして、3番目は、第2次世界大戦が始まると価格支持制度は農業保護だけではなく、国民食糧の安定供給という総力戦体制の使命も制度の中に取り込んだということである。

この農業市場の制度化が各国の小経営的生産様式に与えた影響は絶大なものがある。それは、農産物価格の維持安定と一定の所得補償をもたらし、孤立分散という小経営のハンディキャップを補うものであった。また、この制度化の過程で、小経営も協同組合やマーケッティング・ボードなどの圧力団体としての政治力ももった経済団体に自らを組織化していったのであった(玉 1990)。

２．米騒動の衝撃と農業市場の制度化

第１次世界大戦後の日本農政の基調を作ったのは米騒動である。それは小作争議よりはるかに重要である。この点が、これまでの「地主制」研究、小作争議研究が見落としてきた決定的なポイントである。ドイツにおける飢餓やロシアにおける革命の情報は、日本政府を震撼とさせるものだった[(15)]。当然である。体制が転覆したのであるから。

そこに食糧暴動とも言える米騒動が1918年８月、国内で勃発した。しかも、それは瞬く間に全国へ広がり、41道府県で数百万人が参加し、警察だけでは押さえきれず、10万人以上の軍隊が投入されて、やっと押さえることができた。世論の高まりに寺内正毅内閣は崩壊し、日本で初の政党内閣である原敬内閣が９月に誕生した。この衝撃は、基本的には地主小作間の民事紛争である小作争議とは桁が違うのである。

農商務省農務課はこの年の内に「食糧自給三十年計画」をまとめ、国内はもちろん、特に北海道、また植民地としていた朝鮮、台湾での産米増殖の方針を打ち出す。翌1919年には原首相自身を会長とする臨時財政経済調査会に「糧食ノ充実ニ関スル根本問題」が諮問され、耕地の拡張・改良、農業水利、耕作法改善、農業金融などに国庫補助金を大幅に投入することが答申された。

ヨーロッパの教訓、そして米騒動の衝撃から、この植民地を含む帝国内での食料増産・自給化政策は、他の資本主義国と同様に、その後の農政の基調となった。例えば、1922年に制定される中央卸売市場法は、都市住民の不満

の種となっていた青果物の価格騰貴を抑制するために、大都市に対する青果物の大量出荷を促進するための法律である。そのためには、なによりも農業生産者が青果物の出荷を有利で安心と感じるシステムが必要となる。こうして、商人の思惑を徹底的に排除したセリと手数料の方式が採用され、しかも公設によって販売代金回収が確実な制度設計となったのである（玉 1996：第２章）。

小作制度への国家の介入も、米騒動にはじまる政策基調からはじめて理解できるものである。近代的な私有権の下では、農地の貸し借り（小作制度）は民事の世界であり、しかも民法上の基本は所有権（物権）が利用権（債権）に優位の関係である。それは前近代的でも封建的でもなく、まさに近代の特質である。しかし、農業生産者の生産意欲を高めるためには、耕作権の安定が不可欠である。その意味で、1920年の小作制度調査委員会に始まる耕作権強化という政策基調は、食糧増産・自給化政策に基礎付けられたものだった。さらに、自作農化こそが耕作権強化の究極の形態であるという意味で、この政策基調は戦時、そして戦後の農地改革にも貫かれていた。農地政策が独立に存在するのでは決してないのである。

既述のように、食糧増産・自給化政策は世界農業の構造的過剰をもたらし、資本主義国における価格支持をはじめとする国家の農業市場への介入とその制度化に帰結していった。これは日本においても同様である。朝鮮、台湾における産米増殖計画は、ヨーロッパが19世紀末に経験したような移入米の大量流入によって、昭和農業恐慌を米の構造的な過剰問題にした。このため、政府は1933年に米穀統制法を制定して米価の公定に乗り出すと共に、産業組合の育成を強力に進めて、農産物市場、購買品市場からの商人資本の排除や、農村への資金供給ルートの組織化を進めたのである。

ところが、価格の公定は、米穀取引所を廃止に追い込んだだけではなく、価格差をシグナルとする物流までも滞らせることとなった。こうして価格統制は配給統制への拡張をよぎなくされる。つまり、統制が統制を呼ぶメカニズムが始まった。過剰局面から不足局面への突然の移行も手伝って、太平洋戦争開始直後の1942年、それまで積み重ねられてきた統制をまとめて、食糧の貿易・価格・流通のすべてを国家が管理する食糧管理法が制定された（玉 2013a）。

この食糧管理法は、食糧の確保と国民生活の安定という２つの目的を持ち、その目的に合わせて、生産者には高い生産者価格、消費者には安い消費者価格という２重価格制を組み込んだ。この逆鞘価格によって、流通する米の全量国家管理が可能となり、インフレという副作用を伴いながらも、有効需要の創出と社会的安定という自由市場では達成の難しい機能が発揮できるようになった（同）。この究極の統制によって、食糧管理法は曲折を経ながらも1970年代まで大きな役割を果たし、その後は“規制緩和がさらなる緩和を呼ぶ”逆メカニズムを辿りつつ1994年まで存続することになったのである。

３．戦後の農業問題とグローバリゼーション

戦後の資本主義は、アメリカ主導のもとに再建された。その基本的枠組みとなったのが、IMF（国際通貨基金）とGATT（関税と貿易に関する一般協定）であることは言うまでもない。そこでは、1930年代以降の保護貿易主義を排除し、自由・無差別・多角の原則による自由貿易主義を復活することが目指されていた。

しかし、かつてのイギリスのように自由貿易の守護神となるべきアメリカ自身が、朝鮮戦争が休戦して間もない1955年にGATTに対して乳製品・落花生・エン麦など13品目について包括的な自由化義務免除（ウェーバー条項）を申請した。その背後には、国内の余剰農産物在庫や再び顕在化した世界的な農産物過剰に加えて、米ソの冷戦がいつ有事に転換するとも知れない不安定な世界情勢があった。

復興を遂げた西ヨーロッパ諸国も、アメリカの申請をあっさりと承認してしまう。これは、東西冷戦の最前線として、戦前以来、維持してきた農業保護制度は、非常時への備えと体制安定化のために引き続き必要との認識がこれらの国にあったからである。1957年のEC（ヨーロッパ共同体）成立によ

り、その政策基調は共通農業政策の中に堅持された。このため、GATTの場では常に農業が問題とされながらも、事実上は例外扱いが続くことになったのである。

一方で、余剰農産物を大量に抱えるアメリカは、1953年のMSA（相互安全保障法）や翌年の公法480号（農産物援助法）によって、それを冷戦の武器として、すなわち、軍事戦略的な政府援助や補助金付き輸出として積極的に活用した。アメリカの軍事戦略の下で経済復興を成し遂げた日本の食糧政策も、当然このアメリカの食糧戦略の影響を免れ得なかったのである。

日本の農政は、いわゆる「1955年体制」が成立する頃、食糧管理制度の存続とアメリカの余剰農産物受入を２本柱とする方向が固まる。朝鮮、台湾からの米供給を失った以上、米増産のためにも、体制安定のためにも、食糧管理制度による価格支持は不可欠であった。その一方で、工業製品の輸出拡大のためには、その見返りとなるものが必要だった。日米安全保障条約が改定された1960年以降は、アメリカへの輸出拡大と歩調を合わせて農産物の市場開放も推進されていく。その結果、食糧管理法の下での米価決定は、市場開放への反発を和らげるための政治的役割を一段と明確にしていったのである（玉 2006：第３章）。

世界的な農産物の過剰問題を背景に、1986年に始まって1994年に妥結するGATTウルグアイラウンドは、1930年代に始まった世界の農産物価格支持制度に終演の鐘をならすものとなった。価格支持制度こそ、世界の農産物過剰問題を深刻化させた元凶として、その全廃が合意されたからである。生産者への所得補償と増産・自給化のために制度化された価格支持制度は、間違いなく生産刺激的であり、補助金付き輸出とセットとなって、世界の農産物過剰問題を確かに深刻化させていた。

２度のオイルショックで、ケインズ経済政策はもはや有効性を失い、有効需要創出という価格支持制度の役割も終焉しただけでなく、インフレ抑制という政策目標にも反し、何よりもその財政負担に資本主義各国は耐えられなくなっていた。しかし、ウルグアイラウンドが最初の合意期限であった1990

年からずれ込んで、1994年に妥結できた陰の主役は、1989年のベルリンの壁崩壊と1991年のソビエト連邦崩壊による冷戦の終結であった。

アメリカの一極支配が明確になって、有事への備えと体制安定というテーマが後景に退き、自由貿易主義がグローバリゼーションの名で復権したのである。もちろん、その基底には、経済のソフト化や技術革新の加速化、IT革命などがあった。しかし、推進力となった新自由主義があれだけの力を発揮したのは、社会主義国の惨めな崩壊という冷戦の終わり方によるものである。それ以降、一旦、規制緩和へ向いた振り子は、統制強化とは逆回しの自由化が自由化を呼ぶ形で農業市場制度を崩していったのである。

要するに、20世紀末に出現した究極のパクスアメリカーナによって、資本主義各国の農業保護制度は第１次世界大戦以来の安全保障という支柱を失ったのである。それは、ある意味で、19世紀後半の自由貿易主義の再現であり、一時的な逼迫はあっても、基調は長期の慢性的な農業恐慌局面の継続である。つまり、家族農業を中心とする小経営的生産様式にとっては、“氷河期”の再来となったのである。

第６節　おわりに―「生活の場」に立脚するフレームワーク―

では、このグローバリゼーションは、これからも続くのか。一旦、勢いづいた振り子は容易に戻らないのは歴史が教える教訓である。しかし、グローバリゼーションこそが長期のデフレと、世界規模での格差拡大、貧困化の元凶であるとの認識もようやく広がりつつある。アメリカの覇権はすでに弱体化し、中国やインドの台頭やロシアの復活など世界は多極化しつつある。さらに核兵器の拡散が進み、中東情勢は混乱し、世界は一段と不安定さを増している。

つまり、「自由貿易」などの理念が世界をリードする時代は終わり、建前の背後でマキャベリズムが渦巻く世界の中で各国の国益がぶつかり合っている。様々な国際問題について、日米欧に対してロシア・中国という対立が一段と目立つようになり、中国の軍事力増強と太平洋への進出が新たな冷戦を再現するかのような気配すら感じられる。

その中で、軽はずみな予想はすべきではないが、何かのきっかけで、工業力を誇ったドイツが経験したのと同じ飢餓を再び経験する国も生まれるかもしれない。原発にも似た「安全神話」の崩壊である。

「もっと規制緩和すれば、農業は産業化する」という声高の主張も、相変わらず続いているが、さすがに何十年も同じことを聞かされるとその底浅さにあきれてくる。それは経済学のように見せているが、実はアメリカへの追従で自らの生き延びを図る政治と行政の議論なのである。その最たるものがTPPである（中野 2011）。

歴史から教訓を引き出すとすれば、“氷河期”を生き抜く種としての適応力を持っていたのは、結局のところ小経営であったというのが、本書の重要な結論である。多くの学者がそれを認めず、資本家的な“種”に期待を寄せたが、ほとんど幻想で終わった。バイオテクノロジーが食糧問題を地上から無くすという予言も、高速増殖炉が地上からエネルギー問題を無くすというお題目と瓜二つである。

農業を守りたければ、農家を支援するのが、結局一番の早道なのである[(16)]。しかし、歴史を巻き戻して国家的な価格支持制度を復活することは容易でない。何よりも、価格支持制度は、中央集権的で、縦割りで、特定品目に偏り、政治的にも偏った制度だったことが反省される必要がある。農家を支援するということは、冒頭で述べたように、農業世帯の支援であり、農業が唯一の所得源でないことを頭にいれなければならない。また、林家や漁家、商家なども小経営的生産様式に含めて、縦割りの発想から脱却することも必要である。さらに、政策的な支援のみではなく、都市住民や地域の住民の関与、さらには「関係人口」の増加も重要となってくるだろう（田中 2017）。

そこで参考にすべきは、1930年代の昭和農業恐慌期に農山漁村で展開された経済更生運動である。それは、地域を「生活の場」として総合的に捉えたところに最重要な特質があった。言い換えると、「生活の場の再建」という立脚点に立つことで、縦割りを越えて林業や漁業、商業、工業までも一体的に捉え、教育・医療・福祉までも結びつける枠組みが与えられるのである。

それは中央計画を徹底して排して地域の実態を踏まえた計画を立案し、利用できる地域資源を探しだし、倹約と勤労による小さな合理化と知恵を集め、何よりも自力更生の精神に依拠するものだった（玉 2006：第２章）。目指すところは、地域の自立である。地産地消や農商工連携、商店街の空き店舗活用、バイオマスや水力を利用したエネルギー開発等々、現在、全国各地で取り組まれている取組は、経済更生運動と同様に地域で自給できるものは自給して自立性を高めるものである。もちろん、地域の自立のためには、地域ブランド化による外への販売や人の呼び込みも必要である。

グローバリゼーションの下で、小経営的生産様式の生き残りのための主戦場は、「地域」へと移行しつつある。実際、人口減少社会へ移行する中で実施された「平成の大合併」と「地方主権改革」によって、以前にも増して地域の主体性が問われている。そして、そこでの地域農業の展望を描くためにも、それぞれの地域が歴史と文化を振り返り、地域農業のアイデンティティを明確にしていかなければならない。

そのためには、「地主制」と小作争議で塗り固められてきた近代日本の農業問題の枠組みを書き直すことが不可欠なのである。

注

（１）農民層の資本主義的分解が「本来の」法則であると一貫して主張してこられた梶井功氏も、新著では「おそらく今後も、農業では家族経営が支配的地位を占め続けるであろう」（梶井編 2011：p.11）という見解を表明されている。
（２）この項については、玉（1994）第１章を参照。
（３）この項については、玉（2006）の第９章を参照。
（４）言うまでもなく、この理論の代表者は、大内力である。その代表作として、大内（1969、1970）。
（５）この指摘は、多数の研究者が行っているが、代表的なものとして持田（1996）、犬塚（1997）を参照。
（６）以上の19世紀後半の世界農業については、玉（1990）を参照。
（７）農業恐慌を「独占資本主義のもとにおける世界農業の不均等発展の激化」か

ら最初に定式化したのは、栗原百寿である。玉（1995）第5章を参照。

(8) 農家兼業は、ヨーロッパはもとよりアジアにおいても世界の農業に共通する現象である。また、農業の生産性という単一の視角から、経済学者がレーニンと同様に農家兼業を否定的に見るのも世界共通の現象である。この点については、「世帯戦略」について論じた玉（2006）の第9章を参照。

(9) ただし、上記の変化がイギリス土地所有の「資本主義的変革」であるという椎名重明の理解は大いに無理がある。すでに述べたように、資本主義は工業分野でとっくに生産様式として成立しているのであり、これ以降は家族農業が強い環となっていくのが歴史的趨勢である。この椎名の理解は、資本主義を一国的に捉え、農業は遅れてもいずれは資本主義化するという「産業化ビジョン」に立っているところに根本的な問題がある。

(10) もちろん、マルクスが「この生産様式は、奴隷制や農奴制やその他の隷属的諸関係の内部でも存在する」と述べていたように、近世初期にも、室町時代にも部分的、地域的には小経営は存在した。しかし、日本における農業生産に支配的な生産様式として小経営的生産様式が成立したのが18世紀頃なのである。

(11) この項については、玉（2006）の第7章を参照。また、近世末期における地主小作関係の広がりを、「分割地所有の潰滅形態」として最初に提起したのは、栗原百寿である。玉（1995）第5章を参照。

(12) この結果、戦前の小作農は私的所有という国の根幹に関わる原理を否定する革命でしか問題の解決はできないことになる。実際、「土地問題史観」では、多くの場合、コミンテルンの指示に従って、そうした方針で戦って弾圧された農民運動や政党が正しい運動として評価されてきたのであった。

(13) この「矛盾の運動形態」という定式化については、玉（1995）第8章、及び玉（1996）の序章を参照。

(14) この世界農業問題を第一次世界大戦後の世界経済の「焦点」としていち早く指摘したのは宇野（1974a）である。また、その観点からの優れた実証分析として、渡辺（1975）がある。

(15) 外務省政務局では、極秘資料『独逸に於ける食料問題調査』（1918年8月）が作成された（藤原 2011：p.8）。

(16) 日本政府は完全に無視したが、国連が2014年を国際家族農業年とし、かつ専門家ハイレベル・パネルが先進国、途上国を問わず小規模農業への支援を提起していることをしっかりと受け止める必要がある（国連世界食料保障委員会専門家ハイレベル・パネル 2014）。

[美土路知之・玉真之介・泉谷眞実編著『食料・農業・市場研究の到達点と展望』筑波書房、2012所収の同名の論文を加筆修正]

第2章
「地主制」論再考
—坂根嘉弘氏の新説をめぐって—

第1節　はじめに

この章では、「地主制」論を再考する。筆者はすでに、玉（2006：第8章「『地主制』から『小経営的生産様式』へ」）において、日本資本主義論争の「講座派」に起源を持つ「地主制」論を徹底批判して、それに替わる地主小作関係理解を提示していた。そこでの結論を再掲するなら、それは以下のようなものであった。

「このような農民的小土地所有の基盤の上にイエとムラを基本的特徴として展開された小経営的な農業を、『地主制』概念のような欧米からの『遅れ』としてではなく、日本における小経営的生産様式の個性として捉えるのが本章の結論である」（玉 2006：p.157）。

さらに敷衍すると、近世にイエとムラを基本的特徴として成立したわが国の小農的農業(1)を小経営的生産様式と捉えることで（「日本農業の基層構造」(2)）、地主小作関係はそれが商品経済に包摂され、市場経済の分解作用を受けた結果生じたものと把握される。したがって、その起点は藩政期にあるが、それが急拡大するのは私的土地所有権が法的に確立され、日本経済が資本主義な成長を遂げる明治期である。もとより小規模、孤立分散を特質とする小経営（以下、農家と言い換える(3)）は、市場経済の変動や自然災害には脆弱な存在であり、負債を負って所有地の一部または全部を手放すものが増加したからである。

それにより、質地などを通じてすでに藩政期から生じていた地主小作関係が急拡大し、合わせて形成された農地市場で投資対象として積極的に農地を買い集める地主も各地に現れた。そこで最重要な論点は、「地主制」論が「前近代的・半封建的」と規定した高率小作料をどのようなメカニズムで解くかである。筆者は、それを圧倒的多数の農家の経営規模が家族労働力に対して過少で、家族労働力の燃焼の場が借地に求められた結果として借地市場が構造的に「貸し手優位」だった点に求めた。さらに、第1部で見たように農村人口の増加や「自小作農の論理」(4) がそれに拍車をかけたとしたのであった。

では、この章で改めて「地主制」論を再考するのはなぜか。それは、近年になって「講座派」系譜とは異なる新しい「地主制」論が登場したからである。しかもそれは、近世に形成されたわが国の小農的農業が、明治、大正、昭和を経て戦後まで連なるという歴史認識においては筆者と同じである。また、イエとムラという日本の家族農業の歴史的な特質を新たな「地主制」論の立脚点としている点でも重なる部分がある。しかるに、その立論には、日本の農家に対する重大な事実誤認があるだけでなく、小農的農業を取り巻く市場関係への視座を欠くために、地主小作関係の形成の論理や高率小作料のメカニズムを示せないという深刻な問題を抱えているのである。

さて、その論考とは、『岩波講座日本歴史』第16巻に収録された坂根嘉弘「地主制の成立と農村社会」(坂根 2014) である。玉 (2006：第8章) でも指摘したが、かつて「地主制研究は、戦後の日本歴史学の分野におけるもっとも主要な論点のひとつ」(安孫子 1971：p.149) とされ、1970年代刊行の『岩波講座日本歴史』では、海野福寿 (第15巻)、大石嘉一郎 (第17巻)、西田美昭 (第18巻)、中村政則 (第19巻)、森武麿 (第20巻)、安孫子麟 (第22巻) がそれぞれ1章を設けて論じていた。しかし、その後急速に研究は下火となり、1990年代に刊行された『岩波講座日本通史』には「地主制」を論じた章はないだけではなく、「地主制」という言葉すら登場しなかった。

これは、本書「はしがき」で紹介したリン・ハントの指摘のように、「地主制」論の基盤だったマルクス主義のパラダイムが1989年のベルリンの壁崩壊、1991年のソ連崩壊、そして冷戦の終結によって大きな打撃を受けたことがあるだろう。歴史研究のテーマは、「社会史」で総称されるようなムラや都市、移民、消費、女性やマイノリティー、オーラルヒストリーなどに多様化し、拡散していった。

その意味でも、グローバル化時代の2010年代に再び『岩波講座日本歴史』に「地主制」論が再登場したことは、注目すべき現象である。しかも、イエとムラを重要な立論の基盤としているのであれば、この間の歴史研究の成果とかかわって、今後、再び「地主制」をめぐる議論が活発化する契機となるかもしれない。その一方で、まことに残念なことに、坂根（2014）が展開する「地主制」論は筆者が行ってきた「地主制」論批判（マルクス主義パラダイム批判）はもちろん、筆者が提示した地主小作関係や小作争議の理解に言及や参照がないままに、筆者ときわめて似通った議論が展開されているのである。これは筆者としても見過ごすことはできない。

そこで以下では、この坂根の新しい「地主制」論を紹介しながら論点を明確にし、筆者の過去の研究も示して、改めて「地主制」論について論じてみたい。

第２節　基本的視座

１．マルクス主義

坂根（2014）は、自らの「基本的視座」について、以下のように述べている。

「これまでの日本地主制研究・農業問題研究は、マルクス主義によるものが多かった。その見方は、乱暴にまとめれば、土地所有の階層分解（地主小作関係、土地問題）に矛盾の焦点をおいて、小作の対地主闘争（階級闘争）に歴史の進歩（農業問題の解決）を見る社会進化論的な立場であった。本稿では、新制度派経済学の枠組みで『家』や『村』の視点から近代日本農業や経済発展をみた場合、これまでとはまったく違う見方が存在しうるであろうことを示してみたい。それは一つの見方、試みであり、従来のこの分野のマルクス主義による研究成果を全面的に否定しようという意図によるものではない」(pp.219-220)。

前半の研究史とマルクス主義に対する指摘は、まったく首肯できるものである。何よりも、このパラダイム批判を一貫して行ってきたのが筆者であった。しかし、坂根はパラダイム批判とも取れる論述をしながら、最後の1文でそれとの正面対峙は避け、代わりに「新制度派経済学」という新しい砦を構えている(5)。これは先行研究との摩擦を避けるための“戦術”かもしれないが、この点がまずもって坂根と筆者の大きな違いである。

このマルクス主義との対峙回避と「新制度派経済学」という砦構築の結果として、坂根の「地主制」論は、「講座派」系譜の「地主制」論が評価軸とした西欧の近代化との対比という視座は完全にオミットして、代わりに近代化における日本のアジアに対する優越性を視座に設定する。すなわち、「日本の農業はどうして西欧のように発達しなかったのか、それを拒んだ条件は何だったのか、といった問題設定から出発するのが、かつての日本の社会科学における農業問題の扱い方であった。しかし、アジア諸地域の農業との比較を視野に入れると、このような問題設定とは逆に、何故に日本農業がかくも高い農業生産力を達成したのかが問題になってくる」(同：p.219)。

このアジア、とりわけ東アジアとの比較という視座は、この『岩波講座』全体の特徴であるとともに、坂根がこの間に開拓してきた研究視角として高く評価できる。ただし、これまでのマルクス主義や近代化論が蓄積してきた西欧の対比という視座を完全にオミットすることには、多少の懸念をいだかざるを得ない。「西欧／日本」、「日本／アジア」は二律背反ではないはずである。それどころか、西欧／日本／アジアが共に相対化されなければ、かつて支配的だった西欧中心主義に、今度は日本中心主義が取って代わるだけとなる危険性がある。

実際、「かくも高い農業生産力」という表現からも感じられるように、坂根の議論は日本農業への讃辞に満ちている。かつてマルクス主義が“封建制の残滓”として否定の対象にした日本のイエとムラも、アジアとの対比によって「経済発展の様々な局面で日本経済に大きなアドバンテージを与えたのではないか」（同：p.218）という観点からクローズアップされる。つまり、「高い農業生産力」や「経済発展」への貢献という新たな評価基準の設定により積極的評価へと変えられているのである。筆者も、これまでイエとムラの評価に取り組んできたが、それは西欧にも日本にもともに小経営的生産様式を認めた上で、その日本的な個性として評価したものであった(6)。

坂根の場合、「地主制」についても同様である。「地主制が発達した日本／地主制が発達できなかったアジア」という対比では、地主制の発達が日本のアジアに対する優越性の指標となっている。この点は、後に検討するが、ここで指摘すべきは「はしがき」で紹介したリン・ハントの危機感である。すなわち、グローバリゼーションの下で、歴史研究が再び「経済の優越性、経済的要因に焦点を合わせる研究」（ハント 2016：p.59）へとパラダイムを回帰させているという危惧である。

坂根にとってイエやムラは、「文化が自律的な論理をもつこと」（同：p.19）の証明ではない。イエとムラがいかに日本の「高い農業生産力」と「経済成長」に貢献したかを、かなり強引に描き出すことである。こうして見ると、マルクス主義との対峙回避も、実は経済中心主義という同じ土俵に乗っているからなのかもしれない。これが検討すべき第１の論点である。

２．零細地主

基本的視座として坂根はまた、「日本地主制を三層構造として把握することを提起している。大地主・不在地主、在村地主、零細地主の三層である」（坂根 2014：p.220）。しかも、「本稿が注目したいのは、貸付地が一反や二反の零細地主である。このような零細地主は、他の二層よりも、はるかに多く存在した」（同）と言う。

しかし、この零細地主の大量存在こそ、筆者が「地主制」論批判において提示した主要な論点であった。特に、1997年度日本農業史学会シンポジウム

「近代日本地主制・地主的土地所有に関する回顧と展望」で、筆者は「地主小作関係：階級関係か、市場関係か、迫られる視点の転換」という報告をおこない[7]、東畑精一『農地をめぐる地主と農民』（東畑 1947）を引用しつつ「零細小地主の大量存在」を論点として提起した。東畑は、統計から府県の不耕作地主を約100万戸と見積もり、それを極一部の「地主的地主」と大半の「零細地主」の２範疇に分類した上で、「少なくとも一般的に地主といわれるものには二つのタイプが同時に含まれるのであって、これを一括して一元的にその性質づけをなすことは出来ない。今までの地主論につきまとう昏迷、混沌、不徹底はかような二者を区別しないところに生まれてきたものであると思ふ」（東畑 1947：p.60）と述べていた[8]。

この点に関連して坂根（2014）は、「従来は階層分解の矛盾の大きさを強調するため、土地分配の不平等性の大きさが実態以上に強調され、大地主や中小地主の分析に焦点があてられてきた（特に大地主）」（p.220）と述べているが、問題はそこにあるのではない。かつての「地主制」論では、大地主であろうと零細地主であろうと一元的に性格付けがなされていたことが問題なのである。筆者は先の報告で、「地主制」論が地主の規模を問わないのは、山田盛太郎に始原する小作料の「地代範疇」規定（「必要労働部分にまでも食い込むほどの全剰余労働を吸収する地代範疇」（山田 1934：p.191））により予め「土地所有の性格」を「前近代的・半封建的」と断定してしまうところに根源的な原因があるとした[9]。その上で、「零細小地主の大量存在」の実態からその観念性を批判したのである（玉 1998：p.43）。

この報告に対しては、暉峻衆三が直ちに筆をとり、「玉は、零細地主の支配的存在を強調するあまり、日本の地主的土地所有のピラミッド構造の上部に存在していた『地主的地主』＝大規模地主の存在をすっぽりと欠落させてしまっているのではないか。『戦前期』日本の地主制度は、『地主的地主』と『零細（耕作）地主』のピラミッド型構造としてトータルにとらえ、小作争議もそのもとで把握されるべきではないか」（暉峻 1997：p.35）と反論されたのである。

つまり、暉峻は前の章でも見たように、「ピラミッド型構造」に大地主も零細地主も押し込めることで、山田盛太郎に始原する一元的な性格付けを守ったのである(10)。これに対し筆者は、「だから商人系譜の大地主よりも、農民的小土地所有の分解から生じた膨大な数の零細地主の方が、日本の地主小作関係を代表するのである」（玉 2006：p.144）として、日本の地主小作関係の本質的特徴を農地貸借市場における市場関係に求めたのである。

この意味で、坂根が「三層構造」を言うのであれば、当然、「地主制」論が主要な論拠とした「ピラミッド構造」という理解との異同について述べる必要があった。しかるに坂根は、東畑の指摘に言及もせず、筆者と暉峻との論争に触れることもせず、零細地主については斎藤（2009）を注でただ１つ示すのみである。これは先行研究の扱いとしてきわめて適切さを欠くように思われるのだが、この近世後期に農村貸借市場の存在を認めた斎藤（2009）が坂根のイエ理解の盲点を突くことになることは後に述べよう。

３．「家」制度

坂根（2014）の最重要な特徴は、「日本の『家』制度、およびその『家』制度を前提に形成された日本の『村』社会」（p.217）を手がかりとして「地主制」の成立を論じたことである。しかし、坂根（2014）の最大の問題もここにある。坂根は、「日本の『家』制度の特徴は、単独相続にある」「したがって、『家』は固定的であった。稀に分家という形で農家が分立する（増える）ことがあったが、基本的には、農家は系譜的な『家』により固定されていた」（p.218）と断定している。しかし、このように断定をする根拠はいったいどこに示されているのだろうか。

注を見ると、「以下の、日本の『家』『村』については、先行研究も含めて」と、自身の３つの研究（坂根 1996、2002、2011）が提示されるだけである。そこで坂根の過去の著作に遡ると、中根（1970）、大竹（1982）、水林（1987）、長谷川他（1991）、大藤（1996）、神谷（2000）など、筆者も同様に参考とした文献が参照されている。また、坂根（1996）には、①近世前期には分割相続が支配的であった、②分割相続が可能だった背景に耕地拡大があった、③そのような条件が失われた近世中・後期から本百姓の株化が進行した、④近世後期に家業・家名・家産一体の「家」が普及定着した（坂根 1996：p.65）とまとめている。これも概ね妥当なまとめである[11]。ただ坂根は、「単独相続／分割相続」のみに焦点を当てたが、家族形態からすると分割相続は単婚小家族であり、単独相続は３世代同居家族となる点も、扶養人員と家族労働力との関係で重要である。

さらに重要なのは、分割相続から単独相続への移行のメカニズムである。この点について筆者は、長谷川他（1991）などに拠りつつ「このような低成長へのムラの対応は、新たなイエの増加を認めず、入会や水利などの有限の資源利用の権利を既存のイエに一段と厳しく制限することであった」（玉 2006：p.122）。「小農家族にとって水利や入会は営農と生活に不可欠のものである以上、ムラの公的論理にしたがってイエを維持存続させることが小農家族にとって最大の価値規範となっていった。三世代同居の直系的家族形態こそ、イエの維持存続を担保する家族形態だった」（同：p.123）と、この相続形態の変化を主導したのは地域資源の管理主体のムラであると論じた。

これに対し坂根は、耕地拡大の条件喪失以外に相続形態の変化という重大な現象について論じていないように思える。同時に、「日本の『家』制度、およびその『家』制度を前提に形成された日本の『村』社会」（坂根 2014：p.217）とあるように、イエとムラの関係では常にイエを先に置いて、筆者のようにイエを掣肘するムラという認識は示されていない。であれば、明治以降に耕地拡大が再開されれば分割相続の復活もあるのではないか。ここに果たして日本の農家の単独相続は絶対的なものか、という論点が浮かび上がる。

また、そこから派生するのが、家族数という論点である。筆者は「家族農業が直系家族へ転換していった過程はまた、日本農業の基本矛盾が構造化してくる過程でもあった」（玉 2006：p.124）と、単婚家族から直系家族への移行過程で多くの小農家族が経営規模に比して過大な扶養人口と家族労働力を抱えることとなった問題を基本矛盾と呼んだ。そして、「このような基本矛盾への小農家族の対応形態の１つが副業、兼業、出稼ぎなどの『農間余業』であった」（同）とし、さらに、この基本矛盾へのもう１つの対応形態こそが、借地による経営規模の拡大であったとしたのである（同：p.128）。

いずれにしても、「家」制度については、相続形態並びに直系三世帯家族の労働力と経営規模の問題が論点として検討されなければならないのである。

第３節　論点の検討

１．アジアとの対比

坂根（2014）は、各所で日本とアジアの対比を行うが、その問題意識は「日本がアジアで唯一資本主義化・近代化に成功しえたのはどのような理由によるものなのか、この日本の近代経済発展を近隣アジア諸国との比較のなかでどのように説明するのか」（p.217）というものである。これは、ある意味で懐かしい問いである[(12)]。19世紀には日本もアジア諸国もヨーロッパを中心とする世界資本主義ネットワークの一部をなしていた。ロストウ（1961）が描いたように、各国が近代化のマラソンレースを個別に競っていたわけではない。いずれにしても、この問いでは、産業化に「成功した日本／失敗したアジア諸国」という歴史的事実が前提となり、対比は常に日本のアジアに対する優越性の確認となる。

その最初の対比は、「日本：単独相続／アジア：分割相続」である。日本の「『家』の形成は、日本農民が自らの長期的な人生設計や子々孫々の確実な未来を描くことを可能にした」（p.222）。それに対し「日本以外のアジア諸地域は分割相続地帯であったが、分割相続制度のもとでは確かな未来を描くことは難しい」（同）。なぜなら、前者には家産を増やすための農業生産力向上に向けた「『家』インセンティブ」が働くが、後者は世代を経るごとに農地が細分化し、農地の流動性が激しく、「農業経営の不連続・零細化、経営体の断絶の繰り返される」（p.223）からである。

しかし、この議論に先立つ前提として、日本の小農的農業はきわめて零細規模だった。1908年（明治41）年の農家総数540万戸の内、５反未満が37%、５反以上１町未満を足すと70%にもなる。しかも、この１町未満の比率は東北でこそ55%だったが、近畿では83%である（栗原 1974：p.20)。しかも、その多くが兼業農家であった。こうした零細な農家に「確実な未来を描くこと」が可能だったろうか。逆に、分割相続地帯の農業に未来はないのだろうか。農地の流動性が高ければ、農外労働市場の拡大に応じて規模拡大は容易となる。さらに、分割相続といえば本家本元のフランスはどうなのか[13]。坂根は西欧との対比をまったくオミットしているが、「単独相続／分割相続」という対比は、アジアと日本の対比だけで一般化すべきではないだろう。

続く日本とアジアとの対比が「地主制」である。坂根は日本の「地主制」の特徴として、第１に「安定的発達」を挙げる。日本の小作地率は、明治初期に３割程度であったものが1903年には44%まで「著しく拡大した」。これに対して、アジア諸地域では小作地率は「だいたい10%から20%程度で」、「近代日本ほど広範に展開していない」(p.231)。この差の要因を坂根は「信頼関係」に求める[14]。「『村』社会による信頼関係の強さは、地主制の安定的拡大に対する社会資本のごとき役割を果たした」(同)。これに対し、アジアで地主制が発達できなかったのは「信頼関係の弱さ、それによるモラル・ハザードの蔓延という事態である」(同)。

このように、「地主制が発達できた日本／地主制が発達できなかったアジア」の対比は、前者が優位、後者が劣位に置かれている。かつての「地主制」研究において批判の対象とされてきた地主小作関係の拡大も、ここでは「発達」と「信頼関係」というキーワードでむしろ“アジアで唯一資本主義化を達成した日本”という“成功物語”の一部とされたのである。

さらに、「地主制」の第２の特徴「長期性」は小作人に「長期的見通しのもとでの土地改良投資」を可能にし、第３の特徴、前納や敷金の欠如も「農業生産の発展における彼我の相違は大きかった」し、第４の特徴「地主のリスク分担」も「小作人に有利にはたらき、小作人を保護する役割を果たした」(pp.232-233) と、合計4つを「日本の地主制（地主小作関係・土地貸借市場）の特徴」と坂根はまとめた。

これら1つ1つの指摘は前々から言われており、特に目新しいものではない。実際、坂根も小野武夫などかなり古い先行研究に依拠している。問題なのは、坂根がこれらの特徴をアジアに対する日本の優越性の根拠として強調する一方で、かつての「地主制」研究が批判の対象としてきた大地主の増加による農村の貧富の格差拡大や、何よりも高率小作料という最重要な特徴についての指摘を完全にオミットしていることである。「地主制」を論じながら、小作料の高率性にはまったく触れることなく、ひたすら「『村』社会による信頼関係の強さ」だけが強調される「地主制」論に、違和感を持つのは筆者だけだろうか。

裏を返すと、アジアに対する日本の優越性の根拠として「地主制」の「信頼関係」を強調してしまったために、坂根には高率小作料のメカニズムを論じる術が失われてしまったのかもしれない。

2．地主小作関係の本質

坂根は、「地主制の成立」という項で、「小作地率は明治中後期に急増したのであるが、どのような地主が増えたのであろうか」と問い、それを「5町歩以上土地所有者（大地主・中小地主）の増加と不在地主の増加であった」と結論づける。その通りである。しかし、真に問うべきは、なぜ地主小作関係が拡大したのか、であろう。坂根は、明治中期以降に米価が上昇し、小作地利回りも高くなって、「小作地投資が有利化する状況が生じた」(p.235) という理由を挙げる。これも目新しい指摘ではない[(15)]。

しかし、買い手となる地主の投資行動だけで小作地率は急増しないだろう。つまり、それは事態の一面でしかなく、農地を手放す農家が多数いなければ、小作地率の上昇、小作農・自小作農の増加はないはずである[(16)]。ところが、「地主制の成立」を論じたこの項に、明治以降の経済発展による市場経済の浸透が小農的農業にどのような影響を与えたかについての論述はまったくない。要するに、坂根の「地主制」論には、小農的農業が市場経済に包摂される過程で受ける分解作用に対する視座、言い換えると、「資本主義と小農」という市場関係の視座が欠落しているのである。「新制度派経済学」とは、そのような枠組みのものなのだろうか。それでは、地主小作関係が拡大したメカニズムを描くことは到底できない。

その一方で坂根は、ハイライトした零細地主に関して「家族周期としての地主制」(p.237) という議論を展開する。すなわち、京都府南桑田郡馬路村を例にして、地主といっても貸付地は狭小で複数の小作人に貸し出し、小作人も同様に複数の地主から借りていた事実を指摘して(17)、「このような形態が生じる1つの原因は、家族周期によるものではなかろうか」(p.239) と、家族周期を自らの新たな発見のごとく述べるのである。

しかし、東畑が「散掛小作」(東畑 1947：p.64) と呼んだ日本の地主小作関係の特徴は、筆者も東浦庄治の主張としてすでに指摘しており (玉 1995：第1章 p.41)、また玉 (1996：補章2「農民的小商品生産の発展と小作争議」) では、太田 (1958) のデータを使って岡山県を対象により詳細に分析も行っていた。そこで、まず筆者の分析を紹介した上で、坂根と対比してみよう。

玉 (1996) はまず、「散掛小作」の実態を平坦部、古地、山間部という3つの部落で比較し、1片の小作地の大きさも貸借の錯綜も異なり、山間部ほど複雑となることを確認した(18)。さらに、「表S2-6 農区別小作期間」を示し(19)、「一般に地主の土地返還要求は例外的で小作期間は比較的長期安定的だったことは周知であって、短い小作期間はむしろ小作側の経営規模変動に伴うものと考えられる」(玉 1996：p.234) として、「図S2-3 世帯人員別の経営規模分布」を示し、「経営規模と世帯人員との相関は明らかであろう」(同：p.234) と、経営規模と世帯人員の相関関係も確認した。

その上で、「小農的農業には、夫婦2人で小規模に分家し、子供の成長とともに規模拡大し、子供の分家でまた縮小するといったひとつのサイクルが指摘されているが (沼田 1987)、ここでの世帯人員と経営規模の相関も小農的農業が決して固定的なものではなく、そうしたサイクルを含めた経営規模変動を内に持つ存在であることを示唆する」（同：p.225）と、「サイクル」という言葉で家族周期を指摘した。

続いて38戸の農家について、1924年から1934年までの経営規模変動を「表S2-7 経営規模変動の型」に示し、すべての型の変動に小作地が関係していることを踏まえて、「いずれにしろ、戦前の農村は戦後の農村からは想像がつかないほど高い農地の流動性を持っていたのであり、そこでは地主小作関係が一面でそうした流動性を可能にする基盤であったとも考えられる」（同：p.227）としていた。さらに、1924年調査に農家の７割が労働力の過剰と答えていることを踏まえ、「これは、自小作・小作側での強い『土地飢餓』感が小作地需要となって、地主小作関係を地主の『貸手市場』化する関係が構造的に存在していたことを意味する」（同）と論じていたのである。

以上から、坂根が「従来の日本地主制研究では、家族周期に伴う地主小作関係は分析の俎上にのぼることはなく」（p.238）と前置きして、「家族周期の一環としての確かな地主小作関係の存在を確認しておきたい」（p.239）と、あたかも新しい発見のごとく主張した議論は、残念ながら筆者が20年近く前により詳細に提示していた議論であることを示せたと思う。

この点、玉（1996）に参照や言及がない問題はさておくとしても、坂根が筆者と同様に農地貸借市場における地主小作関係を論じているのであれば、それに「地主制」という「階級関係」を表現してきた概念を使用することは問題ではないだろうか[20]。筆者が1997年度日本農業史学会で行った報告「地主小作関係：階級関係か、市場関係か、迫られる視点の転換」のタイトルに込めた意味もそこにある。

「このような農家経営の伸縮が可能となるには、零細な耕地の貸借が頻繁に行われる必要があった」（p.238）と坂根が言うとき、その中心主体はもはや農家世帯であって、「地主」という言葉でイメージされるものではないだろう[21]。それはまた、頻繁な貸借を通じて需給関係が生まれ、それに対応して小作料も変動すると考えるのが経済学の発想ではないだろうか[22]。さらにそれは、零細な農地貸借までも強制買収の対象とした農地改革の評価にまで波及する。坂根にそこまで議論を一貫させるだけの覚悟はあるのだろうか[23]。

他方で、家族周期を取り上げたことで、坂根は自身の立論基盤に揺らぎを生じさせることとなった。坂根が注で示した斎藤（2009）は、幕末期に「種々の関係性」という留保をつけながらも農地貸借市場が成立していたことを論じたものである。ただ、その場合の事例には多数の分家が含まれていたのである[24]。また、坂根も筆者も参照した沼田（2001：第6章）も分家について論じていた。こうして最後に、日本の農家は本当に“単独相続”だったのか、という問題に行き着くのである。

3．“単独相続”という虚構

では最後に、第3の論点である農家の相続形態の検討に移ろう。繰り返しとなるが、坂根（2014）の立論は、「日本の『家』制度の特徴は、単独相続にある」、「農家は系譜的な『家』により固定的だった」（p.218）という認識を基盤としたものだった。そして、それを実際に統計で論じているのが「表1　農業諸指標の変化」（p.225）の分析である。1877年から1930年までの様々な農業指標の中から坂根は、この表で「もっとも安定的なのが農家戸数である。数万戸程度の幅があったが、ほぼ550万戸を維持している」（p.226）とした。さらに、耕地面積や米穀生産量などの数字から、「つまり、主に土地生産性ののびを通して労働生産性を伸ばしているところに、近代日本の特徴があった」として、「このような結果を生んだ1つの重大な要因は、農家戸数の安定性である」（同）と結論づけていた。

しかし、これは戦前期日本の農業分析としてかなり荒っぽい。日本農業には際だった地域性があり、東北と近畿の対比がこれまで繰り返し論じられてきた。筆者が重大な事実誤認と述べたのも、この地域性に関係する。すなわち、本書の第1部で詳しく論じたように、この「農家戸数の安定性」は東日本と南九州の傾向的増加と西日本の傾向的減少が相殺された結果であり、農

表１　総農家数、小作農家数の推移（1915年=100）：東北６県と近畿６県

	総農家数					小作農家数				
	1920	1925	1930	1935	1940	1920	1925	1930	1935	1940
青森	106	111	115	123	129	101	107	114	130	142
岩手	102	106	112	117	119	102	113	124	140	145
宮城	105	111	117	122	122	106	112	124	153	149
秋田	105	111	114	118	122	111	109	115	131	128
山形	102	106	111	115	118	104	108	118	130	135
福島	103	101	105	106	106	99	93	107	120	114
滋賀	100	99	97	93	91	101	91	81	73	68
京都	98	98	97	94	91	105	95	85	77	68
大阪	96	90	90	85	79	94	91	86	77	67
兵庫	100	100	98	96	93	106	99	84	79	69
奈良	99	101	104	103	96	103	104	95	88	77
和歌山	100	97	99	99	94	101	96	94	86	77

注：加用監修（1983）より。

家戸数は坂根が言うように固定的であったのではないのである。

それをわかりやすく示すために、東北６県と近畿６県を取り出して、1915年を100とした指数で、５年ごとの総農家数と小作農家数の推移を示したのが**表１**である。まず、①総農家戸数は東北での傾向的増加、近畿ではゆるやかな減少傾向が明らかである。②小作農家数は総農家数よりさらに増減傾向が顕著である。つまり、③東北では農家の新規創設の大部分が小作農であったことに加えて、自作や自小作から小作に移行する農家も多かった。逆に④近畿では、小作の廃業退出に加え、小作から自小作や自作へ移行する農家も多かった。この結果、⑤東北では農地貸借市場で借地需要が常に過多で、「貸し手優位」にあり、⑥近畿では逆に借地需要は減少して、「借り手優位」となっていた。

いずれにしても、農家数の変動には際だった地域差があり、東北では農家の新規創設（特に小作農家）が増加しており、反対に近畿では農家の廃業退出（特に小作農家）が生じていたことが明らかである。この意味で、坂根（2014）における「農家は系譜的な『家』により固定的だった」という立論は、戦前期の日本農業の実態を見誤った事実誤認に立脚したものと言わざるを得ないのである。

では、坂根はどこで間違ったのか、また、日本の農家は単独相続ではなかったのか。この問いを解く鍵が分家である。「戦前の民法旧規定のもとにおいて農村の相続の実態が長男単独相続制であったと考えることは誤りであり、実際には生前分与ないし生前相続に基礎をおく一種の分割相続が広範に行われていた」（川島編 1965：p.73）のである。つまり、没後相続は確かに長男単独相続が支配的だったが、戸主の生前における長男以外の次三男への農地分与、すなわち分家も相続慣行として幅広く存在したのである。この川島編（1965）を坂根（1996）は参考文献に挙げていながら、この最重要な結論を正しく踏まえていなかったために、“単独相続絶対主義”に陥ってしまったのである。

分家を考えたとき、自作地の一部、あるいは小作地の一部を分け与える場合もあれば、新たに自作地を買い増したり、小作地を借り増したりして与える場合もあるだろう。東北6県で新規創設が小作農家であることは、小作地を与える分家が増加していったことを示唆する。農地を買うには元手が必要であり、また自作地の分与は本家の経営を危うくする。その意味で、小作地を借りて分家に分与とすることは、十分に理解できる対応である。しかし、分家創設を踏まえても、東北と近畿の地域差、特に近畿における小作農家の減少を説明することはできない。ここにはどうしても、もう一つの重要な変数が必要である。それが人口増加率の地域性である[(25)]。

すでに第1部で繰り返し論じてきたので、表は掲げないが、人口増加率は明治期を通じて高まっていくが、南九州を除く西日本では大正初めにはピークを迎え、以後低下していくのに対し、東日本と南九州では、常に西日本より高い比率を示すだけでなく、ピークが昭和まで持ち越されていたのである。この人口圧力が1920年代以降の東北における分家としての小作農家の増加につながったと見て間違いないだろう。1920年には近畿でも小作農家の増加が総農家数を上回っていたのは、それ以前の人口増加圧力を反映した分家創設とみることもできる。南九州の農家数変動の特異性を説明できるのも、この人口増加率の地域差なのである。

では、西日本の小作農家数の急減は、どのような解釈が可能となるのか。日本の農家相続は、生前分与という一種の分割相続であっても均分相続ではなく、あくまで長男優遇相続である。したがって、分与された農地は自作地であれ、小作地であれ、多くの場合が自家用飯米を確保するだけで出稼ぎや余業と合わせてギリギリ生存が確保できる程度の規模であったと考えられる[(26)]。言い換えると、農外労働市場が開かれてきた時に、最も先に廃業退出するのは、そうした分家農家であったと考えられる。第１次大戦後の産業化や都市化の進展によって農村から労働力の流出が、都市近郊を中心に西日本において顕著であったこと、さらに西日本の人口増加率がピークを過ぎて人口圧力が緩和していたことが合わさって、近畿における総農家数、とりわけ小作農家数が急減していったと推測できるのである。

いずれにしても、日本の農家相続に関する誤った認識に立って展開された坂根（2014）の「地主制」論は、基本のところで重大な問題を抱えていると言わざるを得ないのである。

第４節　おわりに

坂根（2014）は、「おわりに」において、イエとムラの視点から小作争議を論じている。まず、イエの視点から、1920年代の小作争議は、小作料減免を求める「機会費用争議」と認定する。そこで強調されるのは、やはり「日本の『家』の存在である」(p.241)。

「しかし、小作農が行動（小作争議）を起こすとすれば、小作農が農業を継続するという強い意志が必要となる。小作農が農外へ労働力を移していけば、小作地への需要が減少して小作料が農外賃金と均衡するところまで下がるだけで、争議を起こす必要がなくなってしまうからである」(同)。

農家戸数は不変という前提に立つため、坂根は小作農家の減少、小作地の供給過剰、小作料の低下という市場経済の論理を否定する。なので、農外労働市場の拡大による機会費用の上昇に対しては、小作争議という集団的交渉で小作料の調整がなされたというのである。しかし、第１部第２章で詳しく見たように、1921年小作慣行調査の「小作料騰落の趨勢及び其の原因」を見れば、西日本は「耕地過剰、小作人転業、農業労力の不足」を理由に小作料は低落趨勢としっかり書かれていた。坂根は上記の議論の前に、この事実を正しく踏まえるべきであった。農家数は固定的ではなく、西日本で小作農が大きく減少し、それと合わせて小作料水準も農地貸借市場における需給を反映して低落していたのである。

では、なぜ小作争議が起きたのか。また、なぜ急速に収束するのか。それについては日本農民組合が掲げた「永久三割減」という要求が重要な役割を果たしたことは、すでに第１部第２章で詳しく論じたので、ここでは繰り返さない。ここでは坂根がアジアとの対比で、「日本の小作争議や農民運動が、素朴で規律的で穏やかだったこと」（同）を強調している点を見ておこう。確かに、中国やベトナムと比べればそうだろう。「日本の小作争議では死者が出たこともないし、軍が動いたことがない」（p.242）。それは、「日本における地主小作間の強い信頼関係は、小作争議や農民運動が激しい形態へ展開することを常に抑制した」（p.241）からであると坂根は言う。

その点に関して、筆者も次のように述べていた。「とすれば、小作料の低減がある程度達せられれば、むしろ規模拡大の条件として良好な地主小作関係こそが必要であろう。村外の大地主に対してならともかく、村内のムラの成員である地主に対してはなおさら、小作争議の継続はムラでの生活を不愉快にするものとして『内済』による収束への力がお互いに働いたものと考えられる」（玉 1996：p234）。

しかし、これはあくまで1920年代に西日本で発生した小作料関係の争議についてである。これが東北のような「貸し手優位」が強く維持された地域における争議の場合には、町の有力者が調停してもなかなか決着がつかないものが多数あった。東畑も零細地主について、「これら小地主はその所得の程度においても村の上層の自作農に劣るものもあり、小作人の間に特質せらるべき大なる社会的隔離もない」（東畑 1947：p.63）。なので、「小作争議になると両者側相坐して黙々暗い室で行われ争議は屢々何合何勺の軽減論議に至って面々とつきるところを知らない有様である」(p.65) と表現していた。

それは特に、1930年代の耕作権をめぐる小作争議で深刻となる。筆者も「1930年代の小作争議には、生活水準の変わらない農家間で互いに生活をかけた紛争が多数含まれていたところに最も重要な特色があった」(玉 2006：p.148) という指摘を行った。坂根 (2014) は、なぜか1930年代の小作争議に言及していないが、それはおそらくアジアとの対比で地主小作関係を「信頼関係」で塗り込めてしまったために、1930年代の小作争議を説明することが難しくなったからではないのだろうか。

以上のように、坂根 (2014) の「地主制」論は、かつての「講座派」系譜の「地主制」論に対して新機軸を打ち出すために、意欲的な議論を展開するものであった。３つの論点に即して結論を述べるなら、第１に、アジアとの対比では、アジアに対する日本の優越性を示そうとして、日本の「家＝単独相続」と「村＝信頼関係」を過剰に際立たせるものとなっていた。アジアと比較すれば坂根の主張がある程度妥当性を持つことを筆者も否定しない。しかし、坂根の場合は、日本の優越性を際立たせるために地域性を無視した一面化が顕著であった。

第２の地主小作関係については、なんと言っても農業市場を通して「資本主義と小農」を市場関係で捉える視座が欠落しているために、せっかく農地貸借市場をめぐる地主小作関係という認識に到達しても、地主小作関係が拡大するメカニズムや高率小作料のメカニズムは説き明かせていなかった。第３の農家相続については、十分な検証なしに「『家』の固定性」を主要な根拠として日本農業を描いたために、商業的農業でも、小作争議でも、農村の窮乏でも、とりわけ第１次大戦以降に日本農業がたどったダイナミックな展開が「安定性」と「信頼関係」というきわめて静的な姿に塗り替えられてしまっていたのである。

そうだとしても、次の点だけは明確である。すなわち、かつて坂根が「地主制」を階級関係として論じていた『戦間期農地政策史研究』(坂根

1990b）のときに比べれば[27]、坂根と筆者の認識はずいぶんと近くなったということである。

注

（１）これは「小経営的な農業」を言い換えたものである。

（２）この「日本農業の基層構造」という言葉を明確に使用したのは、玉（2006：第９章「『農家』概念の再検討―小経営的生産様式としての日本農業―」p.172）である。

（３）前章で述べたように、小経営は農家、林家、漁家を含めた少し広い概念であるため、ここからは主な対象となる農家を使用する。

（４）自小作農の論理は、東浦庄治や宇野弘蔵が指摘したものである。自小作農は、「その全生活が小作地の上に置かれないために」、「過剰労力を使用すべき機会の獲得のために、その付加部分における利益の僅少に考慮しない」のである（玉 1995：p.41、及び第３章）。

（５）とはいえ、坂根（2014）においては、「新制度派経済学」の枠組みとはどのようなものであり、従来のマルクス主義とはどこが決定的に違うのか、についての論述は見当たらない。

（６）アジア農業もまた家族の紐帯を基盤に展開されているという意味で、小経営的生産様式と筆者は捉えている。

（７）ちなみに、この時の第４報告が坂根嘉弘「近代日本地主制・地主的土地所有に関する回顧と展望―福岡県の事例を中心に―」であった。

（８）さらに「地主的地主」は生活程度が小作人と隔絶していて、その分小作人と「温情的関係」を結んでいたが、「零細地主」は小作人と所得程度も大差なく社会的懸隔もないために、争議は妥協が難しく長期化を免れ得ないし、不況となれば「自作農の予備軍」となる存在であると、両者の性格の違いを強調したのである。

（９）実際、山田（1934）は、「我国にはロシアやドイツにあったような大地主がいない」という猪俣津南雄の真っ当な主張を「土地所有の性質を規定するものは、その所有の大小ではなくてそれに体現せられた生産様式＝搾取様式の性質」であると一蹴していた（p.176）。

（10）暉峻（1997）は、「それは、農業における基本的生産手段である土地が地主の手に集積所有され、逆に小作農はそれから排除されるなかでの地主小作関係であり、この両者のあいだで小作料＝剰余の収取関係が展開されたという点では、明らかに階級関係であったというべきではないか」（p.35）と、小作料を借地料としてではなく、山田盛太郎と同様に剰余の搾取と捉えていた。

（11）筆者も、玉（2006）第７章でほぼ同様のまとめをおこなっている（pp.119-

123)。

(12)かつてこの問いが流行したのは、明治100年（1968）の頃であった。そして、2018年が明治150年であることが、この問いの再登場と関係するのだろうか。それとも、「新制度派経済学」の発想なのだろうか。

(13)栗原（1974）は、第1章「農家戸数の構成」で国際的考察として、イギリス、ドイツ、フランス、アイルランド、アメリカ、そして中国と日本の対比を行っている。その中で、フランスを西欧の小農制＝小土地所有制の古典的地域として位置づけ、「前世紀末においては漸次両極的分解傾向を示しつつあったのであるが、今世紀に入るや10ヘクタール未満の小農層および50ヘクタール以上の大農層はいずれも分解するに至り、10ヘクタール以上50ヘクタール未満の中農層のみひとり増加しつつある」（p.62）という中農標準化傾向を検出している。他方、「中国においては農業恐慌が文字通りの農業生産危機として作用し、一方の極に地主層が聳立し、他方の極に貧・傭農を集積するという農業衰退的な動態的構成を示しつつある」（p.69）と、地主小作関係の拡大を指摘していた。

(14)その論理は次のようなものである。「地主制が発達するには、地主が安心して小作農に土地を貸し出せる環境が必要になる。小作農による小作料の支払や小作地管理に不安が残るという状況下では、地主は小作地を貸し出すのを躊躇する」（p.231）。坂根は地主がいくつかの選択肢から貸出を選択したかのように言うが、日本の農民的小土地所有の下での明治期に急増した地主小作関係は、もともと小農家族が耕作する農地の売買から生じているのではないか。

(15)ちなみに筆者も、「この時、大地主が増加していくのは、産業化、都市化に並行して米価騰貴が進み、土地利回りの上昇から農地が有力な投資対象となったからである」（玉 2006：p.145）と指摘している。

(16)大内力が指摘しているように、例えば日本海側の水田単作地帯は、単作と天災による小農民経営の不安定性ゆえに商人系譜の巨大地主が発生し、他方養蚕地帯は「養蚕その他の副業・兼業によって零細な経営の成立が比較的容易であるために、一挙に農民が土地を失うことが少ないため」（大内 1957：p.146）に中小地主が多かった。つまり、地主小作関係の地域的な特質も、小農経営が置かれた農業条件や市場対応に規定されていたのである。

(17)坂根はここで、「従来の大地主分析からする小作人像は、一地主が一小作人の耕作地のほとんどを貸していたようなイメージが強いが（小作側の小作料台帳に依拠したため）、実際にはそうではなかった」（p.239）と、あえて述べて、自己の「散掛小作」の指摘を研究史上の新たなる発見のごとく印象付けている。筆者の研究はさておくとしても、最も基本文献といえる東畑（1947）を先行研究として参照しないことは、杜撰の誹りを免れないだろう。

(18)平坦部の小作人は、1農家平均2反を2.5人から5反借りているのに対し、古地では1.2反×3.8人＝4.5反、山間部では0.6反×4.9人＝2.9反であった。反対に地主は、平坦地で平均4.5人、古地3.7人、山間部7.8人に貸していた（玉 1996：pp.222-223)。

(19) ちなみに、坂根（1999）は、表１で筆者と同じ太田（1958）のデータから小作期間の長期性を論じていた。

(20) この問題と関連して坂根は、先に引用したように「地主制（地主小作関係・土地貸借市場)」(p.231）と「土地貸借市場」を括弧書きで付加している。しかし、「地主制」と「土地貸借市場」がイコールであるかどうかは正面から問題にすべき論点の１つだろう。

(21) だからこそ筆者は、「地主制」という言葉は放棄して、農家世帯＝小経営とその土台として農民的土地所有という概念を使ったのである。「実際、５百万を超える農家世帯の中には、たとえば、子供が居ないとか、老齢化したとか、働き手が病気になったとか、家族労働力に対して余剰農地を持つ農家世帯も稀ではなかった。つまり、ライフサイクルを含め、多くの農家世帯の所有規模と家族労働力にはアンバランスがあったのである。その意味で農地貸借＝地主小作関係は、こうした農民的土地所有の下での家族労働力と耕作農地との社会的アンバランスを調整する上で不可欠のものであった」(玉 2006：p.128)。

(22) 小作地に流動性があり、そこに競争関係があることは、『徳島県農地改革史』の次の記述からも明瞭である。「小作地いうものが極めて多数の地主によって所有され、多数の小作人に貸借せられた結果、小作人は相互に相競うて小作地の入手に努力し、結果は小作料のせり上げとなり、地主をして座して漁夫の利を得させめる」(佐藤 1996：p.12)。

(23) 筆者は、その点も一貫させている。農地買収対象の地主数が「244万戸という数から言っても、同様な境遇の零細地主は少なくなかったし、彼らの農地改革に対する恨みも十分に理解できる。また、占領終了と同時に日本農地犠牲者連盟が組織され、国家賠償を求めたことも、『地主反動』として断罪するのは評価として酷である。そこには、地主を階級敵として弾圧した社会主義国と同じ誤りがあるのかもしれない。だから、農地改革には、零細地主の名誉の復権という課題を含めた反省が必要である」(玉 2006：p.152)。

(24) 斎藤（2009）は、友部（2007）の提起した近世における土地貸借市場の産物としての地主小作関係について検証を行う過程で奥州下守屋村の事例を紹介し、そこでの土地貸借市場の約６割が血縁者間の土地取り引きであり、その多くは分家創設時の借地の土地分与から生じたものと推定している。斎藤はそうした血縁などの「種々の関係性」を確認した上で、土地貸借が生産要素市場として機能していたという評価を行っている。なお、筆者も市場関係としての地主小作関係という言葉を、それが形成されてくる過程で血縁やムラなどの「種々の関係性」が当然のように絡みついたものとして使っている。

(25) この人口増加について坂根は、「近代日本の人口増加は、アジア諸地域と比べるとモデレートであった」「このモデレートな人口増加を規定したのは、『家』制度とその下における農業生産力の上昇であった」（p.229）と、ここでも「家：単独相続」論で説明している。しかし、1920年代の東北地域は平均で人口増加率が２％に達しており、決してモデレートとは言えない。ここでも坂根は、全国平均という表面的な数値で議論を展開し、地域性にまったく踏み込んでいないのである。

(26) 西日本は、元々、東北などと比べて耕地拡大の余地がほとんどなく、経営規模も狭小であったことを考え合わせれば、分与された農地は小さかったに違いない。

(27) この時の坂根の議論を批判的に検討したものとして、玉（1992）を参照。

[『農業史研究』第31・32号、1998掲載の拙稿「地主小作関係：階級関係か、市場関係か、迫られる視点の転換」をベースに全面改稿]

第3章

1934年の東北大凶作と郷倉の復興
―岩手県を対象地として―

第1節　はじめに

この章では、昭和恐慌下の東北を襲った自然災害が農業および農業政策に与えた影響について考察する。これまで、近現代の農業問題研究において自然災害を対象とした研究は、ほとんど見あたらない。しかし、小経営的な農業にとって、市場経済の変動とともに自然災害も経営にとっての大きな脅威であった。とりわけ、わが国のような自然災害が頻発する国における農家は、常に自然災害と背中合わせでの暮らしであった。

この点に関して筆者は、かつて「日本のムラ―その固有の要素と普遍性―」という論考で、「ムラは天災が頻繁という風土ゆえの切実さから『生活保障』を第一義としている」（玉 2006：p.107）と論じていた。これは、「家の生活保障の補完」という有賀喜左衛門のムラ規定を、自然災害が頻繁な「日本の風土」という観点から補強し、「生活保障の単位」としてのイエとムラの主体性に言及したものであった。

イエとムラはいずれもわが国の小経営的な農業の特質として、しばしば論じられてきた。筆者もまたそれを日本の小経営的生産様式における個性と捉えてきた。その形成には太閤検地や石高制、村請制が関係することはいうまでもないが、自然災害の頻発も「生活保障の単位」であるという意味でイエとムラという社会関係を維持存続させる力になったと考えることもできる。実際、東日本大震災の後、ムラが共助の仕組みとして再評価され、再度結合を強める取組もなされた。

この章は、こうした仮説をもって、特に自然災害とムラの関係について考察してみることにしたい。分析の対象とするのは1934（昭和9）年の東北大凶作である。この大凶作は、昭和恐慌に呻吟する東北農村をさらなる困窮に陥れたものとして、常に言及されてきた。しかし、それ自体を対象とした研究は見あたらない[1]。その一方で、この時期のムラについては、「恐慌克服の基本的動力が強く部落に求められたことに注目しなければならない」（暉峻 1984：p.170）と暉峻衆三が述べているように、農村救済策との関わりで刮目されてきた。すなわち、農民を「対地主・対独占の階級闘争の方向にではなく、部落ぐるみの自力更生運動へと動員」（同：p.174）するものとして、ムラは利用されたというのである。

しかし、ムラに依拠した農村救済策を、「統合と動員」という政治意図だけで評価するのには疑問がある[2]。というのも、1930年代は資本主義の世界的な危機であり、その危機の深刻さゆえに国家による市場介入とその組織化・制度化が展開された時代であった。それは今から見れば、新自由主義が批判してやまない資本主義の論理から外れたものだった。その意味で農村救済策も、農村の危機克服のために国家が資本主義の論理から外れたムラの論理を活用せざるを得なかった、と見る方が適切なのではないか。

その意味で重要なのは、農村救済策に活用されたムラの論理とは何であり、自然災害がそれにどのように関わったのかを具体的に分析することである。この章では、1934年の大凶作で最も深刻な被害を受けた岩手県を対象地として[3]、農村救済策として取り組まれた郷倉の復興に分析の焦点を当てる。管見の限り郷倉の復興に触れた研究は見あたらないが、それはまさにムラ活用の具体例だったのである[4]。

以下では、まず1934年の凶作が政府を動かすまでの経過を概観した後、凶作に対する時代の理念を特徴づけ、続いて郷倉の復興について考察し、最後にその効果についても若干の検討を行うこととしたい。

第２節　1934年

１．冷害・凶作の概況

1934年の北海道・東北は、早春に降雪多く４月末にも降雪があって田植えが遅れた。その後生育は回復するかに見えたが、７月に入ると豪雨に始まり、気温も低下して、「稲の生育上最も重要なる７・８両月及び９月上旬に至る間低温・多雨・寡照の悲観すべき気象状態を継続した」（岩手県 1937：p.1）。また、この多雨・寡照が稲熱病を蔓延させることになった。

これは、オホーツク海高気圧が晩夏まで停滞し、この高気圧部より湿潤な冷気、いわゆる「ヤマセ」が東北地方を襲い、また西からの低気圧がこれに押されて停滞し、梅雨のような気圧配置が継続したからであった。北海道・東北の中でも岩手県の被害が最も大きかったのは、この北からのヤマセと南の長雨に岩手が挟撃されたからであった[(5)]。

この年の岩手県の日照時間は、平年より７月は69時間、８月は39時間、９月は43時間少なく、７月と９月のそれは1905、1913年の冷害年を下回っていた。同様に気温についても、「稲生育期間中最も重要な時期たる７月中旬（11日）より８月中旬（15日）に至る間は（平年より…玉）4.6度の低温を見、大体に於て近年の大凶作たる明治38年に比し尚著しい低温であった」（岩手県 1937：p.3）。

表１のように、岩手県の減収見込割合は50.9％で東北６県中最も高く、調査時点が９月10日であることを考慮すると実際の比率はもっと大きかった[(6)]。また、５割以上減収の面積は33,411.6町（55.2％）に達し、地域的には県北部と沿岸部が特にひどく、県北の二戸郡では収穫皆無が30.6％、上閉伊郡では36.1％、県南沿岸部の気仙郡では28.1％にも達した（帝国農会調査部 1934：p96）。

表１　冷害地被害概況

県名	調査日	作付面積（町）	被害面積（町）	被害面積割合（％）	減収見込数量（石）	減収見込割合（％）	被害金額（千円）
青森県	9 月 30 日	69,058.7	69,058.7	100.0	458,000	41.0	13,836
岩手県	9 月 10 日	60,418.8	60,184.7	99.6	576,313	50.9	13,758
宮城県	9 月 30 日	95,796.0	95,796.0	100.0	841,051	45.5	21,867
秋田県	9 月 20 日	106,121.2	89,354.1	84.2	441,454	21.6	11,469
山形県	10 月 1 日	95,930.0	92,470.0	96.4	770,931	37.0	19,273
福島県	9 月 21 日	99,767.6	90,326.6	90.5	538,244	29.5	12,377
合計		527,092.3	518,181.4	98.3	3,656,768		94,601

原注：右調査は各県又は県農会に於て調査せるものを、本会に於て集計せるものなり、但し県又は県農会の調査書中減収見込割合の記載なきものありたるにつき、その分につきては最近五カ年の平均実収高を基礎として、本会に於て之を算出せり。
尚、本年の如き凶作の場合にありては時日の経過するに従って程度もまた拡大するの傾向あり、従って実際の被害程度は右数字より大なるものと推察されり。
注：帝国農会調査部（1934）より。

２．農村の窮乏と社会の動き

９月に凶作が決定的になると、東北６県知事は10月２日に東京で会議を開き、冷害対策案並びに東北地方振興案を決定して、３日に岡田啓介首相、山崎達之助農林大臣ほか関係大臣を回って支援を懇請した。その時、農林省は、当面の飢饉回避のため政府米払い下げの意向を６県知事に内示している（岩手県 1937：p.156）。

しかし、政府の凶作対策が本格化したのは、東北農村の窮状を伝える新聞報道が世論を動かした後だった。東京朝日は５人の特派員を凶作地に送り、10月12日から11月１日まで19回にわたってルポルタージュ「東北の凶作地を見る」を連載した。第１回（10月12日）は「岩手の欠食児２万４千」の見出しで、「12月に入っては５万を超ゆる見込み」と伝え、第２回（13日）は「農山漁村の借金苦、飯米買入に身売続出」の見出しで、東西磐井「両郡下から芸娼妓、女給、女中に転落したもの197名、その身代金は50円から精々200円止まり」と報じた[7]。

この時点で東北大凶作は、「欠食児童」と「娘の身売り」に代表される社会問題として、各紙が「凶作哀話」の報道を競い合うものとなった[8]。これに敏感に反応した全関西婦人連合会は、「欠食児童給食資金募集」を決議し、11月8、9日を皮切りに西日本の主要都市で街頭募金を開始した。東京でも愛国婦人会、基督教婦人矯風会、東京真宗婦人会が中心となって街頭募金を展開し、これらを通じて東京大阪朝日新聞が集めた義捐金は、64万344円に達した（東京大阪朝日新聞社 1935）。

こうして1934年の暮れには、「今や全国の視線は東北六県の上に集まって居ると申しても過言ではありません。総ての人が非常に同情を以て東北の皆さん方の現在将来を考えて居るのであります」（農林省経済更生部 1935：p.7）と言われる状況が生まれた。そうした世論に押されて政府も凶作対策を本格化することになったのである。

3．凶作対策の開始

10月3日に東北6県知事が連名で行った申請書は、「政府所有米の払下」と「救済土木事業の起工」を2本柱として、16項目の応急対策が列挙されていた（岩手県 1937：pp.26-28）。その中には、この年に終了予定の時局匡救事業の延長も含まれていた。

岩手県では10月15日、石黒英彦知事が職員を一堂に集めて冷害凶作に対する県治の方針を指示し、26日には県民向けに「告諭」を発布した。それは、「自奮自励」を強調する一方で、「県下総動員総協力」により「本県振興の一大契機たらしめん」と、応急の救済だけでなく、この冷害を地域振興の契機とする企図が示された（同：p.137）。11月9日には庁内に冷害対策事務局を設置し、町村には町村臨時冷害対策委員会の設置を推奨した。

一方、政府は、10月3日の東北6県知事の要望を受け、「8月の風水害に依る大阪米穀事務所管内に於ける被害濡米70万俵を、廉価且つ1カ年延納の条件を以て6県に分配する」（同：p.156）ことにした。これを受け岩手県は、各町村より希望数量をまとめ、10月13日に届いた第1次分36,300俵の配分を行った。政府は続いて11月19日の閣議で、諮問機関として東北振興調査会の設置を決定した。これは、「政府が正面切って東北問題をとりあげた最初のもの」（西川 1955：p.444）といわれ、応急対策はもちろん、さらに進んで恒久的対策の検討も意図したものであった[9]。

11月27日からは、凶作対策を主な議題として第66回臨時議会が開催され、災害関係予算とあわせ、「政府所有米穀の臨時交付に関する法律」が審議され、12月17日に施行された。また、12月26日には東北振興調査会の官制が公布され、東北大冷害への対策が応急対策はもちろん恒久対策についても議論されることになったのである。

第3節　恒久対策のビジョンと実態

1．恒久対策のビジョン

この大凶作に対して農業経済学者は2つの反応を示した。大御所の橋本伝左衛門は、「自然的災厄と本邦農業」と題して、技術進歩が農業生産力を高める反面、逆に作物の抵抗力を弱め自然災害のリスクを高めるとして、「農業に於ては、自然的災厄は如何に技術が進歩しても到底之を免がるゝことは出来ぬものと覚悟しなければならぬ」（橋本 1934：p.129）と述べた。ある意味で、農業の根源的な性格に目を向けたのである[10]。

これに対しマルクス経済学者の近藤康男は、「東北更生の道」と題して、産業組合の未発達を例にあげ、「思ふにこの非協同性こそ東北を特色づける半封建性の産物ではなかろうか。商業化し企業化した関西型農村と、退嬰的な東北農村との差は一に懸かってこの点にある」として、「封建的残滓の犠牲に於て勤労農民の強化、ここに東北農村の生きる途があると私は信ずる」と述べた（近藤 1935：pp.84-86）。

同様に近代経済学者の東畑精一は、「東北の振興とは何ぞや―経済問題としての自然災害―」と題して、「自然の変動」も予知し得て適応できれば災害にはならないとして、「答えは極めて簡単」で、問題は東北農民が変動に適応するだけの「富乃至資本の蓄積を有していない」ことだと言う。だから、東北振興の根本命題は「東北地方特有の条件を旧態依然として、其の上に種々雑多の対策を付加すること」ではなく、「現に東北に在るところのものを奪い去る所に初めて真の東北の振興の端緒が開かれる」と述べた（東畑1935)。

両者に共通しているのは、自然災害も元を正せば「遅れた東北」、とりわけ封建遺制や経済開発の遅れが原因の根本であるという認識である。したがって、対策の基本も地主や前期的商人等の封建勢力と伝統的な社会関係をまず破壊・排除して、そこに農業の商品経済化と産業化を徹底して推進することであった（私は、これを「産業化ビジョン」と呼んで批判してきた（玉1994))。ムラなどは、封建遺制の最たるものであり、排除の対象と考えられていたことは言うまでもないだろう。

このように、農業の自然支配の限界に目を向けた橋本に対して、世代的に若い近藤・東畑が立っていたのは、戦後を覆う「近代化」「産業化」のパラダイムである。それは、人類の進歩や科学の発達に過度の信頼を寄せる啓蒙主義と言ってもいいかも知れない。戦後、自然災害の歴史研究が等閑視された理由も、近藤・東畑の主張からある程度うなずける。要するに、昭和戦前期は、社会科学におけるパラダイムの転換期だったのである[(11)]。

２. 人口増加と過度の開発

では、「遅れた」岩手県農業の実態はどうだったのか。１つは、人口増加である[(12)]。**表２**のように、岩手県の人口は、30年間で37％も増加し、特に第１次大戦後の増加が急である。それに呼応するように農家数も増加し、中でも急増しているのは小作農である。これは、農家の子弟が小作地を得て小規模に分家する事態を推測させる。

表２　岩手県における人口と農家数の推移

	人口（人）		総農家数（戸）		自作（戸）		自小作（戸）		小作（戸）	
1910（明治43年）	801,800	100	92,952	100	38,408	100	369,97	100	16,877	100
1920（大正９年）	845,540	105	95,885	103	40,583	106	378,30	102	17,472	104
1930（昭和５年）	975,771	122	105,708	114	39,942	104	445,26	120	21,240	126
1940（昭和15年）	1,095,793	137	112,651	121	42,558	111	452,46	122	24,847	147

注：人口は梅村他（1993）及び国勢調査。農家数は、加用監修（1983）より。

表３　水稲作付面積（５カ年平均）の推移

	５カ年平均作付面積（町）			
	岩手県	伸び率	全国	伸び率
1891－1895（明治 34－38）	49,158		2,726,365	
1896－1900（明治 39－43）	49,236	0.2%	2,776,543	1.8%
1901－1905（明治 44－大正４）	49,916	1.4%	2,803,655	2.8%
1916－20（大正５－９）	51,127	2.4%	2,896,259	3.3%
1921－25（大正 10－14）	52,769	3.2%	2,997,044	3.5%
1926－30（昭和１－５）	55,386	5.0%	3,062,060	2.2%
1931－35（昭和６－10）	60,012	8.4%	3,072,876	0.4%
1936－40（昭和 11－15）	61,914	3.2%	3,047,132	－0.8%

注：加用監修（1983）、加用監修（1977）より作成。

第１部で見たように、人口と農家数が急増した東北に対し、中部や近畿では1910年代以降、出生率が低下し、都市への流出も進んで農家戸数が減少し、とりわけ小作農の減少が顕著であった。まさに東北と関西は、借地の需給関係が真逆であった。東北の困窮の考察にあたっては、この借地市場・農地市場の需給関係を踏まえなければならない。

２つ目は、過剰な水田開発である。**表３**は稲作作付面積の５カ年平均伸び率である。岩手県は1920年まで全国を下回っていたが、以後伸び率を高め、昭和恐慌期の1931～1935年は8.4％という高率になった。これは、米騒動後の政府の食糧増産政策、とりわけ1919年施行の開墾助成法によるものである。1920年に2,122円であった岩手県への開田国庫補助は、1926年には５万円を超え、1930年には28万６千円へと激増している。耐冷稲作技術が未熟な中で、国の補助金による開発が1934年の冷害を深刻にしたのであった。

３．小作制度

もう一点、岩手県は、名子制度、刈分小作などの存続により、地主小作関係が最も「遅れた」地域とされてきた。しかし、注目すべきは、「今次凶作の被害の最も甚大であった地方が、主として名子制度、刈分小作其他の特殊慣行の普遍的な地方であった」（帝国農会 1935：p.281）ことである。

名子制度は様々な起源があるが、基本的に地主に対して賦役を伴う隷属的な小作関係である。これを冷害が頻繁という風土から考えると、隷属関係であるゆえに名子の生活保障は地主の負担となる。そのため、「一面に於て最近の経済不況にありては、却って名子制度は小作人にとりて有利なるものとされている」（同）との指摘もある。

一方、収穫物を地主小作間で定率折半する刈分小作は、「今次凶作被害の最も激甚なる地方とこの慣行の分布が殆ど完全に照応する」（同：p.287）とされた。これも、次の指摘がある。「凶款による危険の地主小作人の共同負担、従って又共通利害による両者の精神的結合、分配率が一定なるため小作料減免の交渉が一般に行われざること、収穫物を小作料とするため品質に関する紛争の無いこと等によって小作争議が殆ど絶無であることは長所として挙げられるであろう」（同）。

要するに、特殊小作慣行が残存する理由も、小作争議が少なかった理由も、この災害が頻繁するという岩手県の風土が深く関わっていたのである(13)。

第4節　内務省による郷倉の復興

1．内務省による部落政策の転向

以上を踏まえて、凶作対策として登場した郷倉の復興について検討する。それは11月7日、東北地方の大凶作に対して御下賜金50万円が内務省に下されたことに始まる。後藤文夫内務大臣は、直ちに首脳部会議を開いて「東北6県の町村に郷倉を設けて同地方町村の更生振興をはかることを決定し」、「御下賜金により東北においては郷倉を欠く町村を皆無ならしめ」（『大阪朝日新聞』1934年11月8日）るとした。

ところが11月24日には、郷倉は町村ではなく「各部落毎に設置」に変更された。予算も御下賜金に追加して増額され、建設数も約1500から4700に増やされた（『神戸又新日報』1934年11月24日）。もちろん、部落数ははるかに多いことから、「郷倉建設の部落選定に当たっては単なる認定主義によらず多角的農業経営の困難なる貧窮部落に重きを置く」（同）とされた。

この町村から部落への変更について、雑誌『農業』には次のようにある。

「この郷倉を『村』におくか或いは村内の各『部落』に設けるかにつき慎重研究中だったが過般内務省が招集した第１回全国農務課長会議の意見を尊重して結局町村を無視し各部落ごとに設置することになった、内務省が西洋流の自治単位たる町村を抛棄し日本古来の習俗たる部落を再認識したことは内務省の農村社会政策上の大転向であり非常に注目されている」(『農業』1935、650号：pp.88-89)。

この点については、内務省の調査資料『東北地方に於ける郷倉の概況』も、「結語」で以下のように述べる。「部落に郷倉の管理、そして実質的には財産の所有を認めることは従来の地方自治制に対する一大異例と言はねばならぬ。従来の村政が動もすれば形式的に走り、真の農村の政治組織として果して適当なるものであるかを更に反省せしめるものである」(社会局職務課調査係1935：p.87)。

ここで「従来の地方自治制」とは、1889年４月に施行された町村制のことである。以来、内務省は行政機構の末端は町村であるとして、森林等の部落有財産の整理、すなわち「部落と区から財産を取り上げて市町村に編入するとともに、部落の自治組織を解体させることを推進した」(北條 2002：p.9)のであった。つまり、郷倉の復興は、内務省のそれまでの部落政策の根本に抵触するものだったのである。

２．郷倉の機能

では、内務省の政策を転向させた郷倉とは、いったいどのようなものか。一言で言えば、自治的に運営される備荒貯蓄倉庫である。その歴史はきわめて古く、紀元前の中国まで遡るが、日本では江戸時代に諸藩の奨励で広く普及し、明治になってからは廃れてきたものである。その機能の第一は、言うまでもなく凶作への備えであり、凶作時には備蓄した米を放出して窮民に貸付や給付する。ただし、内務省が着目していたのは、むしろ平時の機能としての飯米貸付であった。

先の調査資料も飯米問題を冒頭に挙げる。「即ち農家総戸数に対し米作者購買戸数は40.3％を占め、1戸平均3石3斗4升を購入して居る」。米作収入が全収入の過半を占める農家ですら、13.4％が1戸平均2石6斗3升購入しており、「購買は4月頃から漸増し7、8、9月頃が最も多い」（社会局職務課調査係 1935：p.6）のである。

これは、「新穀出廻りの米価低廉なる時期に収穫米を売却し之が騰貴を見たる時購買せざるを得ざる」（岩手県経済部 1935：p.3）という実態であった。しかも、前年実施の米穀統制法により、「現金に餓えている農民は出盛期において最低価格による買上げを干天に慈雨とばかり売急いだ結果、米作者の手持飯米は例年よりも早く払底し」、「例年の飯米不足よりも一層矛盾した重大な社会現象」（『大阪朝日新聞』1934年5月21日）を生じていたのである。

これに対して、郷倉は飯米貸付を行う。その際、世話方や部落委員会などが銓衡を行うが、「此等の審査は多く形式的のものであつて、毎年の例に依り申込通り貸付けるが実際の状況である」。期間は様々だが、早いものは4月から遅いものは二百十日頃に熟作を確認した後である。一方、返済は10月下旬から12月までに新籾で行い、「返済に当つては利石（利籾）を附するを通例」とするが、籾で借りて籾で返すことで米価の影響を免れることができる。また、その利石が郷倉の維持管理費や共同貯蓄に当てられるのである。

このような意味で郷倉は、「農民に対し最も有効な飯米供給方法である」というのが内務省の結論であった。内務省の調査資料も「郷倉の効果」として第一に経済的効果、第二に「隣保相扶の思想を助長」し、「勤労貯蓄の美風を涵養する」「精神的効果」を挙げていたのである（社会局職務課調査係 1935）。

こうして、「一見従来の部落有財産整理の大方針に背馳するが如く考へらるるも、郷倉の如き施設は強固なる隣保愛に燃ゆる自然部落に依る経営を前提とするに非ずんば到底その成績を挙ぐる事を得ざるの歴史的経験に基き」、内務省は「事実上部落をして之を維持経営せしめ以て其の円滑なる運営を図らしむることと」（社会局 1936：p.22）したのであった。

３．優良事例と地方の先行

こうした内務省の判断に最も強く影響を与えたのは、青森県北津軽郡七和村の実例である。この村の郷倉は、享保 11（1726）年以来の歴史を持ち、「過去200年にわたり毎年収穫時には１俵につき２升の割合で強制的に共同貯蓄した」ため、「昨年（1931年…玉）の大凶作にも同村だけはビクともしなかった、５個の郷倉より２千余俵の貯蔵米を配給した、そして更に現金６万円を配分した」（『報知新聞』1932年８月29日）。

この現金とは、「其の年の二百十日前後が熟作だと見当がつけば、米の値が一番高い時を見計らって全部共同販売して共同貯金」（田村 1935a：p.340）したものである。青森県農政課長の田村浩[14]は、「貨幣経済の発達した今日では昔のように永年貯穀を必要としない。それが昔時の郷倉制度と異にするところである」（同）と説明している。

この事例を、「後藤前農相、東前農林政務次官、丹羽前社会局長官、三宅前経済更生課長等の名士は昭和７年中に、最近では守屋農林政務次官、石黒農林次官、富田、川西社会局両部長が視察され、何れも賞賛された」、さらに、「内務省では安井地方局長が私を招致し多忙の折から三時間に亘り説明を聴取」（同）したと田村は紹介している。

この事例を基に青森県では1933年に、郷倉を「大字単位として880部落に３箇年計画で建設し10箇年を１期として１千万円の換貨の富殖を企画した」。それに刺激され、「岩手県等に於ても設置奨励された」（社会局職務課調査係 1935：p.74）。翌1934年には、山形県でも「上杉鷹山公の備荒貯蓄以来百数十年間継続施行している部落もある」として、「恒久策として農村の経済更生施設の一部に備荒貯蓄を編入せしむべく明年度予算に奨励費を計上する」（『中外商業新報』1934年10月23日）とした。

1934年の内務省による郷倉復興の決断は、1931年の凶作に対して既存の郷倉が示した実績と、それを受けた地方行政の先行施策を踏まえたものだった。

第５節　農林省による米穀政策と郷倉

１．籾貯蔵案と国有倉庫

一方、農林省が直面していたのは米価問題であった。1930年の米価惨落は恐慌のためだったが、同時に、朝鮮、台湾産米増殖計画を含む農林省の米増産政策によってもたらされた構造的過剰の結果でもあった。すでに農林省は、1921年の米穀法以来、米価維持のための市場介入を行っていたが、昭和恐慌はその限界を白日のものとし、いよいよ米価公定に踏み込んだ米価管理に追い込まれた（玉 2013a：第３章）。

最高・最低米価を公定し、無制限に売渡・買入を行う米穀統制法は、1933年３月に公布され、11月に施行されることになった。しかし、この年は７千万石を越える記録的大豊作が見込まれ、農林省は統制法を補強する方策を迫られることになった。そこで浮上したのが減反案と籾貯蔵案の２つである。ただし、前者は政府内でも反対論が多く、結局は奨励金で内地５百万石、朝鮮３百万石を民間倉庫に貯蔵させる籾貯蔵案の実施となった（『大阪毎日』1933年10月９日）。

その際、民間の籾貯蔵を増やすため国有の倉庫を全国に建設することについて新たな論議が生じた。というのも、「最初の案においては都市集中主義をとり、収容力10万石の大倉庫を全国各府県に60ヶ所建設する」ものだったが、政友会が「専ら隣保共助の精神により町村または部落を単位とする籾貯蔵組合を組織せしめ、備荒貯蓄ならびに相互共済と米穀供給調節との作用を兼ね行わしめんとする」（『大阪毎日新聞』1933年11月８日）案を提示して政府を批判したからである。

この批判を受けて政府も、倉庫建設を大都市に10ヶ所、中都市に40ヶ所、さらに全国町村に小倉庫1,400ヶ所に変更した。ただしその場合でも、この小倉庫は「一切政府の管理に属せしめ」るもので、『大阪毎日新聞』は「自治的管理の方法によったのでは、徹底した籾の貯蔵管理が到底行えぬことを覚ったためであろう」(1933年11月8日) と報道している。

つまり、内務省より遥かに部落を理解する農林省であっても、倉庫建設の分散化と小規模化までは許容できても、隣保共助の精神で町村や部落等に国有倉庫を自治管理させるところまでは踏み込めなかったといえる。

2．政府米交付と郷倉

第66臨時議会 (1934年) で成立した「政府所有米穀の臨時交付に関する法律」は、「応急恒久両方面の効果」(農林省米穀局 1935：p.1) を目指すものだった。すなわち、応急策としては、東北6県及びその他の冷害・水害等の被害を受けた地方について、①米の収穫高が平年の半ばに達せず、②冬期間応急土木工事の施行困難な市町村に対し、50万石の範囲内で政府所有米を交付して凶作による飢饉を防ぐ。一方、恒久策としては、交付した市町村に対し5年以内に交付した米穀と同数量の米穀を備荒貯蓄する義務を課し、将来に向けた備荒施設の基礎とするものだった。

この応急策と恒久策をリンクするのが郷倉である。市町村は、交付された政府米を貸付又は交付を行い、貸付に対しては翌年から5分の1ずつ返済させ、部落管理の郷倉に貯穀させて法律の義務を果たすのである。なお、その他の県とは、この年同様に災害を被った北海道ほか10の道県であり、東北だけでは不公平との批判で加えられた。ただし、東北6県は国費で郷倉が建設されるが、これらの県は倉庫建設への助成だった。

この法律は、原案の発表早々に論議を呼んだ。前年の豊作で政府米在庫は十分だったが、凶作予想から米価はじりじり値を上げて10月には標準最高米価に近い30円を超えた (櫻井 1989：p.140)。このために、「昨年来農林省のとり来った高米価政策は今や都市消費者大衆の怨嗟の的」となり、政府米交付は「都会地にも必要」とする議論が巻き起こったのである (『大阪時事新報』1934年11月18日)。

さらに政府の米穀局顧問会議では、東北の市町村に政府米を渡しきるのは「施米」、すなわち社会政策であり、それを米穀の需給調整を目的とする米穀特別会計で行うのは「矛盾も甚だしい」という批判も出された（同）。これに対して政府は、需給調整の大義名分は凶作地へ給付した米の返却備蓄で果たされるとして、何とか議会での質疑を凌いだのである[15]。

このように東北凶作地に政府米の緊急交付は、郷倉による備蓄を需給調整の根拠として制度としての整合性を何とか整えたのであった。

３．郷倉建設と政府米の交付

内務省社会局長官から「郷倉の設置並に奨励に関する件依命通牒」が東北６県知事宛に出されたのは、法案成立後の12月18日である。それには、「郷倉は地理的条件、利用戸数等を考慮し大体部落を単位とし市町村をして設置せしむること」、建物は部落単位の団体又は組合に無償で貸し付けることとされた（社会局 1936：p.12）。また、この通牒には、「郷倉組合規約準則」、「米穀の交付を受たる市町村の条例準則」等も添付された。

この通牒により岩手県には、1934・35年度合計で、御下賜金105,480円、国費377,080円、合計482,560円が配分された。これにより既設の郷倉140庫の改修と991庫の新設が計画された。既設には、1933年の震災対策として県が設置したものが40庫あり、旧来のものは胆振郡の58庫、江刺郡の20庫など100庫であった（岩手県 1937：p.318）。

一方、政府米は、12月25日から翌年３月にかけて交付され、岩手県には97,890石が交付された。これは、東北６県の中でも最も多い数量で、次に多い青森県の約２倍の量であった。引き渡された政府米は、法律の２つの基準に照らして県内の209町村へ配分され、盛岡市ほか28市町村は交付から外れた。

交付を受けた町村は、内務省の準則に沿って条例を作り、住民に貸付又は交付した。内務省からは、「原則として貸付に依ることとし交付は窮乏特に著しき者に限り之を認めること」、「１人当４斗以内」とすること、売買や譲渡はできないこと、などが指示されていた（農林省米穀局 1937：p.11）。

表４は、交付実績である。出典には、岩手県の総戸数が126,783戸、人口802,805人とあり、それとの対比では、戸数で66.6％、人口で70.0％が貸付を

表４　交付米貸付及び交付戸口数量

	貸付			交付			合計		
	戸数	人口	数量	戸数	人口	数量	戸数	人口	数量
地主	1,057	7,195	1,278	−	−	−	1,057	7,195	1,278
自作	28,610	200,775	34,816	89	545	22	28,699	201,320	34,839
自小作	25,236	172,321	30,795	66	345	29	25,302	172,666	30,824
小作	22,381	140,502	24,493	741	3,441	358	23,122	143,943	24,851
農業労務者	7,205	41,354	5,964	397	1,695	134	7,602	43,049	6,098
合計	84,489	562,147	97,346	1,293	6,026	543	85,782	568,173	97,890
戸数割平均以上	18,637	139,137	23,898	7	51	1	18,644	139,188	23,899
戸数割平均以下	65,852	423,010	73,448	1,286	5,975	542	67,138	428,985	73,991

注：岩手県経済部（1935）より作成

受け、同じく戸数で1.0％、人口で0.8％が交付を受けたことになる。階層別には、戸数割平均以下が戸数で78.3％、人口で75.5％、数量で75.6％を占めていた。

第６節　政府米交付と郷倉の効果

１．政府米交付の効果

政府米の交付は、東北６県知事が応急策の第１に掲げていたものであり、農林省米穀局が後に作成した資料も、政府米交付の効果を絶大であったとしている。

岩手県和賀郡藤根村の例は、総戸数470戸、人口3,083人の村に対して356.8石の政府米が交付され、「農家は干天に慈雨を見たる如く感謝し飯米の欠乏による生活の不安を除かれ安んじて生業に従事するを得将来に希望を持ち自奮自励来年こそはの意気に燃える生活を為し得たり」（農林省米穀局 1937：p.31）と記されている。

これを真に受けないまでも、単純計算で１戸当たり760合、１人当たり116合の米である。既述のように、平均で７割程度の戸数、人口に配分されたことを考えると、１戸当たりは約1,000合（１石）、１人当たりは166合程度となる。それは、どの程度の経済的意味を持ったものか。なお、藤根村には、政府交付米の前に大阪食糧事務所の濡米45石がすでに配分済みであった（岩

表５　１日の糧食量

単位：戸、合

	戸数	糧食の形態			平均		米購入	
		米のみ	米・麦	米・麦、他	１戸	１人	戸数	１戸平均
胆沢郡南都田村字都鳥中通目部落	35	1	17	17	39.9	6.5	5	348
和賀郡谷内村砂子部落	53	0	23	30	26.3	5.9	24	2,397
二戸郡田山村日泥部落（瀬ノ澤）	25	0	4	21	25.7	4.3	15	1,073

注：１）農林省経済更生部（1936b）より作成。
　　２）1934年の調査（凶作前）。
　　３）糧食量は麦、他を加えた量。

手県 1937：pp.156-162)。

それを考えるために、農林省経済更生部『農村部落生活調査』(1936b) から岩手県の３つの部落の糧食量を見たのが**表５**である。対象は、A：胆沢郡南都田村字都鳥中通目部落、B：和賀郡谷内村砂子部落、C：二戸郡田山村日泥部落（瀬ノ澤）である。農業条件は、Aが水田地帯、Bは豪雪地帯、Cは山間部で、Aが良く、B、Cと厳しくなる。それは、そのまま１日の糧食量に反映されており、１人平均は順に6.5合、5.9合、4.3合である（この数字には、混食された麦・稗等も含まれる)。１戸平均にすると、39.9合、26.3合、25.7合となる。また、米の購入に頼る戸数も、Aは５戸（14％)、Bは24戸（45％)、Cは15戸（60％）と増えていく。購入量もAは少ないが、Bは2,000合を超え、Cはこれ以外に同程度の麦を購入している。

つまり、交付米は単純に米だけ食べたとして農家１戸当たりで25日～38日分程だったことになる。ただし、下層や山間部の農家では、麦・稗を混食し、その混食割合も麦・稗が半ば程度であったことを考えると、政府米交付は下層や山間部の農家には２ヶ月分を越える飯米の供給だったことになる。

２．郷倉の効果

岩手県の郷倉建設は、1935年の雪解けをまって開始された。これらは「恩賜郷倉」と呼ばれ、造りは木造で大体10坪程度、坪当たりの建設費は約48円で、その設計は農林省が早稲田大学の今和次郎に委嘱したものだった（菊地 2007：p.54)。

表６　郷倉整備状況（1936年末現在）

	所在市町村数	団体数	棟数	坪数（坪）	収容力（石）	利用戸数（戸）
既設	56	135	140	1,251	39,177	24,965
新設	237	988	988	10,316	330,611	101,611
合計	237	1,123	1,128	11,567	369,788	126,576

注：農林省米穀局（1937）より。

表６は、1936年末における岩手県内の郷倉整備状況である。団体数は新設の欄で棟数と一致していることから、組織された郷倉組合の数と見なせる。注目されるのは、新設が政府米交付とは異なって県下１市236町村すべてであり、かつ利用戸数も県下の総戸数となっていることである。これは、郷倉の建設が返済米貯蔵義務のない市町村を含めて、比較的均等に実施されたことを推測させる。実際、最大で８庫という町村もあるが、ほとんどが町村当たり４～６庫であった。

その点は、内務省社会局の資料を見ても、「岩手郡寺田村郷倉条例」には寺田郷倉に「寺田部落、落井沢部（ママ）、権現澤部落、新田部落、野口暮坪部落」の５つの部落名が記され、同様に残る帷子郷倉、川原目郷倉、荒木田郷倉も３～４の部落名が記されている。つまり、内務省の意図は、部落を選んで建設し、部落に運営させることを想定していたが、平等性が志向される県行政、市町村行政の下では、全農家を対象になるべく均等に建設し、複数部落で１つの郷倉組合を作って運営することになったと考えられる。

複数部落となった場合に、支障なく運営できたかどうかは、気に掛かるところである。ただし、各郷倉組合は、内務省が示した準則に沿って郷倉組合規約を定めて運営されたことは間違いない点である。

その例を岩手郡滝沢村の篠木郷倉組合で示すと、第２条には、「本組合は隣保共助の精神に基づき、備荒の為穀類を積立て組合員に穀類の貸付をなすを以て目的とす」とされ、第４条には、「本組合員は、毎年12月迄に組合員１人籾１斗以上の標準を以て穀類を積立つる義務あるものとす」とある。また、第６条で組合員に貸付を行うことができるとして、第13条で貸付期日は６月１日以後、貸付額は組合員１人に付１俵（４斗入）以下、利息は籾１俵

表７　交付米に対する貯蔵実績

単位：石

	要貯蔵市町村数	予定数量	貯蔵市町村数	籾	玄米	稗	粟	達成度
1935年	209	39,156	204	35,430	59	3,286	44	96%
1936年	209	39,156	203	39,020	−	2,320	−	103%

注：農林省米穀局（1937）より作成。

に付籾２升とされている(16)。

郷倉が貸付を行うには、まず、積み立てられる必要があった。**表７**は備荒貯蓄の基礎となる政府交付米に対する２ヶ年の返還貯蔵実績である。1935年は一部町村で米以外での返還が許可されている。1936年は豊作年であり、達成度も100％を越えている。他県も含めて返還貯蓄は高い比率となっているが、それは「部落の代表者と保証人と借主と連署の証券を役場に入れて借りた」（農林省米穀局 1937：p.45）というような貸付であったから、ある程度は当然の結果であった。

郷倉が内務省の期待通りの飯米貸付機能を果たしたのかについては、1998年８月21日の『日本農業新聞』に「忘れてはならない災害の備え―昭和10年建設『恩賜郷倉』（岩手県胆沢町）」という記事がある。この記事は、建物が残る恩賜郷倉に関するもので、「宍戸さんは、『当時の小作人は年貢を納めると飯米が不足するので、郷倉から借りる人が多かった。出来秋に払ったので備蓄は毎年更新された。備蓄は今は政府の役目だが、当時は農民自ら力を合わせてやった』と振り返る」とある。また、この郷倉は1945年に業務をやめ、1975年に組合を解散したとある(17)。

ここから見る限り、内務省の期待通りの機能を果たした郷倉があったことは間違いない。食糧管理制度に移行してからは、農家は飯米を予め確保できたので、郷倉の飯米貸付機能も不要となった。菊地憲夫は、岩手県の県南を調査し、建物として残る「恩賜郷倉」を６棟確認している（菊地 2007）。

３．郷倉の波及効果

郷倉の効果は、こうした備蓄と飯米貸付にとどまるものではなかった。一言で言えば、部落活動の活性化である。農林省米穀局の資料は、岩手県胆沢郡小山村について、「村民一般に影響する所」として、「個々の活動にては時代の進運に適せざりを悟り農民唯一の活動団体たる農事実行組合の組織活動に依らざれば不可なるを叫ぶもの漸く多く各地に其の組織を見実行案を練り更生策に資する等逐次団体活動への結束を固くしつつあるの状況なり」（農林省米穀局 1937：p.32）とある。

このような部落団体の活動の中でも、大凶作への対応策として東北地方で重点的に進められたのが農村工業化であった(18)。農村工業化は、昭和恐慌対策として提唱されていたが、農村工業奨励事業として予算計上されたのは1935年度である。予算総額は約73万円、その内、東北6件が43万円、他の道府県が30万円であったことを見ても、東北大凶作の対応策に力点を置いたものであったことがわかる。国の補助率も、東北6県は65%で、他の道府県の26%を大きく上回っていた（農林省農務局 1936b）。

岩手県も1935年度は農村工業奨励関係予算が126千円計上された。その内訳は、農村工業専門技術者設置助成が17千円、農村工業共同設備助成が102千円、農村工業販売斡旋助成が5千円などであった。

この農村工業化には、三井三菱の義捐金も活用された。岩手県では1935年4月までに設置された共同作業場1,008ヶ所の内、931ヶ所が三井三菱義捐金によるものであった。**表8**は、岩手県が1935年5月に開催した経済合同組織協議会の参考資料から集計したものである。なお、合同計画組織とは、複数の町村で合同計画を立てるもので、1市13郡237町村を36に統合したものである。

最も多いのは林業関連の28件（78%）である。次が農産加工16（44%）、畜産加工11（30%）、製粉・澱粉製造11（30%）と続く。要するに、農村工業化といっても、その基本は各農家の副業を見直して、共同作業場を核に共同事業として立ち上げるものであった。違いがあるとすれば、既述のように、個別的に取り組みが反省され、隣保共助などの部落を単位とした組織活動に新たな息吹が吹き込まれた点である。

表８　経済合同計画組織事業名

事　業　名	合同計画組織数
林野副産物加工・山菜加工・林産加工・簡易製材・木工	28
農産加工・果実加工・野菜加工・蔬菜加工・アスパラガス・缶詰	16
兎肉加工・豚肉加工	11
製粉・澱粉製造	11
牛乳加工	10
ホームスパン	9
水産加工	9
絹織物・織物・製糸屑繭加工・製網	7
醤油製造・味噌	6
氷豆腐	4
竹類加工	2
和紙	1
マッチ工業	1
金工	1

注：岩手県『経済合同組織協議会参考資料』（1935）より作成。

その観点から、もう１つ郷倉の波及効果が推測されるのが負債整理組合の普及である。東北大凶作への対応策に関わって、経済更生部長小平権一は「殊に負債整理事業の如きものは、今を於て企てないと云ふと、やる時期が無いのであります」と述べていた。それは、「各方面から同情がありまして、そうして債権を負けて貰ふ事も相当出来ると思います」という理由であった（農林省経済更生部 1935：p.14）。

岩手県の負債整理組合は、1934年２月ではまだ10組合であったが（農林省農務局 1934b）、1936年３月に48町村、124組合となり（農林省経済更生部 1936b）、1940年には112町村345組合まで増加している。設立町村の割合の47.3%は全国的に見ると６番目に高い比率であった（庄司 2012：p.258）。

第７節　おわりに

周知のように、内務省は1940年９月に「部落会町内会等整備要領」の訓令を出し、以後部落会・町内会を戦時統制の末端に位置づけていく。その前年の1939年には森林法が改正され、1910年以来、内務省と農林省で進めて来た部落有林の整理統一事業に終止符が打たれた（古島編 1955：p.112）。

町村制の施行以来、部落組織の解消を目指していた内務省が、いつの時点で部落重視に転換したのかについては、これまでの研究において明確な指標は管見の限り示されていない。隣保共助の精神が強調された経済更生運動には内務省も関与していたが、それは精神主義のレベルであって、具体的な部落活動を事業として推進したものではなかった（大鎌 2009）。

その意味で、東北大凶作の対応策として内務省が行った郷倉の復興は、既述の引用文にあるように、「内務省の農村社会政策上の大転向であり非常に注目」されるのである。実際の郷倉の効果は、未だ入口を開けた程度で、今後の研究を待たねばならないが、内務省に何らかの手応えを与えた可能性は十分にある。もし、まったくの失敗であれば、1940年の訓令とはならなかったと思われるからである。

そこで注目すべき点は、内務省と農林省とのスタンスの違いである。内務省が農林省以上に積極的に郷倉を復興させた一番の理由は、農家の飯米問題であった。内務省社会局の調査資料『農村に於ける飯米欠乏の状況』（内務省社会局 1934）は、明らかに農林省の米穀政策を批判している。すなわち、米穀統制法の施行により、過剰であっても市場出回りが減ったという「有ガスレ」問題に対して、それは「消費者としての農家（広くは中小階級一般）に対して統制法は考慮することが少なかった点が問題なのである」（内務省社会局 1934：p.16）と述べている。「即ち民間在米高の多少を論点の基準とするべきではなくて、農家の具体的状況を中心とすべきである。生産者としての農家と共に、消費者としての農家を忘れてはならないのである」（同）と。

ここに、この章が冒頭で示したムラの「生活保障」という観点につながる部分がある。内務省の視座は、米価維持に関心が集中していた農林省とは異なって、「生活保障」としての部落の機能に向けられていたのである。

この点は、部落活動として奨励された農村工業化にも当てはまる。これを結局は副業奨励の域を出るものでなく「工業化」とはほど遠かった、と評価するとすれば、それは生産中心の「産業化ビジョン」に他ならない。論点の基準とすべきは、それが「デフレ時代の日本農政」（玉 2006：第2章）として、農家の生計補充に役だったかどうかなのである。

最後に、東北大凶作という自然災害は、郷倉の復興という対応策をそれまでの農村救済策に付け加えた。それは、地方行政では始まっていたという意味では、特別のものではなかった。しかし、自然災害は、経済恐慌とは異なって特定の地域に襲いかかったという意味で、社会全体に強い同情を呼び起こすものであった。

そのことが、人々に助け合うことの必要を経済恐慌以上に強く意識させたと共に、伝統的な「互助」「共助」の組織であるムラの「生活保障」としての役割を、行政を含めて広く再認識させることとなったのである。内務省による郷倉の復興は、まさにこうした世論に押される中で、部落活動支援の具体策として展開された。

こうしてみても、自然災害が社会関係へ与えた影響は、決して小さいものではなかった。そのことの意味を日本農業の歴史に照らして考えると、イエとともにムラという社会関係が農村に深く根を下ろした要因として、自然災害が頻発する日本の風土があることを再認識すべきである。農民的小土地所有に依拠する日本の小経営にとっては、市場経済への適応とともに自然災害との闘いが生産と生活の両面で歴史的に大きな課題であり続けてきた。

その意味で、これまでの歴史研究はあまりにも自然災害に対する研究を怠ってきたと反省しなければならないだろう。寺田寅彦が『日本人の自然観』で述べた次の一節をもう一度かみしめてみる必要がある。

「地震や風水の災禍の頻繁でしかもまったく予測し難い国土に住むものにとって天然の無常は遠い遠い祖先からの遺伝的記憶となって五臓六腑に浸み渡っている」（寺田 1935：p.25）。

この章の考察によって、イエとムラで代表される日本の小経営的生産様式が、自然災害の頻発する風土とも深く関わることを示せたとすれば、課題の一端は果たせたといえるのであり、今後の研究へつながること期待したい。

注

（1）こうした中で岡田（1989）は、この東北大凶作が契機となった東北振興事業について考察を行っている。そこで岡田は、東北大凶作が一旦挫折していた東北振興を復活させた契機と位置づけるとともに、それが単純な地域開発政策ではなく、国家総動員体制下の資源開発であったことを論じている。

（2）このように、昭和戦前期の農政をことごとく「統合と動員」という溝に流し込む啓蒙的研究は、戦後の農業史研究の不文律だった。これに対して、船戸（1997）は、そうした歴史的視座の問い直しを目指して、「自力更生」という概念を検討している。

（3）岩手県は、冷害凶作の常襲地で、明治以降も1902年、1905年、1913年、1924年、1931年に深刻な冷害を経験している（岩手県 1934：p.1）。加えて前年３月には地震と津波が三陸を襲い、死者1,535人、家屋流出・倒壊等4,242戸という甚大な被害を受けている（朝日新聞百年史編修委員会 1991：p.407）。また1930年からの農業恐慌で農村が疲弊困憊の極に陥っている中での大凶作であった。

（4）山下（2001）には、「恩賜郷倉」については次のような記述がある。「実際に貯蔵された様子もなかった。そして、結局は役目を果たさないまま、老朽化して終戦の頃には取り壊されてしまった」（p.165）。これは著者の少年時の印象に基づいたもので、根拠となるデータは示されていない。

（5）岩手県（1934）。このオホーツク海高気圧の停滞は、前年１月に千島のハルムコタン火山が爆発し、灰燼が大気を覆い日照を弱めたことで海水温が低下したためと言われた（田中舘 1934：p.7）。また、この年の異常気象は北海道・東北にとどまらなかった。九州一円から四国にかけては初夏以来の大干魃、北陸地方は希有の水害、四国・中国・近畿は９月の「室戸台風」と、「東海道の一部を除き殆ど全国を通じて何等かの災厄に苦しめられぬ地方はないという有様」（橋本 1934：p.127）であった。

（6）この年の９月21日には「室戸台風」が四国、中国、近畿を襲い、大阪を中心に全国の死者2,499人、行方不明568人、負傷者8,399人を出す大被害をもたらした（朝日新聞百年史編修委員会 1991：p.428）。この台風は、富山から日本海に抜けた後、再び山形に上陸して岩手を通過して太平洋に出たため、山形、岩手は台風の被害も受けることとなった。

（7）11月６日からは、「凶作地を如何に救うか、我社五特派員の視察結論」を３回にわたって掲載し、「極貧農へ施米を」「中間搾取なき匡救土木事業」「恒久根本策を樹て」「科学的施設」「余剰労力を流用し経営に弾力性」などの見出しで、提言を行っている。

（8）「凶作哀話」の報道については、無明社出版偏（1991）及び山下（2001）を参照。

（9）この調査会の設置に刺激され、日本学術会議も11月24日に東北振興考査委員会を設置して、調査研究を開始した（日本学術振興会 1936）。

(10)森嘉兵衛「東北凶作恒久策案」（森 1935）も、凶作で「第一に考へなければならない事は老農を軽蔑した事である」（p.124）と、西洋農学理論に依拠した技術指導への反省を強く主張している。

(11)関連して、臨時議会で質問に立った衆議院議員の中野正剛は、「私はそれよりも根底に存する所は、経済力未発達、封建を去る遠からさるある東北地方に於ける土地制度が根本の問題だと思ふ」、ゆえに「東北農民の間に存する奴隷的封建制度の桎梏を脱すべく一つ御考へになつて、完全なる土地法、小作法等の御制定こそ今日の急務ではないかと思つて居る」（岩手県 1937：pp.470-471）と述べていた。中野は、東方会の総裁としてアジア主義の政治思想家として知られるが、戦後の農業史研究の通説をこの時点で述べていることは興味深い。

(12)上田・小田橋（1935）は、東北の際だった人口増加の問題を詳細に分析した。

(13)この点に関しては、有本寛ほか（2006）を参照。

(14)田村浩は、経済学博士の肩書きを持つ異色の官僚で、郷倉については、「共済施設郷蔵制度の復興提唱」（田村 1933a）を手始めに、『自力更生と農村救済案』（1933b）、『米問題と郷倉』（1935b）、『農村問題と郷倉』（1935c）と立て続けに論文や著書を出し、内務省による郷倉の復興の立役者となった。1933年当時は青森県農政課長であったが、1934年には山形県経済部長に転じて、郷倉の普及を進めている。

(15)これが需給調整と言えるのか、という批判には農林省も答えに窮しており、山崎農相は「私は是は率直に打開けた話を此処で申しあげますが、此処が実は非常に苦心の存する所であります」（農林省米穀局 1935：p.48）と述べていた。

(16)滝沢村ホームページ http://www.vill.takizawa.iwate.jp/contents/sonshi/web/honbun13.html

　なお、利息は１割という郷倉が多かった。このことについては、岩手県の県経済更生課長が1935年10月に既設郷倉の調査結果を報告したものの中に、「値段の高い夏に借りて、値段の安い12月に支払へば、１割位の利子を付けることは何とも思はないのである」と聞き取りの結果が書かれている（岩手県経済部 1935：p.25）。

(17)『日本農業新聞』1998年８月21日。http://ja-iwate.or.jp/group/topics/print.php?Id=59

(18)経済更生運動の中での農村工業化政策については、岡田（1989：p.124～）を参照。

[『農業史研究』第47号、2013掲載の同名の論文を加筆修正]

補章1

いわゆる「CV論」へのレクイエム
―野田公夫氏の批判に答えて―

第1節　はじめに

この章は、野田公夫氏が「いわゆる『CV論』論争から何を学ぶか―日本農業史研究とポストモダニズム―」（野田 1996）において展開された私への批判に答えるものである。いわゆる「CV論」とは、農民層分解論や政策米価論でもしばしば登場したが、ここでは小作争議の発生理由を経済学的に解き明かす理論として一時代を画したものが主な対象となる。

その起点は、暉峻衆三『日本農業問題の展開 上』（暉峻 1970）であった。そこで暉峻は、日本資本主義の発展に伴って各種の農業市場が発展した結果として、小作農民経営は肥料等の生産資材費が増加しただけでなく、「農業自家労働についても、それを『自家労賃』（＝『V2』）として観念する関係が漸次形成され」（暉峻 1970：p.170）た、と論じた（そこでは、雇用労働がV1、自家労働がV2、とされた）。そして、マルクス『資本論』の剰余価値論を下敷きとして、肥料等の生産手段を「不変資本C」、意識化された「自家労賃」を「可変資本V」になぞらえて「C＋V」と表現し、またそれを小作農民経営における「費用価格」と定式化したのである。

この定式化を基礎に、暉峻は第一次大戦中の好景気で生じた労賃上昇が農民の「自家労賃」評価にも波及し、「費用価格」を高めた結果として、小作農は「費用価格」の確保のために小作料減免要求に立ち上がった、と小作争議の発生に対する経済学的な意味づけを与えたのである。この暉峻氏の「C＋V＝費用価格」論は小作争議研究に大きなインパクトを与え、たちまちの内に通説的な位置を占めることとなった。

これに対して「CV論」論争とは、しばらくして小作争議研究の関心がその終息過程に移っていってから生じたものである。それには、中村（1988）や坂根（1989、1990a）、三好（1984）、また西田（1997）がそれぞれの主張を展開されたが、私も一文を公表した（玉 1988）。この論争は、ある意味で、小作争議の発生から終息までを見渡して、「CV論」の精緻化が目指された論争であったが、そもそも小作争議を階級闘争と見なさない私だけは、議論の方向が異なっていた。野田公夫の私に対する批判も、まさに「玉氏による『CV論』自体の廃棄」（野田 1996：p.30）に対するものなのである。

さて、批判に答えるわけだから、これは一種の論争ということになろう。論争は、問題の焦点や論点を明確にするものとして意義が認められるが、今や論争も２種類に分けて考えられねばならないように思われる。

すなわち、どちらが「正しいか」をめぐる論争と、どちらが「より有効か」をめぐる論争の２つである。そして、前者が近代（モダン）に支配的であった論争のスタイルであり、後者こそポストモダンに支配的となる論争のスタイルである、というのがこの章で述べようとする第１の点である。さらに、いわゆる「CV論」論争というのは、本来的に前者の論争であって、野田の私への批判は後者のスタイルをとっているという意味で、すでに「CV論」論争から離脱したものである、というのが第２の主張点である。

これは変則的な反論と見えるかもしれないが、野田が副題を「日本農業史研究とポストモダニズム」とされているように、ここでの重要な論点はポストモダニズムの受け止め方にある。その意味で、いわゆる「CV論」とポストモダニズムの関係をいかに理解するかは、欠くことのできない論点なのである。

第２節　近代科学の性格と論争スタイル

論争とは、どちらが正しいかを争うものに決まっていると考える人は多いはずである。近代科学が指し示してきた世界観と科学観に拠って立つなら、それは当然である。つまり、究極の科学的真理は１つであり、世界は１つの普遍的法則にしたがって動いている。ニュートンの万有引力の法則が自然界の基本法則と認められて以来、この究極の法則を解き明かすことこそ科学の使命であると信じられてきたのである。

しかも、その究極の法則へは、物質から分子へ、分子から原子へ、原子から素粒子へというように、最も普遍的な要素へ還元することによって到達できるという要素還元主義が“科学的方法”と見なされ、また天体軌道のように初期条件が与えられれば確実な結果が予測できるような決定論的関係こそが“科学的法則”と見なされることになった。

社会科学もまた19世紀以来、近代科学たろうと発達してきた。中でも経済学は、マルクス経済学にしても、近代経済学にしても要素還元的、決定論的な原理論を持つことで「社会科学の女王」と言われるようになった。経済学の原理論は、宗教や文化や家族制度や農地制度等々の個々の人間にからみついている諸々の差異を超越して、人間社会の背後に普遍的に作用する絶対的な法則であるかのように考えられてきた。

こうした観念をひときわ強く意識していたのがマルクス主義であった。「空想から科学へ」、あるいは「科学的社会主義」など、ことさら“科学的”を強調するのは、近代科学の科学観を自らの正当性の根拠としていたからである。それゆえにマルクス主義の論争においては、「非科学的」という形容詞が最も厳しい批判として使われ、理論の“正しい”理解と“正しい”適用をめぐって論争が繰り返されたのである。

いわゆる「CV論」論争もそうした論争の１つといえる。「CV論」論争とは、基本的にマルクス経済学における価値法則の貫徹を承認する人たちの間での論争であった。それゆえに、「CV論」論争においては、「C」や「V」の“正しい”理解と適用が議論となり、そして何よりも小作人や農民による「自家労働の意識化」は、歴史の法則性としていずれ現実となることが議論の前提として置かれていたのである。

第3節　ポストモダンと科学の姿勢

しかし、この論争が生じた頃、そうした設問の建て方自体を問うポストモダンの風が吹いていたのである。近代科学の本尊として普遍的真理の解明を目指してきた物理学ですら同様である。池内了によれば、今や「人々の自然観の基礎的概念を打ち立てるべき物理学の目標が、統一的原理の探求から、多様性発現の論理の追求へと移りつつある」。「根源的物質の運動の線形的重ね合わせで自然を理解する方法は、明らかに壁にぶつかって」おり、「科学はその領域に容易に到達できそうにない」。

こうして、「差異を捨てて共通の対照美を求める方向から、初心に戻って差異をそのまま受け取り、記述し、その根源をさぐる方向へと転回する時代にさしかかっている」。「統一的原理から多様性原理へ」、あるいは「複雑系の物理学」へと巨大なパラダイムシフトが進行しつつあると述べている（池内 1996：はじめに）。

自然科学ですら、このようなパラダイムシフトを遂げようとしているとき、いわんや社会科学である。人類史の基本法則を解明したと自負したマルクス主義も、積極的役割もあったものの、社会主義国を見れば、それがもたらした災いも計り知れないものであった。

では、ポストモダンの風は、科学をどのようなところに導くのか。もちろん、ニュートン力学が否定されてしまうのではない。ニュートン力学は、それ自体として十分に有効である。問題は、それが通用する世界の限界を自覚することである。地球物理学者の佐藤文隆は、「すべからく己をわきまえること」を「科学の分際」という言葉で提唱する。それは「坊主か？　職人か？」という問いでもある。「職人なら何のための技能かを自省する、坊主と思えば無心に研究に打ち込めば、自動的に人類に貢献する、などと錯覚してしまう」と（佐藤 1995：p.153）。

佐藤は、決して坊主をやめてしまえといっているのではない。「物理学も基本的には『あの世』への探求と『この世』の職人的見直しという二つの軸が必要である」。道具箱を増やすためには坊主も必要である。しかし、「物理学はこういう道具箱を引っさげて気楽にもろもろの物質科学や技術はもとより、交通制御や、環境や、地震や、安全や、脳や、そういったもろもろの課題に出かけていく職人がもっと増えてもよい」（佐藤 1995：p.155）というのである。

経済学の分野でも、それが高度な数学を使って科学的であるかのように振る舞って見せても、所詮はその時代の時代文脈に拘束された存在でしかないと喝破したのは、佐和隆光であった（佐和 1982）。佐和もまた、経済学における法則や理論が１つの「虚構」であることを自覚すべきであるという。しかし、それは経済学が意味を失うことではなく、理論の虚構性という限界をわきまえてこそ、その有用性が発揮できるというのである。それが佐和の言うピースミール・エンジニアリング（部分工学）という姿勢である（佐和 1984）。社会は無数のトレードオフの集合なのであって、絶対的に正しい解などあるとは思えない。ポストモダンにおいては“正しさ”自体が相対化し、複数のオータナティブの中からベターな解を選択していくしかないであろう。

それは、もはや理論の絶対性を認めないという意味で相対主義・折衷主義の立場に立つことを意味する。しかし、農業経済学を例に取れば、マル経も近経も長い間共存し、互いの強み、弱みも認め合って協力してきている。そうした理論や接近方法の自由を互いに認めあった上で、あくまで経験的な検証によって新しいアイディア（理念）の有効性を競うのがこれからの方向であろう（リオタール 1986）。

第４節　野田氏による「CV論」の廃棄

こうして漸く、第１の点を終えて、野田による私への批判を検討できるところまで来た。野田は、私の主張にも理解を示された上で、それにしても「CV論」の廃棄は行き過ぎであって、問題はあっても「CV論」にとどまって、その学問的蓄積の上に理論の再構築を計るべきであるというものである。そして、その再建方策として野田が打ち出した方向が、「『伝統的経営経済学』の批判的摂取」（野田 1996：p.33）であった。

しかし、結論から述べると、野田が提起しているものは、もはや「CV論」とは、本質的に異なるものだろう。なぜなら、野田の提起の中核は、「伝統的経営経済学」の摂取によって、「CV論」を「価格論系譜の生産費論（単位生産物当たりの社会的費用）ではなく経営費（経営単位の私経済的費用）の範疇に属するものとして再構成すべきである」（同）というものだからである。これに対しては、「CV論」で「C」や「V」という記号が使われたのは、生産手段や労賃の社会的水準が農家の意識はもちろん、経営をも“規定する”ことを示すためであったことを思い起こす必要がある。

それは、これまでの「地主制」研究、小作争議研究が、封建制から資本主義へ、そして社会主義へという「歴史発展法則」を下敷きとしたものだったところに由来する。こうした《大きな物語》の下で、暉峻衆三で言えば、資本主義的発達の前に立ちはだかる障害としての「『前近代的』・『半封建的』地主的土地所有」に対し、小作争議はまさに「C＋V」で示される価値法則の浸透の結果として、その歴史的意義が付与されたのである。

これに対し「伝統的経営経済学」は、社会的な経済環境を与件とした上で、自己の資源をどの様に配分すれば、私経済のパフォーマンスを最も高めることができるかを研究する科学である。したがって、私経済の行動を社会的関係から解き明かそうとする「CV論」とは、目的が根本的に異なっている。

ちなみに、私も野田の言うように「伝統的経営経済学」が日本農業研究に有用であることを認めるのに吝かではない。なぜなら、「伝統的経営経済学」は、むしろ農家の市場対応の経験的な分析から帰納的に導き出された論理を積み重ねてモデルを構築するものだからである。それゆえ、それは実際に個々の農家にとって重要な経営指針となるものである。

その意味で、野田と私は、かなり近いところにいるのである。しかし、「伝統的経営経済学」はどこまで行っても、「CV論」とは立脚点が異なるのである。「CV論」は、小作争議という現象の中に「CV論」が前提とする歴史法則性を解き明かそうとするものだからである。その点を無視して、単に「C」と「V」を経営費分析の記号として使うだけならば、それは実際上、私と同じく「CV論」を廃棄したことと何ら変わりはないのである。

第5節 「合理的な農家行動原理」とは何か

野田が強調するように、私の主張の核心部分は、「自家労賃」と表現された農家の労働報酬は「本来把握不能」という点である。すなわち、農家の経営は自給部分を含む伸縮性を持ち、所得は副兼業と合わさって多元的であり、かつ農産所得に限っても天候による豊凶、農産物価格の変動を受け、最後の収支決算でようやく決まるものである。しかも、時には甚だしい低所得に甘んじることすらある（自己搾取）。

野田は、この主張を「示唆的」とされた上で、かつ「具体的な農家行動原理が存在していたこともまた事実なのである」（野田 1996：p.32）から、「種々の農家行動原理を具体的に解明していくことであって、把握不能は「V」＝『農民的生活水準』の前にたちすくむことではないのである」（同）と批判された。そこから、「伝統的経営経済学」によって「CV論」に新たな息吹を吹き込み、「合理的な農家行動原理」の解明に取り組むことが提案されたのである。

しかし、私が「把握不能」といっているのは、あくまで「CV論」が想定する社会的な「自家労賃」のことであって、農家の合理的な行動原理の存在までも「把握不能」と言っているのではない。私が栗原百寿の農産物価格論に依拠して提起した「農民的生活水準の貫徹」という原理も、まさに有利な農産物への転換や農業生産力の高度化、副兼業への進出など、農家の行動を論じたものである（玉 1995：第6章）。そして、何よりも、日本農業史の研究が「地主制」と小作争議の研究で埋め尽くされている中にあって、地域的・集団的な技術習得・標準化を通じて主産地を形成し、第一次大戦後の農産物市場の発展に呼応していった農家の行動を積極的に描き出す研究を発表したのは私である（王 1996）。

その立場から私の野田への懸念は、「伝統的経営経済学」を批判的に摂取したとしても、「C」や「V」が使われる限りは、結局、価値法則の貫徹という《大きな物語》の議論から逃れられないのではないかということである。野田が「農民自身が自家労働評価として自覚するかどうか」や「自覚化に至る経路とその水準」（野田 1996：p.35）の解明に依然としてこだわっておられるように見えるのは、やはり「CV論」の呪縛のためであるように思われる。

私は、今こそ「CV論」を捨て去る勇気が必要なのではないかと考える。「CV論」の放棄が「小農経営分析の放棄に直結」（同）するというのは、明らかに野田の思い込みである。反対に、それにしがみつくならば、野田の「CV論」を乗り越えようとする意図とは裏腹に、またしても“正しい”「CV」論とは何かをめぐる議論に巻き込まれていくことになるのではないか。

前項で見たように、野田の私への批判は、すでに“正しい”「CV論」の主張ではなく、「具体的かつ合理的な農家行動原理」を解明するために、どのような理論的ツールやモデルが有効か、という有効性を問う論争スタイルになっている。野田が、「伝統的経営経済学」を出してきたのも、それが従来の抽象的・価値論的議論よりも経験的な論理に立脚することから有効性が高いと判断されたからであろう。

その意味で、野田はすでに「CV論」を離脱されているのである。

第6節　おわりに

野田は、私への批判の最後を以下のように結ばれている。

「しかし、従来の研究によっても、それぞれの地域・時代・経営において、何らかの法則性（強い傾向性）が見られることは明らかであり、三好⑥に連なる事例分析を積み重ねていく必要がある。ここから先は、実証研究の領域である」（野田 1996：p.36）と。

改めて確認するまでもなく、野田は「何らかの法則性」と言っているのであって、価値法則と考えられているのではない。それなら、もう「C」や「V」を使う必要はないであろう。三好正喜の研究のすぐれた点も、大阪という農業地帯における米とブドウという独自の市場構造に規定された小農経営のあり方を具体的に分析されたところにある。そのような小農経営を取り囲む具体的な市場構造の実証的な研究が重要であり、そこから論理を導き、組み立てるべきなのであって、それに「不変資本：C」、「可変資本：V」といった価値法則の概念を当てはめたのでは、せっかくの事実が死んでしまうのではないか。

繰り返しとなるが、「C」や「V」はマルクスが資本主義的生産関係を説く一つのモデルとして考案したものであり、基本的に家族経営を想定したものではない。私は、野田の最後の提起に賛成である。如何なる理論に立つにしろ、具体的な事例分析の積み重ねが重要であり、そこでの経験的な検証を通じて、そのアイディア（理念）の有効性を競っていくべきであると考える。もちろん、その中に価値法則の普遍的貫徹を前提にするような「CV論」があってもいいが、それが有効ではないことは、若手研究者に継承されていないところに示されている。今こそ、歴史研究を「CV論」の呪縛から解き放つことが、これからの若手研究者による自由な理論・実証研究の発展にとって重要ではないかと私は考えるのである。

［『農業史研究』第30号、1996掲載の同名論文を加筆修正］

補章2

ポストモダニズム論再考
—野田公夫氏の批判に答える—

第1節　はじめに

前章に続いて、この章も野田公夫氏からいただいた批判に対する答えである。野田公夫は、『農業問題研究』(40号、1995) 誌上で、「農業経済学は『産業化ビジョン』を如何にして超えるか」と題して、拙著『農家と農地の経済学—産業化ビジョンを超えて—』(玉 1994) を取り上げ厳しく論評された。この拙著は、かなり型破りなもので、小倉武一や梶井功、綿谷赳夫、中村政則、暉峻衆三という農業経済学、日本経済史では大家と言われる方々を軒並み「産業化ビジョン」として批判するものであった。そのため、このような大それた試みを取り上げて書評を書く人もなかった。

その中にあって、野田は、私の試みが「ポストモダニズムの潮流と問題意識を共有する」(p.37) ものであると性格付けるとともに、問題意識において「重なるところが大きい」(p.43) と認められた上で、私の試みに強い「危惧の念」を表明されたのである。

すなわち、「玉氏の場合は『近代批判』が小農の無媒介な肯定に置き替わってしまっており (「現状研究者の苦悩」とのすれ違い)、甚だ『似て非なるもの』になっている」(p.41) という部分に危惧の内容が端的に示されている。ここからも、野田が焦点として取り上げているのが私の「近代批判」であることは明らかである。つまり、ポストモダニズムへ突き進む私に対して、野田はそれが無媒介な現状の肯定となって、現状を変革するという課題がないがしろにされているという強い懸念を表明されたわけである。

この主張には、以下のような構図との類似性が明瞭に見て取れるだろう。すなわち、近代の自由や平等、革命、人間解放といった「大きな物語への不信」（リオタール）を唱えるポストモダニズムに対して、近代を依然として「未完のプロジェクト」（ハーバーマス）として、その完遂を堅持する立場からなされるポストモダニズム批判という構図である。つまり、私と野田との対立点は、農業経済学がポストモダニズムをどのように受け止めるかという点があると考えられるのである。

そこでこの章では、このポストモダニズムへの態度を焦点として、野田の批判に答えていくことにしたい。その際、変則的であるが、以下の２つの論文を手がかりにすることで、私のポストモダニズムの受け止め方を明確にし、それによって野田へも反論したいと思う。１つは今枝法之の「ポストモダニズムの可能性」（今枝 1991）であり、他の１つは、山之内靖の「戦後半世紀の社会科学と歴史認識」（山之内 1996）である。

何れも、ポストモダニズムを如何に受け止めるべきかを正面から論じたものであり、私と野田との対立点をクリアーにする上で格好の素材と考えられるのである。

では早速、今枝論文の紹介からはじめよう。

第２節　ポストモダニズムの可能性

今枝（1991）は、ポストモダニズムがアナーキーな相対主義を包含しているために政治的な保守主義や現状肯定的思想に結びつくと糾弾されている現状を問題とする。そして、ポストモダニズムの近代批判に意図的に目を背ける態度にも「もう一つの保守主義が潜んでいる」（p.126）と問題を提起し、ポストモダニズムへの評価を吟味しつつ、その社会理論としての可能性を探ろうとするのである。

今枝は、ポストモダニズムの核心を「脱構築の思想」、すなわち「言語」と「実在」との一義的な対応を否定する点に求める。つまり、ポストモダニズムの相対主義とは、あらゆる事柄の意味を一義的に決定する考え方への言語学的否定であり、その立脚点から普遍主義、客観主義、本質主義、認識論的な絶対主義、基礎づけ主義等を批判するものであるという。それゆえに、ポストモダニズムはマルクス主義を始め近代科学の前提を突き崩すだけでなく、保守主義やニヒリズムとの親和性を持つことから厳しい批判も受けたと述べる。

そうした批判の代表者としてハーバーマスがいる（ハーバーマス 1986）。ハーバーマスは、近代を「未完のプロジェクト」として、断固としてモダンの立場をとる。彼によれば近代は両義的性格のものなのであって、「ポストモダニズムは近代の否定的側面のみに関与しており、近代の肯定的側面を無視している」（p.137）。つまり、近代は未完であり、啓蒙はいまだその理念を現実化していないというのである。

しかし、ポストモダニズムもまた両義的であると今枝は言う。あらゆるものを相対化する脱構築の思想は、例えば、西洋／東洋、科学／非科学、男／女、東京／地方などの二元論で示される西洋中心主義、科学中心主義、男性中心主義、東京中心主義といった近代の権威主義的な価値の階層秩序をも相対化してしまう。モダニズムの人間解放や自由、革命といった啓蒙の物語は、普遍性、一元性を要求するかぎりで、ある種の「権力」（フーコー）となって、それが抑圧的な価値の階層秩序を生み出したのであり、その恣意性を暴き出すポストモダニズムは、解放的・民主的な意味合いも持つのである。つまり、ポストモダニズムはアンチモダニズムではなく、近代に一定の限界を確定することで近代を乗り越えていこうとするビヨンドモダンでもある。それならば、それは社会理論としての新しい可能性も与えられるというのである。

こうして、その可能性の内実を建築におけるポストモダニズムに探った今枝は、「建築におけるポストモダニズムは、モダンとレトロ（伝統的建築）との折衷主義なのであって、純然たるアンチモダンやプリモダン、つまり、モダニズムに対する全面的否定ではない」（p.132）とする。「建築におけるポストモダニズムは、モダンならざるもの（伝統的建築）の肯定的意味合いを再発見し、それを摂取して異化効果をもたらすことによって、モダン全体を相対化し、揺さ振っていく作用（ビヨンドモダンの契機）を孕んでいる」（同）のであると[1]。

今枝は更に、ポストモダンの相対主義が価値システムの究極的な基礎づけを否定するにしても、限定されたパラダイムや伝統の枠内での普遍的・客観的基準までも否定するものではないという意味で、アナーキーな相対主義も回避できることを示唆する。これは、通用する世界の限界を自覚することを「科学の分際」という言葉で提示した佐藤文隆や、理論の虚構性を自覚して利用する必要を唱えた佐和隆光等、前章で紹介した議論と同じ意味である。

その上で、今枝は、「肯定的にせよ、否定的にせよ、ポストモダニズムに対峙することなしに、これからの社会理論の展開はあり得ない」（p.137）と結んでいる。

第3節　農業経済学の脱構築

この今枝の論文を踏まえて、改めて玉（1994）が目指したものを表現するとすれば、それは近代の農業経済学において確立されてきた権威主義的な価値秩序への批判、すなわちその恣意性の暴露とその相対化であったということができる。あえて言えば、「農業経済学の脱構築」である。

例えば、小倉武一と梶井功の批判を内容とする第1章や第2章は、専業農家／兼業農家、企業経営／家族経営、生産／生活、といった二元論で示される近代の専業農家中心主義、企業経営中心主義、生産視点中心主義をいったん逆転させることで（逆の評価や事実を示すことで）、その序列を相対化することであった。

その際、小倉の西洋中心主義を逆手にとって論じたのが、ヨーロッパにおけるpluriactibityの議論であったし、梶井の生産視点中心主義に対して提示したのが、家族の絆、生活単位という評価軸であった。小倉の口調や梶井の

「もぬけ農」といったレッテルには、明らかに兼業農家、生活の論理への抑圧的な態度が明瞭である。それらが、両者にとって下位の価値序列だからである。そうした価値の階層秩序が実は恣意的なものであることを暴露し、専業や企業経営、生産視点の絶対化を相対化することが、ここでの焦点だったのである。

梶井と綿谷赳夫の農民層分解論を批判した第３章、第４章も同様である。レーニンやマルクスといった権威によりつつ、その実はかなりシンプルな効率主義、生産力主義の発想に立つ両極分解論（それゆえ、近代経済学とも強い親和性を持つ）は、絶対的な普遍法則と信じられていたからこそ、その検証というテーマが追求されたのであった。しかし、それはある意味で仮説の１つでしかなく、普遍法則などではない。それを明らかにするために示したのが、データ処理や「自家労働評価」における恣意性であった。

それよりは、世界資本主義論や「イエ」論の方がずっと説得力がある。「労農同盟」という「大きな物語」を堅持する岩本純明からは「清算主義」と批判されたが（岩本 1994）、私はそれを両極分解論に代わる普遍法則や真理などと言おうとしたのではない。事実を説得的に表現する上でより有効なモデルであると言いたいのである。確かに「両極分解」「労農同盟」「社会主義革命」といった「大きな物語」の無効性を主張する意味では、清算主義という指摘も正しいかもしれないが。

中村政則、暉峻衆三を対象とした第５章、第６章が課題としたものも、まさに階級闘争による農民解放という両者に共通する「大きな物語」が、地主の零細性や自作農の存在を恣意的に無視し、自小作農と小作農、土地制度と小作制度の混同に立つものであること示すことであった。そこには、土地改革こそが封建制を破棄して近代へ歴史を進歩させる跳躍台であるという啓蒙的な進歩思想が根深く存在していた。

私が「土地問題史観」、あるいは「産業化ビジョン」と呼んだのも、そのようなヨーロッパの農業発展モデルに普遍性、絶対性を求める近代の進歩主義的な農業資本主義化論であった。最後の第７章が課題にしたのは、そうしたモデルとは異なる独自の日本農業論を提示して、その相対化をはかることであった。それはまだまだ不十分であるが、拙著『グローバリゼーションと日本農業の基層構造』（玉 2006）では、もう少し詳しく論じている。

このように見てくれば、拙著の目指したものは、近代の権威主義的な価値の階層秩序を解体し、それを相対化するというポストモダニズムの課題を農業経済学において果たそうとするものであったと言える。

第4節　野田氏からの批判と論点

しかし、問題はむしろここからである。野田は岩本のように「大きな物語」を守ろうとされているのではない。「大きな物語」＝「産業化ビジョン」のオルタナティブを模索されているのである。その立場から、私に対する批判の矢を射られる。「問題意識としてのシャープさ（したがって旧パラダイム破壊力の大きさ）は十分認めるが、果たして実態を比重正しく反映したものであるかどうか（＝オルタナティブ・パラダイムたりうるかどうか）」（p.39）と。

ただし、ここで先に確認しておきたいのは、私が専業農家／兼業農家、企業経営／家族経営、生産／生活という価値序列をひっくり返して後者の肯定的意味合いを強調したのは、権威主義的な価値序列を相対化するためであって、逆の価値序列をオルタナティブとして提起したものではないということである。近代の専業農家中心主義、企業経営中心主義、生産視点中心主義を相対化して、専業や企業経営、生産視点の絶対性を否定し、兼業や家族経営、生活視点にも存在価値があることを主張したのである。

しかるに野田の批判は、私が専業農家、企業経営、生産視点を全面否定して、兼業農家、農家経営、生活視点をオルタナティブとして提示したものと誤解されている節がある。そうではなく、専業を兼業の上に置き、企業経営を農家経営の上に置き、生産を生活の上に置く、そうした価値秩序を当然と考える近代の画一的な農業経済学に対して、モダンならざる伝統的なものの肯定的意味合いを発掘して、モダンとレトロの両方に意味合いと折衷的な多様性の承認を求めたのである。

資本主義の経済体制内にあって、農業の本来的性格からいってモダンへの純化には大きな限界があること、また「農家外の事業体」も兼業農家を含めた多様なモダンとレトロの折衷を認めるべきだと主張したのである。

しかし、それではやはり困るというのが野田の批判である。「玉氏の場合は、『いえ』が残ることにより生活共同体の副産物としての営農が存続すればそれでよいのかもしれないが、このような副業的農業では、新技術（もちろん膨大な赤字をつくるだけの『近代技術』のことではない）へのキャッチアップと生産性の向上や的確な市場対応が不可能であることは勿論、期待されることになるであろう安全性の確保（低農薬農業）すら覚束ないものといわざるをえない」(p.40) と。

そんな副業的農業では「一国の食料戦略とそれに対する国民的コンセンサス」は得られないと言うのである。つまり「『一国の食料戦略とそれに対応する国民的コンセンサス』に対応しうる『産業としての農業』」への「努力なくして、大量の農地荒廃は防ぎえず、また地球環境の環境保全もまた不可能である」(同)。なぜなら、「農業による環境破壊と食糧問題の抜本的解決は、国民経済レベルで可能な限り食糧自給を追求すること、すなわち『食糧自給の世界化』でしかありえない」(同) からであると。

ここに、私と野田との主要な論点として、「食糧自給」という重要なテーマが浮かび上がってくる。野田にあっては、「食糧自給」が環境破壊と食糧問題を同時解決する切り札であり、「一国の食料戦略とそれに対応する国民的コンセンサス」の柱であって、そのためには副業的農業ではなく「産業としての農業」という近代のプロジェクトが堅持されなければならない。私のように安易に「脱産業化」してしまうことは、「実は『より上級の産業化ビジョン』への屈服（安楽死）でしかないのである」(同)。

この野田の議論の流れは大変説得的であって、農業経済学関係者であれば誰もがみな賛同されるだろう。しかし、注意すべき点は、「一国の食料戦略」

としての「食糧自給」が先にあって、そこから「産業としての農業」が導かれるという論理の道筋である。つまりは、「国民経済レベル」が先にあって、そこから「産業としての農業」という使命が導かれる構図である。

この「食糧自給」「国民的コンセンサス」という誰にも逆らえない命題から、副業的農業などとんでもない、「産業としての農業」でなければならない、という主張は、日々の生活に必死の農家や農業者に対し、あまりに抑圧的であるように、私には強く感じられるのである。これは、農家の側に立ったものではなく、国家の側に立つ発想ではないのだろうか。

それは、ある意味で「国民国家の論理」に依拠した「食糧自給」論であり、日本農業論である。そして、野田に限らず、これこそが日本の農業経済学、農政論の本流である。私が拙著で異を唱えたのは、まさにそうした農業経済学、農政論の本流に対してであった。「食糧自給」論に異を唱えるなど、まさに新自由主義と同列との批判を覚悟しなければならないが、あえてその議論に踏み込んでみよう。

第5節　総力戦体制と現代化

そこで次に紹介するのが、山之内靖の論文である。山之内論文は、石田雄『社会科学再考』（石田 1995）を素材として、戦後の社会科学と歴史認識の総括を、「ウェーバーとマルクス」、「ニーチェとウェーバー」を思想的な基準として論じたスケールの大きいものである。ここでは、思想的な考察にまで深入りは出来ないが、そこでの焦点となっているポストモダニズムを如何に受け止めるかに絞って紹介してみよう。

それは、戦前における「近代の超克」論、そしてまた1980年代のポストモダニズムの哲学潮流に対する石田とは異なる評価である。すなわち、石田の場合は、「『近代の超克』の超克」という戦後の社会科学の出発点に基本的に立脚しながら、それが見落としてきたジェンダーや無意識に前提とした「発展主義」（ウォーラーステイン）を如何に克服するかと問題を立てる。ポストモダニズムについても思想状況としては理解を示しても、その相対主義に危惧を示して、やはりハーバーマスの立場に立とうとされている。

これに対して山之内の場合は、戦前の「近代の超克」論の中の一定部分を近代批判として認めるだけでなく、戦時期の戦時動員体制を戦後改革とその後の高度成長につながるシステム統合の出発点を捉えることで、戦後社会科学の出発点を戦時期にまで遡らせるのである。ここから山之内は、戦後社会科学の重要部分が戦後体制を補完的に維持する機能を果たしたのではないかという、石田氏よりもより深刻な反省を導き出す。それは、ポストモダニズムを石田氏よりも正面から受け止める立場といえる。

さて、そこで総力戦体制への社会科学者の関与という山之内論文の核心部分を大河内一男の例から見てみよう。ポイントは、1938年（日中戦争開始後の総力戦体制への移行期）に大河内一男が見せた立脚点の転回である。風早八十二とともにマルクス主義的な社会政策学者であった大河内は、このころ「官僚機構の構成分子に転化する」途でもなく、体制の圏外に逃避して「単に拱手傍観」を決め込むのでもない第三の途として、昭和研究会の有力メンバーとなっていく。それは、「既存の官僚に追随するのではなく、政府中枢部を握る革新官僚と結びついて戦時期日本の合理的管理機構を構想すること」（p.40）であった。

それは、ある意味でファナティックな日本的精神主義や非合理的な軍国主義との対決であった。しかし、「この反軍国主義の立場は、総力戦体制にたいする抵抗だったのでは全くない。それはむしろ、非合理な精神主義にかわって冷徹で合理的な方策を探求し、これによって戦時体制を構築しようとする改革者の情熱として結晶していった」。「大河内氏によれば、戦争は社会政策を強力に推進する絶好の機会だということになる。社会政策学者大河内の理論的野心と改革者的情熱は、総力戦体制によって閉塞してしまったのではなく、まさしく逆に、総力戦体制によってかきたてられているのである」（同）と。

このほか丸山真男や大塚久男の分析から山之内は、戦後の社会科学の重要部分であった「市民社会派」の社会科学は、「総力戦体制そのものに対抗したのではなく、総力戦体制の合理的再編に向かってその理論的力量を発揮した」（p.41）と結論する。しかも、この点は、「より良心的でより合理的な国民国家の体制的構築」が課題とされた戦後の状況の中で、忘却されただけでなく、「現代国家に向けての国民的統合を目指す」理論として、むしろ戦後体制を補完的に維持する機能を果たしたのだと結論するのである。

だからこそ、「国民国家そのものの本格的な相対化が不可欠となった現時点においては、もはや、有意味な批判性を保持しえない」（同）のであると。

第６節　「食糧自給」論と「適正規模」論

戦後体制の出発点を戦時期の総力戦体制に求める山之内の議論は、決して戦時期を美化しようというのではない。そうではなく、戦時期の総動員体制のもとで労働運動や農民運動を含む反体制的勢力が「強制的画一化（Gleichschaltung）を介して、機能的役割を遂行する社会的下位体系へと変質していった」（p.34）ところにこそ、戦後のシステム社会的統合の原型を求めようとするのである。そして、合理的な国民国家を目指した市民社会派もそれに関与していたという山之内の議論は、「食糧自給」論はどこから来たかという私たちの論点にも重要な示唆を与える。

言うまでもなく、わが国における政策としての「食糧自給」論は、第一次大戦後の米騒動に始まる。それは食糧増産政策だけでなく、小作制度改革を政策上の課題に引き上げるなど、わが国農政上の重要な転換点であった。しかし、当時はいまだ平時であった。1937年７月に始まる日中戦争後の戦時体制の下で、「食糧自給」論は新たな装いをとって現れる。

まず、日中戦争の開始により日本経済は軍需産業を中心に活況を呈し、農村労働力が戦時応召を含めてかつてなく流出していく。その事態に、折からの満洲百万戸移住計画に呼応する分村移民とも関連して登場してきたのが農業適正規模論である。しかし、当初の適正規模論は、農家の経済更生に主眼を置いたものであった。ところが、玉（2016：第３章）で論じたように、1938年６月の物資動員計画の改訂により、総力戦体制のための外貨節約・獲得が至上命令となり、日満支ブロック内の食糧増産が課題として急浮上してくる。それを審議したのが、同年８月の東亜農林協議会であった。つまり、それまで過剰対策に追われていた政策がここから食糧増産政策へと大きく転換するのである。日中戦争が予定に反して長期化し、中国支配地での食糧問題、そして西日本、朝鮮の干害による米不足が発生した1939年にそれは決定的となった。

この時期に農業政策形成に重要な影響を及ぼしたと思われる研究会が２つある。昭和研究会と日満農政研究会である。そして、両研究会にダブって加わっていたのが、革新官僚の和田博雄と、東畑精一、近藤康男の２人の学者であった。

日満農政研究会は1939年９月に第１回総会を満洲の新京で開催した。会員には当然、橋本伝左衛門や加藤完治など軍国主義的な精神主義者も加わっていた。しかし、この総会では、５項目の研究事項の内、第１「日満を通ずる農林畜水産物の生産並に配給に関する農政的研究」と第２「日満を通ずる日本人内地人農業人口保持に関する研究」に専門委員会が置かれることになった。そして、第１専門委員会は、委員長が岸良一、主査が近藤康男、委員は大谷省三（米）、岩片磯雄（小麦）、沢田収二郎（高梁・苞米）等となった。第２専門委員会は、委員長が東畑精一、主査が神谷慶治、委員は野村千秋、篠原泰三、川俣浩太郎などであった。そして、この研究会の東京側幹事が和田博雄であった。

このような顔ぶれから見ても、和田、東畑、近藤の３名がこの研究会の実質的な中心であったことは間違いない。この研究会は、第１専門委員会が中心となって翌1940年までに「日満支ブロック内食糧自給構想」がまとめられる。また、第２専門委員会では人口問題が検討されていくが、その一つの焦点は、篠原泰三が担当した「適正規模」論であった。この「適正規模」論は、従来までの農家経済更生に主眼を置いたものではなく、農業生産力拡充のための労働生産性の向上を柱とするものへ完全に変化していた。

他方、昭和研究会は1940年10月、石橋幸雄、勝間田清一、川俣浩太郎、近藤康男等10名の委員による「農業改革大綱」を公表した。それは、「新農業経営形態の創出」と題して「旧来は農業経営は小農的農業経営であり、政策はその維持にあった」。「かかる農業経営が、戦時、ならびに長期建設体制下の重大なる任務に堪へうべくもないことはあきらかである。したがって新農業経営形態は、小農維持の方向にもとめらるべきでなく、逆に、資本的高度化の方向にもとめらるべきである」として、「経営規模の適正化」「農用機械の採用」「農業労働の協同化、計画化、組織化」等が提起された。また、「農地に公益性を付与し、農地の処分ならびに利用に関し、国家的見地に立つ一定の制限をおこなひ、農地の生産性を高度に発揮せしめるため」「大土地所有および不在地主の解消を目標として、農地の処分に関する調整をなし、農地の所有を漸次耕作者に移動せしむること」等が農地制度改革として打ち出されたのである（昭和研究会 1940）。

このような内容を見れば、和田、東畑、近藤等を中心とする若手の農業経済学者が大河内と同じように、総力戦体制に抵抗するのではなく、加藤完治などの精神主義者と闘いながら戦時体制を日本の小規模零細農業を改造する絶好の機会と捉え、上からの農業構造改善に積極的に関わっていたと見ることが出来るだろう。

この「適正規模」論は、太平洋戦争への突入後、「戦時型農業経営」として「平均農家１戸当たりの耕地２町歩」が経営標準として打ち出され、その実行のために「職工農家即ち飯米農家の徹底的整理、耕地の適正配置の急速解決」等により、「200～250万の専業農家を以て構成」することが提起されたのであった（農林省総務局総務課 1948：p.27）。また、兼業農家の徹底的整理のために、満洲への分村移民も全国で強力に推進されたのであった(2)。

第7節　戦後への継承―むすびに変えて―

総力戦体制に見合う「食糧自給」体制という大義名分こそ、戦時期の和田や東畑、近藤等に農業の合理化のための構造改革を上から強力に推進させる拠り所であった。その目標は言うまでもなく日本農業の「資本的高度化」、すなわち「産業としての農業」の確立であったといって良いであろう。

しかし、それは実現しない内に戦争が終わってしまう。だが食糧危機はより深刻化して継続したのであった。そこで飢えの危機にさらされていたのは、多くの名もなき国民大衆であった。ここに「食糧自給」という大義名分は継続されることとなった。同時に、戦時体制下に確立された適正規模／零細規模、専業農家／兼業農家、企業経営／家族経営、生産／生活といった権威主義的な価値の階層秩序も、国民のための食糧増産という大義名分とともに維持されることになったと私は考えている。

つまり、山之内が述べていたように、「食糧自給」論は「より良心的でより合理的な国民国家の体制的構築」が課題とされた戦後の状況の中で、「現代国家に向けての国民的統合を目指す」理論として、むしろ戦後体制を補完的に維持する機能を果たしてきたと言えるのではないだろうか。

農業基本法にも、この権威主義的価値序列は見事に体現されていた。総兼業化という現実の事態によって基本法農政の意図が裏切られたとき、小倉武一はじめ多くの農林官僚や農業経済学者が兼業農家に示した嫌悪感は、ある意味でそのことを証明すると思われる。そこで、現実を直視して自らが立脚する権威主義的な価値序列を反省するという試みはなされなかったのである。

それというのも、現実の「国民経済」は対米従属的な自由化によって農産物市場が開放され、自給率はどんどん低下して、目指すべき「より良心的でより合理的な国民国家」からかけ離れて行く一方であった。それゆえ、農業経済学は、ますますいっそう「より良心的で合理的な国民国家」を立脚点に「食糧自給」論を唱え、それを推進する気がない政府に換わる唯一の拠り所を「国民的コンセンサス」に求めるようになったのである。

私は、そのこと自体は間違っていたとは思わないし、TPPが問題となるこれからも必要と考えている。問題は、「食糧自給」論が「適正規模」論と依然としてセットとなり、専業農家／兼業農家、企業経営／家族経営、生産／生活という価値秩序も存続されてしまっている点である。また、常に議論が千差万別の地域農業から離れて「国民経済レベル」でなされる点である。それぞれの地域に立ち入れば、副業的農業は技術革新もなく、環境保全にも貢献しないと決めつけることは決してできない。

ポストモダニズムはモダンとレトロの折衷であって、決して国民国家や国境措置を否定するものではない。「産業としての農業」もまた否定するものではない。しかし、それは自由化論に対抗していく発想としてあまりにも狭いのである。戦時下の「適正規模」論から引き継がれてきた国民経済／地域経済、専業／兼業、生産／生活という価値序列を一旦壊して、地域での自給、兼業農家の技術革新、生活に根ざした環境保全など、モダンとレトロを多様に折衷したデザインが求められているのである。

野田は、最後に、「小経営論の主張」という項を建てて、「生活」を重視した私の小農論に対し、より「経営」を重視した「小経営」を対置された。この「小経営」概念には、「大量の農家群」も含めておられるが、焦点はその中の「経営の論理」を持った存在である。その意味で、農家だけでなく、林家や漁家、さらに商家などの家族経営も含めた概念として提示した第２部第１章の「小経営」とは、少し観点の置き所が違っている。

とはいえ、繰り返しとなるが、私は「生活」だけを優先し、「経営」や「経営の論理」を否定しているのではない。「生活の論理」のためにも「経営の論理」は必要なのであって、両者は不可分の関係であることを提起しているのである。その意味でも、野田と私の距離は、そんなに離れているのではないと考えている。

注

（１）このポストモダンの折衷主義についてより明確に語っているのは、磯崎新『ポスト・モダン原論』（磯崎 1985）である。「つくばセンタービルを設計段階で纏めた時に、たまたま、自分自身の方法論を分裂症的折衷主義と呼んでしまったことがあります。この分裂症と折衷主義という２つの言葉が気に入った理由は、両方とも、いわゆる近代主義というか、モダニズムとしての近代建築の中でいちばん嫌われた言葉だったからです」（磯崎 1985：p.11）。また、そこで使った「空洞」というものの意味を「日本の古来のシステム」（p.33）と呼んでいる。「折衷主義」は、近代建築だけでなく、近代科学でも最も嫌われる言葉である。それに関連して、実は日本の思想の本質が折衷主義なのであり、新渡戸稲造を日本の折衷主義の正統と評価したのは鶴見俊輔であった（鶴見 1975）。

（２）とりあえず、玉（2016：第１章）を参照。

[『農業問題研究』第44号、1997掲載の拙稿「農業経済学はポストモダニズムをどう受け止めるべきか―野田公夫氏の批判に答える―」を加筆修正]

第3部

東北地域における家族農業論の展開

第1章
複合経営の理論と実践―佐藤正

第1節　志和への道

1．運命的出会い

盛岡駅から東北本線の普通列車に乗って花巻方面に向かうと、矢巾駅を越えるあたりから視界が開け、広々とした水田が車窓に広がる。といっても、その奥には右側に奥羽山系の山々、左側に北上山系の山々が控え、この地帯が山脈に挟まれた内陸平坦部であることを教えてくれる。時折見られるりんご園や散在する農家屋敷に目をやって20分ほど揺られると、列車は日詰駅に着く。

この日詰駅に、33歳となったばかりの佐藤正が降り立ったのは、1960年12月26日のことであった。そして、その佐藤を出迎えたのは、佐藤より５歳年長の志和農協専務理事・熊谷久であった。この日から、佐藤・熊谷コンビによる「志和型複合経営」への道が開かれることとなった。

志和型複合経営は、単に志和の農業を変えただけではない。1970年代には東北農文協を通じて有畜複合経営論として理論化され、当時の近代化一辺倒の農政と農業経済学に目の覚めるような一撃を加えるとともに、実際に農政や農業経済学に影響を与えたのである。その事実は、自らは誤りを認めない官僚機構や権威主義的学問によって顧みられることがないが、それを踏まえないで今日の日本農業と農協を考えることはできない。

この章では、59歳で惜しまれる生涯を終えた佐藤正の足跡を追いながら、1970年代の農業と農政に輝きを放った複合経営論の意義を改めて明らかにする。そのためにはまず、志和に至るまでの佐藤の足跡から話をはじめねばならない。

２．イールズ事件

秀才が集まる陸軍士官学校で敗戦を迎えた佐藤は、価値観の大転換する時期を故郷の徳島県富岡町へ戻り、「その間、青年団等に加わり、当時の青年たちと村の未来を語った」（佐藤 1980：あとがき）。２年後、岡山市の旧制第６高等学校へ進んだ佐藤は、さらに1950年４月には東北大学経済学部へ進学する。そこでは大変な事態が彼を待ちかまえていた。世に言うイールズ事件である。

軍国主義と偏狭なナショナリズムによって純粋な青少年を多数無念の死へ追いやった戦争体制を根本的に精算し、真に民主的な国家を作ることを誓ったのもつかの間、世界は米ソ対立による冷戦へ移行し、アメリカによる日本占領政策は転換しはじめる。1949年は、その転換が明確となった年であり、ドッジラインによる不況の下、レッドパージが猛威をふるい、10万人を越える国鉄の人員整理の発表と合わせて、下山、三鷹、松川など国鉄に関わる謀略事件が立て続けに起きて、国中が不穏な雰囲気に包まれたのであった。

1949年に発足したばかりの新制大学においても、GHQの民間情報教育局顧問W. C. イールズが７月の新潟大学を皮切りに、共産主義教官追放の講演をして各大学を回り始めたのがこの年である。翌1950年になると東日本の大学へと順番が回り、５月２日、佐藤が入学したばかりの東北大学にもイールズがやってくることとなった。

すでに東北大学では、イールズ講演の内容や意図が広く知れ渡り、とりわけ経済学部学生の間では、マルクス経済学のホープとされた原田三郎助教授（後の岩手大学学長）がパージの対象という噂が流れ、学生自治委員会を中心に、講演阻止を目指す運動が準備されていた。果たして当日、講演会場となった法文１番教室は、押し寄せた学生のヤジ怒号の中で講演は中止となり、学生集会へと変わった。このただ中に佐藤正は居たのである。「故佐藤正君の歯切れの良い演説の白い歯が印象的でした」と、同級生佐藤功一は回想している（石井編 2001：p.124）。しかし、この事件に関連する大学の処分は厳しく、佐藤正もまた無期停学処分を受けただけでなく、ポツダム政令違反で逮捕されるかもしれないという事態の中で身を隠さねばならなくなった。こうして、佐藤は仙台を離れて宮城県の漁村に身を隠し、そこでの地域活動に携わることになる。

この間の詳しい事情は不明であるが、この漁村での活動経験が、のちの佐藤による生協や農協に対する指導に大きな影響を与えていると言う人は多い。

３．農民運動研究

停学が解けて学業へ復帰した佐藤は、1953年に旧制の大学院へ進み斎藤晴造の研究室に入る。しかし、佐藤が本格的に研究を開始したのは、1957年に大学院を中退して東北大学農学研究所（通称、農研）の須永重光の下に研究生として籍を移してからである。

当時の農研農業経済研究室は、中村吉治を代表に吉田寛一ほか研究室の全員が戦前の農民運動の研究に全力で取り組んでいた。佐藤は、その研究組織に加わると同時に、事実上の事務局長となり、研究組織の運営だけではなく、研究においても中心となっていく。

研究者としての佐藤の最初の論文は、農研の『彙報』第10巻第３号（1958）に吉田寛一と連名で掲載された「農業生産力と農民運動」である。続いて「国家独占資本主義的農村形成期における小作農民の闘争」『同』第11巻第３号（1959）を発表し、南郷村を対象に宮城県の農民運動を描き出していった。その総括的論文が、農民運動史研究会編『日本農民運動史』東洋経済新報社（1961年）に掲載された佐藤の「宮城県農民運動史」である。

その飛び抜けて優れたところは、小作争議を単に地主小作関係の枠内でのみ捉えていなかった点である。佐藤はそれを次のように述べている。

「本来地主制の内的矛盾である農民運動も、この段階では、地代収取機構それ自体の矛盾の成長というよりも、資本制と小農民経済との関係により規定されて発生している点に注目しておかねばならない」（佐藤 1964a：p.70）

佐藤は、1960年12月に農研助手から岩手大学学芸学部に講師として赴任するが、その後も農民運動史研究を継続し、1,400頁に及ぶ大著となる中村吉治編『宮城県農民運動史』（1968）の刊行に大きく貢献するのである[1]。

第2節　志和型複合経営の成立

1．大失態

1943年９月、盛岡高等農林獣医学科（現岩手大学農学部獣医学科）を卒業して獣医として従軍していた熊谷久が敗戦後に故郷に戻ると、志和でも1947年に農業会に代わって新しく志和農協が発足するなど、農業は大きく動きはじめていた。ただし、熊谷がはじめに勤めたのは、1949年の土地改良法によって発足した土地改良区の方であった。

志和は、藩政期から稲作中心の農業地帯であったが、唯一の水源である滝名川の水不足によって旱害となることも多く、米の生産は不安定であった。志和の水争いは江戸時代から有名で、またこの稲作の不安定さと冬場の仕事不足が志和を杜氏出稼ぎの一大供給地とした背景でもあった。

このために大正時代に始まった山王海ダム建設の要請運動は、戦時期にようやく国営によるダム建設となり、戦後も継続されて1952年には堰堤が完成し、翌年からは稲作への水供給が開始された。志和の稲作農業は水不足から解放され、米の収量増加と安定がもたらされた。耕地の区画整理や開田も進められ、耕地面積は1.5倍となった。

1954年にダムは完成したので、土地改良区を辞めて家の農業に戻ることを考えていた熊谷に飛び込んできたのが、農協の専務理事の話である。熊谷に農協の経験はなく、しかもまだ弱冠31歳である。熊谷は驚いた。しかし、その若さを買った松岡松蔵組合長はじめ村の長老たちの推薦があった。

その頃、戦後発足した新生農協は正念場を迎えていた。というのも、食糧自給強化でスタートしたはずの農政が、1953年のMSA協定からアメリカ余剰農産物受け入れに転換され、1954年の河野一郎農相の下では統制撤廃、農業団体再編、「安上がり農政」へと推移していたのである。したがって、翌年からはじまる米の予約買入制において農協系統がどの程度の集荷率をあげられるかに、今後の農協の帰趨もかかっていた。

専務理事の話を引き受けた熊谷は、早速、農協事業拡充５カ年計画を樹立し、各部落に農事実行組合を結成して、米の集荷に全力を傾けた。山王海ダムの完成で高まった稲作生産力は、農協集荷に結びつき事は順調に進んでいると思われた1958年、大失態が発覚した。403俵という政府米の亡失である。倉庫などが不十分な当時、政府米の亡失は決して珍しくはなかったが、403俵は日本一の数字であった。

２．『季節出稼ぎと稲作農業』

辞任を考えた熊谷であったが、むしろ汚名返上を自らに課し、その方策の立案を遠い親戚にあたる岩手大学の森嘉兵衛学芸学部長に託すことにした。森嘉兵衛は、「旧南部藩百姓一揆の研究」など、岩手県農業史研究の第１人者である。1960年10月８日に志和を訪れた森は、志和農業の振興計画立案のために農業基本調査を行うことを約束した。その際、「近く農業経済の専門家が岩大に着任するから、彼にこの調査の中心になってもらう」と、述べて帰っていった。こうして冒頭の佐藤と熊谷の出会いは実現したのである。

基礎調査は、佐藤の指導の下で、翌1961年４月に20の実行組合から２名推薦された40名の委員によって、管内820戸悉皆の戸別訪問調査として実施された。翌年７月にまとまった『志和地区農業基礎調査結果表』のはしがきには、「佐藤正先生は直接この調査の指導・企画・調査報告書の作成等のため御来町も前後20数回に及んでいる」と記されている。そして、この基礎調査をもとに1963年８月に刊行されたのが『季節出稼と稲作農業の構造』（志和農業協同組合 1963）という報告書である。

これは、報告書といっても並のものではない。B5版横書き左右２段組み180頁のそれは、１冊の著書としての内容を十分に備えた志和農業の克明な分析である。その第２、３、４、５、７章、要するに大半を執筆したのが佐藤正だった。第２章では、山形県酒田市、宮城県遠田郡、秋田県仙北郡という東北地方の代表的水稲単作地帯との比較検討から、岩手県紫波郡が季節出稼ぎへの過剰な依存によって、畜産や果樹の発展が立ち遅れていることを示し、「稲作、果樹、畜産の複合的な生産地帯としての発展の可能性を現実のものにしてゆくことが」「この地帯の農村に課せられた今後の農業的発展の課題である」（p.29）と明確に言い切っている。

このビジョンに立って、第３章以降は、志和地区の稲作、畜産、果樹部門の現況、農産物市場、階層と労働力、農家の生活、所得等々の現状が基礎調査に基づいて克明に分析され、そして最後の第７章では、志和地区の長期営農計画と拡大部門対策、農協の役割がまとめられている。そこで佐藤は、志和地区の最大の問題を季節出稼ぎへの依存と捉えた上で、「農家所得の増大のために、水稲単作と酒造出稼の地帯から、水稲・果樹・畜産の複合的な農業地帯に転換することが必要である」（p.164）と結論・提言したのである。

３．農協長期計画と志和型複合経営の誕生

これまでは稲作の発展だけを考えてきた熊谷は、この報告書に感激した。すでに米の生産力上昇には頭打ちが見られ、生活費の増加や機械投資のため、むしろ経営規模の上位階層で酒造出稼ぎが増える傾向にあったからである。もちろん、1960年には、農業基本問題調査会から「選択的拡大」という方向が示されていたが、それも果樹や畜産の専業地帯を作るものだった。それに対して、この報告書は、農家個々が新たな所得部門の導入によって営農を複合化し、出稼ぎに替えていくことを提言していたのである。

この提言こそ熊谷が求めていたものであった。事実、熊谷は自らが推進してきた「農協刷新拡充５カ年計画」について、「農家の実情に即して推進されてきたというよりも、農協経営の安定強化を中心として推進され」たものだったと反省していた。必要なのは、組合員農家が自らの「営農と生活の改善に農協の凡ゆる機能を補完させ」ることであると（熊谷 1969：p.172)。

こうして志和農協は、「志和地区農業近代化計画」と銘打った長期計画を

樹立し、1964年の総会で承認を得た。それは、稲作以外の部門を取り入れる準備期が２年、他部門を拡大する規模拡大期が３年、そして集団栽培を充実させる完成期が３年の計８年計画である。これを部落座談会を通じて、各農家の営農計画として徹底的に普及した。

その様子を佐藤は『現代農業』（1964年11月号）に、「出かせぎ追放にとりくむ農協」として紹介している（佐藤 1964b）。しかし、この段階ではまだ玉川農協の「イナ作プラスα」という言葉は見えるが、「複合経営」という言葉は使われていない。1964年に土地制度史学会で佐藤が行った「季節出稼ぎと農業協同組合運動」という報告でも、そうである。そこでは、それまで販売事業は米一本、購買事業は肥料だけ、信用事業は貯金のみだった志和農協に、椎茸のフレーム栽培やりんご園の造成、肉牛の肥育などが導入され、農家の所得増大と農協の事業経営安定が共に成長していることが報告されていた。

こうして、1968年７月に公表された「規模拡大期の志和農協中期５カ年計画」が「志和型複合経営」の成立宣言となる。ここでは、「志和地区農業の新しい姿を、農業経営の面からとらえれば、この５カ年間の大きな変化は、志和型複合経営の成立であった。稲作と季節出稼の基本型に、和牛肥育、成育、繁殖、養豚、酪農、養鶏、椎茸、りんごと多様な部門がプラスされることによって、多様な経営類型がかたちづくられた」（p.54）と述べられている。『季節出稼ぎと稲作農業』の提言から５年で、それは確実に「志和型複合経営」という実を結んだのである。

第３節　農業システム化論との対決

１．転換期と東北農文協

ちょうど同じ頃、農政は新しい展開を見せていた。「農業の装置化とシステム化」というビジョンの提起と減反＝総合農政の開始である。前者のビジョンは、大物農政官僚東畑四郎が主査となった経済審議会農業問題研究委員会が打ちだしたもので、その背景には苫小牧東部や下北半島の巨大開発を内容とした1969年の新全国総合開発計画（新全総）があった。結局、負の遺産だけを後世に残した新全総は、要するに1970年代にも工業化と高度経済成長が限りなく続くという予測に立ったものであり、東畑ビジョンもそれに乗っかって農業の「工業化」を政策的に大胆に進めようとするものだった。

一方で、米の過剰、自主流通米制度の発足、米価抑制といった農政の動きは、稲作を中心とした東北の農村に少なからぬ不安をもたらしていた。やはり1969年に東北農文協が再建されたのも、農村に広がる「農業悲観ムード」を背景としていた。岩淵直助農文協専務理事の熱い応援を受け、東北大農研の若手研究者を中心に再建された東北農文協は、農文協が進めていた稲作研究グループの交流会を引き継ぎ、農村の農協青年部などの若手組織に各地での農家交流会の開催を働きかけていった。

それぞれの農家が抱える問題を率直に話し合う農家交流会は青年農業者の支持を得て、1970年には各県交流会と東北ブロック交流会の２本立てが定着した。さらに、東北農文協に参加する研究者を講師とする講習会も開催され、その中から『農業は農業である』（守田 1971）という書名で、大胆に農政批判を展開していた守田志郎を講師とする講習会も農家の自主的な講習会として毎年継続されるようになっていく。

この東北農文協に佐藤正が関係をはじめるのは、1971年３月の第３回総会からである。志和における複合経営の実践に自信を深めていた佐藤は、そこの場で「経営の人と技術の人と各専門家に集まってもらって複合経営研究会でもやってみる必要がある」（東北農文協 1971：p.39）と新たな活動を提案した。この提案には、出席していた農文協文化部長坂本尚（後の専務理事）も「行政ベースだけが農業の方向ではないということを考える機会を作れるようにしたい」（同：p.44）とすぐに呼応した。この提案が契機となって、1971年８月17・18日に秋田県田沢湖畔において、東北農文協の第１回シンポジウムが開催されたのである。

２．田沢湖シンポジウム

「東北農業の技術的諸課題と発展の形態」と題して開催された田沢湖シンポジウムには、東北農文協代表委員であった畜産学の西田周作（東北大学教授）をはじめ育種、果樹園芸、獣医、農業土木、そして農業経済と、東北地域の大学から各分野の若手研究者が結集していた。そして、熊谷久の「稲作地帯の複合経営と農協活動」という志和の実践報告が大きな反響を呼ぶとともに、それを踏まえた佐藤正の「東北農業の今後の形態と農業技術の問題点」という報告が、問題をクリアーにしたのである。

佐藤はこの報告で「農業の二つの未来像―装置化・システム化と複合化」という整理を行って、北上山系の畜産基地構想、阿武隈山系開発総合パイロット事業などの装置化・システム化の流れに対して、「志和方式の複合路線、この小農を守りつつ発展させるという筋道を確実に経ていって初めて本当の意味での技術的成熟と高度な成長、本当の農業というものを築くことができるのではないか」（佐藤 1972：p.21）と提起したのである。

このシンポジウムは、農文協の『農村文化運動』45号にすべて掲載され、大きな反響をもたらした。翌年の1972年に足羽進三郎（北海道大学教授）を会長に北海道農研協（後の北海道農文協）が、山田龍雄（九州大学教授）を代表委員に九州農文協が発足したのも、その反響を示す例である。時はオイルショック直前の高度成長のピークで、小農制の解体を目指す新手の近代化論が東畑四郎を頂いて鳴り物入りで登場したときであっただけに、農家の抱える切実な問題に地道に取り組んでいた全国の研究者は、佐藤の志和での実績を踏まえた複合経営路線の提唱に胸の空く思いで喝采をあげたのである。

しかし、そうはいっても当時の農政や研究者の間では、専門化、大型化こそが農業の進歩の方向と固く信じられていた。東北農文協の第４回総会の場でも、坂本尚が農政に対して「事実はちがうというふうに農家は思っている。だがそれについて理論的根拠がない。複合経営でもそうでしょう。遅れているという感じが強いわけですね」（東北農文協 1972：p.31）と述べていた。

これに対して、佐藤は「もう少し体系化する作業を強化することが必要」（同：p.33）と述べて、農業システム化論との対決のために、複合経営の理論化という課題を自らに課すのである。

３．有畜複合経営論

実際に1970年代は、大きな転換期であった。オイルショックによって輸入飼料価格が高騰し、輸入飼料に依存した加工型畜産がその脆弱性を露わにした。環境問題が世界的な関心となり、化学肥料による地力低下や農薬汚染が注目を集めるようになった。その一方で、稲作では機械化一貫体系が急速に進展し、作業時間が急減していた。

東北農文協もシンポジウムの開催を恒常化し、毎年、現実の農業が抱える問題を取り上げて、複合経営論の立場から検討を加えていった。そして、この畜産の現状、地力問題、機械化の進展などの事態を総括して、坂本尚が求めていた複合経営の理論化の要請に答えたのが、1975年の東北農文協第５回シンポジウムにおける佐藤正の「東北稲作農業の有畜化への提言」という報告だった。

そこで佐藤は、「機械化段階」と「経営様式」という２つのキーワードによって理論を組み立てる。すなわち、稲作の機械化一貫体系が整った東北稲作農業の現局面を農業生産力発展における「機械化段階」と定式化した上で、「農業の機械化段階に局面が移ってくると、ますます農業から労働力が排除されるから、その労働力を農業経営の内部に使用することを、計画的、合理的に追求していかなければ、農業経営は維持できない」。だから「新しく有畜農業への転換を経営様式の中に位置づけていくことにより、機械導入の成果を農業的により大きく刈り取っていくことが必要ではないか」（佐藤1976a：p.16）と提起したのである。

現実に起こっている奇形的な加工型畜産、兼業と結びついた機械化、さらに、その結果としての物質循環の奇形化と地力問題、これらの問題を「本格的な農業地帯である東北農業」は正面から受けとめて「大きく変えていくことが重要な課題」である。そのためには、「東北農業の今後の大きな目標として、有畜農業化とそれによる複合経営化が、機械化段階において小農民経営の追求すべき方向」（同：p.11）であり、農協がその牽引車となっていかなければならないと結論づけたのである。

佐藤正の書いた学術論文の中でも最も有名な「農業機械化段階における小農民の分解と経営様式」（佐藤他編 1975）は、小土地所有に基づいて小農が存続する意義とその存在形態としての経営様式について論じた格調の高い論文である。それは機械化一貫体系の成立によって農業の資本主義化が始まったとする当時の見当はずれの議論を批判し、小農の営農と生活を守るという立脚点に立って、複合経営を「機械化段階」の「経営様式」として理論的に根拠づけたものだったのである。

第４節　複合経営の時代とその後

１．複合経営をめぐる対抗

こうした中で、1976年になると「複合経営」は時代の流行語となる。雑誌『農業と経済』３月号は、「新しい複合経営の論理と意義」を特集し、多数の論者を配している。京大の貝原基介は、「最近のわが国農業に対して、選択的拡大よりも、複合化に注意を向けるべきであるという主張があらわれている」、東大の金沢夏樹は「複合化とは経営規模拡大路線の上に位置するものである」と論文を書き始め、いずれも編集者の依頼によって複合経営を論じていることが明瞭である。

これに対して、「東北地方における複合経営の実態と成立条件」と題した佐藤正の論考（佐藤 1976b）は、複合経営とは農政が進める近代化路線に対して、「小農民経営の現実に立脚した抵抗と批判の過程で」生まれてきたものであり、「小農民が複合化の方向と経営を維持するには、小農民の自主的な協同の組織としての農業協同組合が、この確立のために系統的な活動を行うことが、不可欠の主体的要件であった」と志和の実績を述べている。また、

「複合経営化の進行は、この機械化段階に対応した経営様式として、東北地方全体に普遍的な意義を持つであろう」とも述べていた。

実は、この頃、農政においても「地域農政」を看板とした農政の開始や、大平正芳首相の「定住構想」に合わせた農村生活基盤整備などの新たな展開が生まれていた（玉 2001c）。その中で農政も「複合経営」という言葉を使い始めた。ただし、それは「単一部門経営化した農家群を、集合体として再編成」するという農業近代化路線上の「地域複合営農論」であった。

鳴り物入りで唱えられた「農業システム化論」は無責任に放棄され、代わって複合経営が時代のキーワードとなって、その内容をめぐる新たな対抗が生じていたのである。それは、結局、小農民の営農と生活を守る立場なのか、生産力に最重点を置いて小農経営の消滅を目指す立場なのか、の対抗であった。

東大の経営学教室がまとめた金沢夏樹編著『農業経営の複合化』（金沢編 1984）は、東北農文協の複合経営論を論評して、「小農経営が専門化し、生産力発展と矛盾している現段階は、現実の分解の進行を通じての大農形成や資本制的経営の道における複合化か、経営間結合や集団組織における複合化かの方向でしか考えざるをえない。小農もまた農業生産力の歴史的展開にとって、１つの生産関係として変革されつつあるという現実認識での複合経営研究の深化が求められている」（p.154）と批判している。

ここに同じ科学者であっても、いま目の前で生きている農家の営農と生活を何とか守ろうとする立場なのか、国家的見地に身を置いて農業生産力の最大化のために小農制の解体を目指す立場なのかの違いは、きわめて鮮明と言えよう。

２．複合経営論の試練

1987年８月に東北農文協は、北海道農文協、九州農文協の代表も招いて再建20周年を祝うシンポジウムを宮城県遠刈田温泉で開催した。そこで佐藤は、「円高不況と東北農業の進路」と題して講演し、「小土地所有がある限り、東北地方の地域性に根ざした小農民の経営は続くわけで、農家はコスト意識を鮮明にし、自然循環と生態系を利用する複合経営を発展させることは今後ますます重要であろうと思います」（佐藤 1988：p53）と述べた。佐藤が急逝したのは、この直後の10月４日のことである。その意味で、この講演が佐藤にとってのまさに最後の講演となったのである。

しかし、1985年のプラザ合意以降の円高は、その後1990年代へと続くグローバリゼーションの始まりであった。その結果として、輸入農産物が激増しただけではなく、GATTウルグアイラウンド交渉と並行して進む食管制度改革など農業を取り巻く制度は次々と崩され農産物価格は低迷し、農業生産額、農家所得は減少していった。中でも畜産や酪農の分野は、多頭化に活路を求めるか、少頭数飼いを止めるかの選択を迫られ、有畜複合経営は東北の多くの農村で実数として減少していくことになったのである。

1990年代になると、東北農文協の内部でも「有畜複合経営は、理論としては正しくとも、現実の今の農家のなかで実践するのはむずかしい」（栗田 1992：p.5）という意見が農家から出されるようになった。1973年に全中表彰を受け、1990年には家の光文化賞を受賞して、政府米亡失の汚名を完全に返上した志和農協においても、通勤兼業の増加、世代交代、農業所得の減少が進み、熊谷が引退した1988年にはついに合併で花巻農協の一支所となった。

東北農文協は、有機農業や産直や直売所などに関心を広げ、また、1997年には組織も研究者と農家が対等に議論し合える会員制へと変更し、「新しい農村文化運動の創造」をテーマに掲げて有畜複合経営論からの脱皮を図った。その過程で、佐藤正の有畜複合経営論に対しても「経営論に偏りすぎていたのではないか」という反省や、佐藤を補完する役割を果たしていた吉田寛一の「生活の視点」からの経営内の自給や地域自給にもっと目を向ける議論もなされるようになったのである。

３．グローバリゼーションと複合経営

しかし、このことは決して佐藤正による複合経営の理論と実践が今日的意

義を失ったことを意味しているのではない。確かに、佐藤の理論にはいくつかの時代の制約があった。何よりも佐藤に求められたのは、1970年代の農政が進める「装置化・システム化」という近代化路線に対抗する理論の構築であった。そこで農家はもちろん、市町村役場や農協の現場指導者にも複合経営論が十分な説得力を持つためには、「農業生産力の発展」という土俵に上がって闘うことが必要であった。そのために、佐藤は各農家によって違う地域性や諸条件を飛び越して、「複合経営の形態で、最も高度な形態としての有畜複合経営という形」（佐藤 1980：p.270）を強調し過ぎたかもしれない。

農家の営農と生活を守るための複合経営論であれば、個々の農家のきわめて多様な地域性や諸条件を考慮した柔軟さが必要である。佐藤の有畜複合経営論は、農業システム化論をうち破るために、あまりに硬く理論化されたために、グローバリゼーションという時代の変化に対応していく柔軟性を欠くことになった。

しかし、グローバリゼーションが極限まで進みつつある現在に至っても複合経営論は光を失っていない。輸入農産物による価格低迷がここまで来ると、もはや規模拡大や法人化などの農政が示す路線ではどうにもならないことがむしろ誰の目にも明らかである。また、農村進出企業も中国などへ移転を進め、農家の兼業先も失われることになった。その一方で、環境問題や安全性への社会的関心は一段と高まり、工業化した農業、工業製品化した食料への反発も強まっている。

そこで農家が営農と生活を守っていくには、やはり兼業や自給も含めた意味での家族農業に本来的な「自然循環と生態系を利用する複合経営」へ立ち戻って行かざるを得ない。農協も特定の地域に責任を持つ組織として生きようとするのであれば、志和農協がそうであったように、多様な農家の実情に即して、その営農と生活の改善に資する事業を積極的に取り組むのでなくてはならないだろう。

第５節　おわりに

佐藤正が生前に上梓した単著は『地域農政の指針』（佐藤 1980）の１冊のみであった。その後、佐藤のあまりにも早すぎる死を悼む人たちの手によって『国際化時代の農業経営様式』と『農業生産力と農民運動』の２冊が上梓された。しかし、佐藤の業績は、これらに留まるものではない。すでに紹介した『季節出稼ぎと稲作農業』はもちろん、岩手大学の紀要にまとめられた酒造業と酒造出稼ぎの構造変化を分析した長大論文も秀逸である。また、斎藤晴造、大川健嗣とともに行った克明な過疎の分析もこの上なく優れている。

軽いものを商業雑誌に書き散らす学者の多い農業経済学で、これほど一本一本の論文が並はずれている研究者は本当に希有である。それは、1960年に日詰駅に降り立って以来、亡くなるまでの26年間、熊谷をはじめ志和の農業と途切れることなく関わり続けた佐藤の姿勢にも端的に現れている。佐藤自身は、中村吉治の岩手県煙山村との関係、東北大農研の南郷村との関係になぞらえつつ「農村の真実はひとつの村との長いかかわりの中でだけとらえうる」（佐藤 1980：あとがき）と述べていた。生前の佐藤は、きわめてプライドが高い人であったといわれるが、それもまた十分に頷けるのである。

佐藤正は、いま志和地区を望む丘に建てられた墓に眠っている（2）。その佐藤が残した複合経営の理論と実践を、グローバリゼーションに立ち向かうための理論と実践へと発展させることが、私たちに残された課題である。

注

（１）佐藤（1992）の渡辺基と安孫子麟の解説を参照

（２）佐藤正年譜

1927年　徳島県生まれ
1950年　第六高等学校卒業
1953年　東北大学経済学部卒業
1958年　東北大学大学院満期退学
1958年　東北大学農学研究所助手

1960年　岩手大学学芸学部講師
1964年　岩手大学学芸学部助教授
1970年　岩手大学教養部教授
1975年　経済学博士（東北大学）
1977年　岩手大学人文社会科学部教授
1986年　岩手大学評議員
1987年　死去

[太田原高昭・中嶋信編『協同組合のエトス』北海道協同組合通信社、2003所収の同名論文を加筆修正]

第2章
東北農文協における有畜複合経営論の展開

第1節　はじめに

わが国における家族農業論の展開を論ずるにあたっては、地域性の問題がもっと考慮されてしかるべきである。踏まえている自然条件、風土に規定された地域農業の違いによって、論じられる家族農業の内容も当然のように変わってくるものと思われるからである。もちろん、そこには地域性を越えた家族農業としての共通性や一般性があることは、十分に予想される。しかし、これまでは、そのような地域性はしだいに解消されていくものとして、地域性は先進か後進かの議論に還元されてきた。要するに、地域差の問題は、タイムラグの問題とされてきたのである。

確かに、20世紀における経済社会は、地域社会の画一化、均一化を一つの傾向としてもっていた。ヘゲモニーをもった政治・経済・文化が地域社会を画一化、均一化していく動きは、「リトル東京」や「アメリカナイゼーション」などの言葉で表現されてきた。現在のグローバリゼーションも、そうした画一化、均一化を極限まで進めるとする議論も少なくない。しかし、双方向の情報化が進展する現代の世界においては、グローバリゼーションは、画一化、均一化ではなく、「本質的かつ内在的に個別主義を推進するという見方、したがって、グローバルに多様性を推進するという見方」（ロバートソン 1997：p.5）も示されている。また、普遍性を最重要視する物理学的なものの見方が産業化への貢献とは裏腹に、環境破壊や生物種絶滅に関与してきたとの反省から、進化の過程で分化と多様化、複雑化を限りなく進めるという生物学的なものの見方が一段と重視されている。

家族農業論に話しを戻したときにも、私たちのグループが訳出した『ファーム・ファミリー・ビジネス』（ガッソン・エリングトン 2000）の著者たちも、家族農業は消滅したり、非家族企業化したりしていくのではなく、家族農業の原理を保持しつつそれぞれの地域の社会経済環境に「適応して」変化しつつ生き延びてゆくという見方を示している。換言すれば、自然や風土、社会経済の多様性に合わせて、家族農業も生き残るために地域的な多様性を強めていくことを意味する。それはまさに生物が自然環境の変化に適応して、種を保存しつつ様々に進化してきた過程を想起させるものである。

このようにして、家族農業論を論じる場合も、それぞれの地域農業とのかかわりを踏まえることが不可欠であるように考えられる。しかも、そこにおいては、単に社会経済的条件だけではなく、その土台となる地域の自然的条件＝風土やそこで培われてきた歴史的な営みがこれまで以上に重視されなければならないと言えよう。

この章は、以上のような認識に立って、東北という地域において、「有畜複合経営論」という独自の家族農業論を展開してきた東北農村文化協会（略称：東北農文協）を取り上げ、その30年に及ぶ歴史を振り返ることによって、その理論がどのように現実と切り結ぶことによって展開されてきたかを検討することを課題としている。東北農文協は、出版事業を行う（財）農山漁村文化協会から財政的な援助を受けているが組織的には独立の民間団体で、東北地域の農村文化の発展を目的として多様な研究者、農家が会員となっている。かつては、自然科学、社会科学を総合した研究者の団体という性格が強かったが、近年は農家と研究者が協力して活動する団体に性格を大きく変えてきている。

この団体を対象として取り上げるメリットは、第１には、わが国の有力な農業経済学者が多数関わってきたという点に加えて、第２に、30年に及ぶ活動が「総会の記録」、「シンポジウムの記録」として、出席者の発言、討論まで含めて克明に記録として残されているということである。したがって、研究報告はもちろん、その討論などの記録から、様々な論点に対して参加者がどの様な発言をしたかまで知ることができるのである。

以下では、30年の活動をシンポジウム中心に追いながら、東北農文協における「有畜複合経営論」をめぐる議論を跡づけようと思う。その際の視座を提示しておくならば、これまでの農業論の前提となっていた、⑴生産力の発展は歴史の進歩であるという歴史認識、⑵究極の目標はよりよい国民国家を作ることであるという課題意識、この2つを問い直すことである。今後、地域性に立脚した家族農業論を構築していこうとする場合、この2つの意識を相対化することがどうしても必要となると考えるからである。なお、東北農文協は、一貫して経済・経営という社会科学と技術面での自然科学との総合を一つの課題として追及してきた。ただし、本稿では、自然科学分野での研究や活動の動向は十分にフォローできないでいることを、予めお断りしておく。

第2節　東北農文協の再建とシンポジウム

1．東北農文協の再建

ここに再建とあるのは、東北農文協には、1954年に仙台を中心にして設立されて1961年頃まで活動した前史があるからである。この前史については、再建20周年記念集会の記録（『農村文化運動』108号、1988、以下、この雑誌については号数のみ記す）に当時を回顧する座談会と略史年表がまとめられているので、それに譲る。

いずれにしても、東北農文協は7年間ほどの活動中断を経て、1969年3月、宮城県白石市「農林年金会館」において第1回総会を開催し、規約と役員選出が行われて再建された。代表委員には、東北大学の西田周作（畜産学）、委員には田辺良則（弘前大学・農業経済学）ほか12名が選出されている。なお、委員には、当時の岩淵直助・農山漁村文化協会（以下：農文協）専務理事も含まれており、この再建が農文協との提携（具体的には財政的支援）があってなされたものであることがわかる。

この農文協との連携は、前年の1968年２月に開催された「東北ブロック会議」で確認されたもので、先に述べた略史年表においてもこの会議が「実質的な再建大会」と記されている。その後、第１回総会において幹事に選出される柴崎徹（東北大学農学研究所・作物生理）、馬場昭（同・農業経済学）、本田強（同・生物生理）、萬田正治（東北大学農学部・畜産学）などの若手による４回の準備会を経て第１回の総会開催となった。東北農文協には、多数の研究者が関係するが、東北大学農学研究所及び東北大学農学部畜産学教室の人的系譜はその後も常にその中心的位置を占めている。

規約には目的として、「東北地方における農民の自主的な活動を助け、農村の文化向上をはかる」ことが述べられ、活動としては「１．農民相互の交流の援助、２．農民の提起する課題に対する協力研究、３．研究会、講習会の開催、４．その他」などとなっている[1]。実際、最初の活動として提起されたものは、農家相互の交流会を組織していくことで、すでに前年の1968年には仙台市「針生旅館」で第１回農家グループ交流会が開催されたほか、各地を回って農村青年部などに農家交流会の呼びかけがなされている。

では、東北農文協の再建は、どのような背景を反映したものだったのか。東北農文協が呼びかけたグループ交流会や農家交流会の報告を見ると、当時の農村に「農業意欲の低下」「農業悲観ムード」が蔓延していることが語られている。それというのも、1960年代を通じて「自立経営」をビジョンとして推進された基本法農政が明らかに行き詰まっており、特に東北農業にとって基幹作物である稲作に関わっては、過剰問題が深刻化して1969年に自主流通米制度、また翌年からはついに減反が開始されるという流れが農業・農村の将来の見通しを不透明なものとしていた。また、現実の農業においては、稲作の田植機、収穫機がいよいよ普及し始め、養豚や肉牛、野菜生産が増加していく一方で、企業進出や出稼ぎによる兼業化が急速に進展してゆくというように、事態がきわめて流動化しはじめていたのである。

こうした時に、１戸１戸の農家を取り巻く状況の変化や抱える問題を青年農業者が互いに語り合う農家交流会の提起は、きわめて時候を得たものだった。こうして農家交流会は、各県の交流会と東北ブロック交流会という２本柱で定着していく。また、交流会への研究者の参加は、各地における講習会の開催という形へ発展をみせている。ただし、講習会については、1971年に『農業は農業である』（守田 1971）という衝撃的な題名で守田志郎が登場したことによって、独自の展開を見せる。すなわち、1971年より、守田志郎を講師として３日間の合宿による講習会が「中期講習」という名前で開催され、その後、毎年、継続されることとなり、その場が主要な農家の結集軸となっていくからである(2)。

以上のように、東北農文協の再建は、「有畜複合経営論」を拠り所とした後の展開と直ちに結びつくものではなかった。第１に、総会の時点では、「有畜複合経営論」の中心的な担い手となる吉田寛一（東北大学農学研究所）と佐藤正（岩手大学）が加わっていなかった。また、その活動も農家相互の交流会を組織することに中心があったのである(3)。

２．シンポジウムの開始―志和農業からの問題提起―

再建された東北農文協が、活動の中心をどこに置くかをめぐって重要な方向付けが与えられたのは、1971年３月に開催された第３回総会である。この総会には、吉田寛一、佐藤正に加えて、坂本尚（当時、農文協文化部長、後に専務理事）が初めて出席していた。そして、そこにおける議論の中からシンポジウムの開催という提案が生まれてくる。すなわち、1960年代の初めから志和町の農業振興計画に助言をしてきた佐藤は、上層農家と出稼ぎ下層農家のズレといった点について、「志和のように複合体制が広がってしまうとそういった違和感はない」（「第３回総会の記録」1971：p.32）、「経営の人と技術の人と各専門家に集まってもらって複合経営研究会でもやってみる必要がある」（同：p.39）と問題提起し、それに対して坂本も「行政ベースだけが農業の方向ではないということを考える機会を作れるようにしたい」（同：p.44）と反応したのである。

この議論が契機となって、同年８月17・18日に、秋田県田沢湖畔において東北農文協の記念すべき第1回シンポジウムが開催されることになった。テーマは、「東北農業の技術的諸課題と発展の形態」で、経営と技術を総合することを一つの目的として、吉田寛一、五十鈴川寛（山形県農業試験場）、熊谷久（志和農協組合長）、佐藤正らの報告によるシンポジウムが2日間にわたって展開されている。この中で、複合部門の導入によって出稼ぎに代わる地域農業を作りだした志和の事例（熊谷報告）が大きな反響を呼ぶとともに、それを踏まえた佐藤正の「東北農業の今後の形態と農業技術の問題点」という報告が問題をクリアーにしたのであった。

すなわち、佐藤は、「農業の2つの未来像―装置化・システム化と複合化―」という整理を行って、この2つを小農経営を解体するコースと守るコースと性格付け、「東北農業なり日本農業の展望を考える場合、志和方式の複合路線、この小農を守りつつ発展させるという道筋を確実に経ていって初めて本当の意味での技術的成熟と高度な成長、本当の農業というものを築くことができるのではないか」（45号 1972：p.21）と提起したのである。

このシンポジウムは、全国的にも大変な反響を呼び、翌年の北海道農研協（会長、足羽進三郎：北海道大学）、九州農文協（代表委員、山田龍雄：九州大学）の設立につながっていく。そうした反響の核心は、やはり佐藤の定式化に示されていた近代化農政に対する明確なアンチテーゼの提起であった。それは、翌年の東北農文協第4回総会における議論からも、明確に伺われる。すなわち、坂本は、農政の提示するものに対して「事実はちがうというふうに農家は思っている。だがそれについて理論的根拠がない。複合経営でもそうでしょう。遅れているという感じが強いわけですね。」（「第4回総会の記録」1972：p.31）と述べていた。また、これに対して佐藤は、「もう少し体系化する作業を強化することが必要ではないかという気がするんです」（同：p.33）と、答えている。

要するに、当時、農政が示すビジョンに方向性が見いだせない地域はもちろん、志和のように複合経営による地域農業に活路を見出しつつあった農村さえも、「装置化・システム化」を旗印に強力に推進されている近代化農政に対抗する“理論”が強く要請されていたのである。

第３節　有畜複合経営の理論的体系化

１．複合経営に対する様々な視点

こうした複合経営の理論化の要請を受けて、1972年の東北農文協は、農業経済関係の研究者によって「小農経営をめぐる農業経済学上の諸問題」と題する「予備シンポジウム」を開催している。報告者は、田辺良則、河相一成（東北大学農学研究所）、佐藤正、吉田寛一の４名であったが、そこには４者４様の議論が展開されている。田辺は、道具的性格の軽量小型機械の開発が、小経営の強靭性に技術的基礎を与えている点を強調する。一方、佐藤は、「一般的に近代経営は複合経営として成立し、それが資本主義下では合理的農業と評価できるということ」（50号 1973：p.16）。「農業生産力の発展を考えると、必然的に複合経営形態をとらなければならない」（同：p.20）と、複合経営を生産力発展の高次の形態として位置づけようとする。

これに対して河相は、「他方食糧生産という社会的意味をもつものだから勤労者の生活も考えて、…家族経営における労働生産性の追求があってもいいのではないか。資本の論理としてではなく、社会的要求として安い農産物ということがあるのだから」（同）と、国民経済的な観点を強く打ち出し、そうした社会的要求の結果として「小経営は一挙になくならなくても、徐々になくなるのではないか」（同：p.39）としていた。

小農論の立場から見て最も注目されるのは吉田寛一であった。「小農は、資本主義にまき込まれざるを得ないが、その過程において、自分の生活を維持しつづけなければいけない。とすると資本主義の論理以外のコースがあるのではないか」（同：p.22）。「まず、資本主義は農業をつかみきれない、という問題を踏まえることが、第一に必要である」（同）。「小農の経営擁護だけで商品生産発展を考えると、合理化という近代路線に乗ってしまう。それにブレーキをかける力は、生活にあると思う。資本の枠内では生活の視点を失うと、資本の論理に入ってしまう」（同：p.36）と、小農の独自性と「生活の視点」を強く打ち出していたのである[4]。

このように、いざ理論化を行おうとすると、そこには現代資本主義の下での小農をめぐるかなり大きな認識の隔たりが存在することがむしろ明らかとなった。こうしたこともあって、シンポジウムについては、もっぱら現実の農業が抱える技術的課題がテーマとして取り上げられ、海外飼料に依存する加工型畜産の問題点（西田周作「現代多頭羽飼育の問題点」第２回シンポジウム［1972年８月］、「東北農業における飼料自給の可能性」第３回シンポジウム［1973年８月］）、化学肥料に依存する地力低下問題（「東北農業における地力維持問題」第４回シンポジウム［1974年８月］）、急速に進展する機械化の問題（「東北農業における機械化段階と複合経営の諸問題」第５回シンポジウム［1975年８月］）などが順次取り上げられていった。

その過程で、一段と強く求められたのは、原理論的な問題ではなく、現実に進行している事態を踏まえ、そこに方向性を与える理論である。すなわち、実際に農村現場を歩き、農家と直接に接触している坂本は、1974年の総会において、次のように発言している。「実際には１～２頭飼いの畜産をやっているような農家は畜産と農耕の両面でうまくやっているというのがあります。その論理が科学的に出てくるような、そんな具合にはいかないでしょうか」（「第６回総会の記録」）。

そこにおいて、現実に進行している畜産の現状、地力問題、機械化の進展などの事態を総合して、坂本のいう理論化の要請に応えたのが佐藤正であった。佐藤は、第５回シンポジウムで行った「東北稲作農業の有畜化への提言」という報告の中で、現局面を「機械化段階」という言葉で定式化し、東北農業の目指すべき方向を以下のように展望したのである。すなわち、「農業の機械化段階に局面が移ってくると、ますます農業から労働力が排除されるから、その労働力を農業経営の内部に使用するということを、計画的、合理的に追求していかなければ、農業経営を維持できない」「新しく有畜農業への転換を経営様式の中に位置づけていくことにより、機械導入の成果を農業的に大きく刈り取っていくことが必要なのではないか」(61号 1976：p.16)。

要するに佐藤は、機械化による労働力排除が兼業化と結びつき、機械化と兼業化の相互作用が展開している事態、一方、海外飼料に依存した大規模畜産がオイルショック後の輸入飼料の高騰で行き詰まり、畜産物供給が不安定化している事態を踏まえるとき、「農民の生活を守るということと、国民への食糧供給を安定させるという基本的な問題を整理してゆくと、本格的な農業地帯である東北農業において、畜産の構造を大きく変えるとともに、機械化農業の奇形的構造を大きく変えてゆくことが重要な課題」(同：p.11) であるとして、「東北農業の今後の大きな目標として、有畜農業化とそれによる複合経営化が、機械化段階において小農民経営の追求すべき方向」(同：p.18) であると結論づけたのである。

こうしてここに、「機械化段階→有畜複合経営」という佐藤正の「有畜複合経営論」が原型において理論化されることになった。佐藤正の長くない生涯の中でも最も有名で、最も重要な論文「農業機械化段階における小農民の分解と経営様式」(佐藤他 1975所収) は、それを農民層分解論と結びつけてさらに理論的に整理したものである。しかし、この論文の背景には、1971年以来の佐藤による東北農文協への関与とそこでの集団的な議論があることを見逃すことはできないのである。

2. 有畜複合経営論の理論的体系化

この佐藤による経営・経済分野からの提起を受け、翌年の第6回シンポジウム (1976年8月) では、「東北農業における複合経営の技術的基礎」と題して、技術論の側面からの検討もなされた(5)。そうした中、東北農文協として有畜複合経営論を理論的に体系化することは、一段と緊急の課題となってくる。というのも、「『複合経営』という言葉が一昨年あたりから、農林省も含めて、かなり一般的に使われるようになった。」(「第9回総会の記録」[1977年2月]) とあるように、農政も現実を無視できなくなり、転作とも関わって「複合経営」という言葉を使い始めたのである。ここに、農政の言う複合化と小農経営を守る路線としての複合経営の違いを明確にすることが、東北農文協に迫られることになったのである。

こうして、「来年度の活動の方針とも関連するが、東北農文協シンポジウムの成果を、一区切りをつけるようなまとめが必要かと思う」（同）とあるように、設立10年を間近に控えて研究成果のまとめが課題として提起された。これに対して佐藤は、「複合経営論にもいろいろあって、どなたが総括されても、ニュアンスの差がある。シンポジウムそのものに限界があって、その差は乗り越えられない。…記録というより、もっと本として系統だったものが目的なら、それは『書きおろし』に近い形で考えたほうがいいと思う」（同：p.20）と、それを本の出版として取り組むことを提案した。

こうして、東北農文協シンポジウム記録刊行委員会が組織され、佐藤提案に基づいて経済分科会と技術分科会、畜産分科会に分かれて、「現代東北における科学的農業としての複合経営」をテーマに研究会を行うことになった。

1977年８月に青森市で開催された経済分科会は、テーマを「現代複合経営論」として、佐藤正、安孫子麟（宮城教育大学）、宇佐美繁（農業総合研究所積雪支所）、田辺良則（弘前大学）、三国英実（弘前大学）、酒井淳一（東北大学）、河相一成（東北大学）の７名による報告が行われた。出席者は報告者を含め25名であったが、その中には阿部健一郎（秋田県農試）、阿部幸吉（山形大学）、大木れい子（東北大農研）、太田原高昭（北海道大学）、鈴木直建（東北大農研）、網島不二雄（東北大農研）などが加わっていた。

そこでの議論の中から、今日から見て興味深い論点を拾い出してみよう。１つは、複合化の論理をめぐってである。安孫子麟は、前年のシンポジウムにおいて、それを農業の本来のあり方という前に、各農家が所得＝生活のために行う市場対応の形態として考えるべきであると、佐藤とは逆の視点を提示していた。それは、ある意味で、吉田寛一の「生活の視点」を引き継ぐものであり、当然にも地域毎に農家毎に多様な対応の形態を示唆するものであった。以下に、安孫子の報告を引用しておこう。

「複合経営が主張される第一の根拠として、最初に述べたような農業が本来もっている役割―すなわち生物生産として自然の生態系の循環をこわさない、あるいはそれをもっと賢明に利用すべきだと強調される人が非常に多い。しかし私は、その理由はあとでつけたほうがよいのではないかと思う」「この複合経営のねらいは、まず農民の農業所得をどうやって保障するかという問題として考えたほうがよい」(65号 1977：p.137)。「何がなんでも兼業をやめて農業で頑張れとは言い切れない面がある。そのところは、現実の一戸一戸の農家の条件で考えなければ仕方がないと思う」(同：p.141)。

これに対して、複合経営を一段と「科学的農業のあり方」と強調していた佐藤は、「農民層分解とか、資本の発展という経済的問題と関連する一般的な経営様式として、問題を立てる必要があるのではないか」(シンポジウム関係資料 1977：p.8) と述べて、新たに「経営様式」という概念で複合経営を一般化しようとしていた。また、「ここでいわば本質的な農業生産というものを整理することで、市場対応がその本質的な生産をいかにゆがめているかの議論も可能になる」(同) というように、市場対応をむしろ本質を歪めるものとして否定的に見ていたのであった。

第2は、東北農業の多様性、それを地帯構成として捉える視点である。この視点を提示したのは、宇佐美繁であった。宇佐美は、東北農業を「Ⅰ. 米単作、Ⅱ. 旧馬産・畑作地帯、Ⅲ. 米・果樹・商品作物地帯」の3つに分類し、歴史的にそれぞれの農業形態の発展を論じた。そうした分析は後に、「地域農業複合化の先駆的事例として紹介される志和・田子・住田・金ヶ崎等々は、いずれも旧田畑作・馬産地域に位置し、今日では稲・園芸・畜産複合地域へと展開してきたところであった」(河相・宇佐美 1985：p.240) とまとめられている(6)。それは、佐藤が東北農業へ、さらには日本農業へと一般化しようとしている有畜複合経営が実は、旧馬産地帯という歴史的な条件のもとで形成された特殊性を持つことを示したものであった。

第3に、議論に参加していた太田原高昭から出された「戦前の多角経営についてはどう整理するのか」(経済分科会総括討論の記録 1977：p.7) という問いである。佐藤は、これに対し当然のように、戦前の多角経営を「高度的な形態ではない。つまり合理的な形態ではない。そういう意味から、多角経営は歴史的なものと位置づけて、現在の我々が問題とする複合経営とは区別する必要がある」（同）と主張する。宇佐美と太田原もそれを了承して、農地改革の意義を強調しているが、小農として、家族農業として考えたときには、農家は農家として連続しているのであるから、かつての農間余業や副業、出稼ぎなどの対応は、今日のヨーロッパ農業における多就業を含めて家族農業が示す市場対応の形態として捉えなければならないのではないか（玉 1994）。

第４に、地域複合論との対峙である。地域複合論という主張は、酒井淳一から出されたが、それは次のように、農業問題を相当単純に捉えた近代化論に近いものであった。

「資本主義経済においては、農業と工業の資本主義化が進展するという見通しのもとに、農業をも資本主義化にまきこみ、いやおうなしに大規模化せざるをえなくするということを言った。どうして資本の論理がそこに入ってこないといえるのか」（経済分科会総括討論の記録 1977：p.16）。

これに対しては、佐藤が「酒井さんの議論は、近藤康男さんもそのような展開だと思ったが、それぞれ専門化したものが相互に連結することでひとつの地域的な農業ができあがっていくという議論の筋道のようだ。しかしはじめからそのような枠を設定すると、個別経営として展開できる条件をおかすばあいもある」（同：p.21）と返答していることは、ある意味で妥当なものであった。

このように、依然としていくつかの重大な溝を含みながらも、それは西田周作・吉田寛一編『東北農業：技術と経営の総合的分析』（西田・吉田編 1981）にまとめられていく。そこでは、宇佐美の出した地帯構成の問題提起を踏まえて、第１章の「東北における農業諸形態の展開」において、イネ単作地帯、畑作地帯、果樹地帯、畜産、林業がそれぞれ歴史的に分析されている。しかし、本書の基調となるのは、やはり第２章「東北における農業経営の展開方向」（佐藤正）であって、そこでは「輸入飼料に依存した加工型畜産の問題点」と「機械化一貫体系の実現した稲作」という２つの条件を踏まえて、「有畜複合経営の確立は東北農業に１つの新たな展望を与えるものである」（佐藤 1981：p.171）という有畜複合経営の論理が改めて明確にされたのであった。

また、そうした地域農業を作っていく担い手は、自主的・民主的に運営される農協に求められたのである。

３．文化運動の模索と新たな出発

東北農文協の再建から10年の成果を『東北農業』にまとめることが決まったのと並行して、それでは次の活動の中心をどこに置くかについての議論も開始された。1978年２月に開催された第10回総会では、これからの活動をどうするかが論じられている。すでに、農家は交流会を定着させ、「東北農家の会」を組織し、この年からは交流会の費用についても自分達の自賄いとする形で自立した組織となっていた。これは東北農文協が農文協に全面的に依存していたのとは、大きな違いである。そうした「東北農家の会」については、総会でも「自分なり自分の家なり村なりを以前とは別の角度から見れるようになり、自信もついてくる」と報告されている。

このように、農家は交流会、研究者はシンポジウムという形態が定着した中で、総会では水間豊（東北大学・畜産学）が「研究者と農家の交流の場があってもいいのではないか」という問題提起をしている。また、総会の場では、有畜複合経営論の２人の立て役者である佐藤と吉田の間で、「農村文化運動とは何か」をめぐって以下のような議論もなされていた。

佐藤「無節操に流れ込むと危険であるが、農民の『生甲斐論』というようなものが求められているのではないか。技術のあり方、むらの中での暮らし方などと重なり合うものとしての生き方というか、農民の思想とでも言うべきものがないと、農家と話し合うときに話しは納まらない感じだ。新三全総はこれらを逆手にとって、生活、むらなどの概念を政策に取り入れてきた」。

吉田「いろいろな『複合経営』論が出されるようになったが、消費までつながる形でそのあり方を明らかにしなければ定着しないと思う。それは農業のあり方、生活のあり方に対する考え方を変えなければ出てこない」。

佐藤「有機農法ということか」。

吉田「有機農法は生産のあり方に対する問題提起にはなるだろうが、消費とつながらなければ現実性がない」(「第10回総会の記録」1978)。

このように「農村文化運動」が議論となったのは、農文協が『農村文化運動』67号（1977）において、独自の「農村文化運動理論」を提起していたことが背景としてある。しかも、坂本尚専務理事が中心となってまとめられたその理論は、「経済合理主義の克服」、「科学主義の克服」などの表現に見られるように、当時としては研究者のよってたつ基盤を揺るがす内容をもっていた。

複合経営という点では東北農文協と同じでも、農文協が提起した「運動目標としての自給的小農的複合経営」は、科学的農業としての高度の形態を強調した佐藤の複合経営論とは根本のところで異なっていた。すなわち、農文協の方は明確に生産力中心主義の近代を相対化する方向に歩を進めたのに対して、先の佐藤と吉田の議論に示されるように、東北農文協はそれに一定の理解を示しつつも、未だそれに踏み込む準備はできていなかったのである。この両者の間に開いた溝は、その後、しだいに広がっていくことになる。

今後の活動の方向を必ずしも明確に打ち出せないままではあったが、東北農文協は新しい歩みを再び志和からはじめることとなった。1980年８月開催の第９回シンポジウムは、水間豊の問題提起にも応えて「農家とともに新しい農業を考える」をテーマとして、志和町を会場として開催された。従来は呼びかけた人だけに限られていた参加者も、今回はなるべく多くの人に参加を呼びかける形態とした。その結果、「また今回はじめて公開でもたれたが、東北各地から役場や農協その他の方々が幅広く参加し、現地の農家の方160名も加えて総勢239名というかつてない多人数の中で開かれたことも特記しておきたい」(82号 1981：p.1) という大成功を収めることになる。

この成功を踏まえて、以後、第10回「新しい東北農業のあり方をさぐる―

志和農業をめぐって―」（1981年8月）、第12回「里美農業を考える」（1983年8月、秋田県平鹿郡里美町）、第13回「東北における複合経営の現段階と課題―輸入拡大・構造政策の下での東北地方小農複合経営の存立条件―」（1984年8月、山形県最上町）、第14回「山村畑作地帯における有畜複合経営」（1985年8月、青森県三戸郡田子町）、第15回「庄内地域における住民の主体経営と稲作複合経営の展望」（1986年8月、山形県鶴岡市）と、農業現場でのシンポジウムの開催が続いてゆく。開催地には、いずれも農協が中心となって有畜複合経営論を実践している優良事例町村が選ばれたのであった。それはいわば、有畜複合経営論の理論化の10年に続く、現実的な検証の10年であったということができるであろう。

第4節　有畜複合経営をめぐる環境変化

1．有畜複合経営論に対する評価

さて、このような東北農文協の有畜複合経営論に対しては、どのような評価がなされたのであろうか。1982年8月に開催された東北農文協の第11回シンポジウムは、前年に出版された『東北農業』に対する合評会であった。そこにおいて大高全洋（山形大学・農業経済学）からは、農業を取り巻く市場環境が米、野菜、果樹、畜産ともに産地間競争を強める方向で厳しくなっているという現実に対する分析が弱いのではないかという問題が提起されている。これに対する佐藤の答えは、ある意味で、有畜複合経営論の一つの特徴を鮮明にするものであった。すなわち、佐藤は、「これは食糧管理制度をもっと発展させて、コメだけでなくて、飼料も全部含めて合理的な管理をする、というような新しい政策体系をつくり、それを農業保護の一環に位置づけていくことをしないと、平場のイナ作地帯で有畜化することはできないだろう」（第11回東北農文協シンポジウムの記録 1983：p.94）と答えている。これは、先の河相一成の場合と同じように、農業のあるべき姿が国民国家による市場管理と一体のものとして考えられていたことを示している。

一方、宇佐美は、家族論の弱さについて指摘している。すなわち、「東北が全国的にみて有畜農家率が高い地域になってきているのは、良しあしは別として、家族構成の強固な形態、家族の再生産が、ある意味で昔ながらの形態で二世代三世代にわたって、今もって農家の家族構成が再生産されている。こういうあり方のなかに、複合経営を成り立たせる一つの要因があるだろうと思います。むしろそういう家族の分析が足りなかったという点が、ここでは非常に大きな課題になるだろうと思います」（同：p.15）。

これは、日本農業の中での東北農業の特徴として、宇佐美が問題としていた地帯構成につながる論点であった。

一方、1984年には、東京大学の経営学教室が中心となって金沢夏樹編著『農業経営の複合化』（地球社、1984）が出版された。その「はしがき」には、「複合化問題は今日の日本農業にとってまさに農業経営をして農業経営たらしめる基本問題ではないか」と書かれている。しかし、すでに見てきたように現実に複合化が展開したのは1970年代のことで、実は、この1980年代の中頃には後にも述べるように、複合経営は難しい局面を迎えていたのであった。その意味で、金沢らの本は、農政が複合経営を言い出したのに合わせて、後追い的に研究を始めたものと揶揄できないこともない。1970年代の初めから複合経営を正面から論じてきた東北農文協と違うことだけは確かである。

この本の中で、吉田寛一、佐藤正らの複合経営論は、「第１は商品生産や資本主義の分解作用への対応として自給原理をもつこと、第２に生態系的自然循環を高度に利用する経営で、その循環原理に反する土地改良や生産諸手段の利用を拒否する主体性をもつこと、第３、自給原理や自然循環原理を破壊しない限度に商品生産の拡大をとどめ経費の節減に経営改善の主眼を置く、とする」（金沢編 1984：p.148）と特徴づけられている。その上で、「小農民経営が体現しているそのような経営構造（兼業化、単一化、機械化、規模拡大など）、しかも商品生産者として対応しつつ矛盾を克服せざるをえない構造の展開論理と、小農複合経営論の理念論との間にはかなりの距離がある」（p.154）と批判している。

そして、「小農経営が専門化し、生産力発展と矛盾している現段階は、現実の分解の進行を通じての大農形成や資本制的経営の道における複合化か、経営間結合や集団組織における複合化かの方向でしか考えざるをえない。小農もまた農業生産力の歴史的展開にとって、１つの生産関係として変革されつつあるという現状認識での複合経営研究の深化が求められている」(同) とまとめていた。

要するに、好むと好まざるにかかわらず、生産力発展という力が歴史法則として小農という生産関係を変えていくというのである。しかし、これは生産力と生産関係の矛盾によって資本主義は社会主義へと発展するという議論と同じく、19世紀から言われつづけてきた命題の繰り返しである。社会主義体制が崩壊した今だから言うのではないが、研究者であれば、このような命題が現実を反映するものかどうか疑ってみるべきであろう。

しかし、確かに1980年代に入って、米ばかりではなく、果樹や野菜、牛乳、畜産物についても過剰問題が顕在化し、産地間競争が一段と激しさを増していた。一方、中曽根内閣の登場以降、行政改革が政策の柱となり、食管制度の赤字が問題視され、民営化の流れの中で、農業保護に対する激しい批判が財界やマスコミから声高に開始されていた。さらに、アメリカに対する日本の工業製品の集中豪雨的輸出が日米間の貿易不均衡を招き、アメリカからの農作物市場開放の要求は日増しに強くなっていった。その中で、農業保護を全廃し、市場競争に委ねさえすれば日本農業は大規模化し、近代化されるというかなりシンプルな「農業革命論」がマスコミをにぎわし、財界を動かし、世論や農政にも影響を及ぼしていたのである。

２．東北農文協再建20周年記念集会（1987）

そうした農業にとって波乱の1980年代、東北農文協は再建20周年を迎え、盟友関係にある北海道農文協、九州農文協の代表を招いて、それを記念する集会を1987年に行った。そこでの基調講演を行ったのは、言うまでもなく佐藤正である。なお、佐藤は、このシンポジウムの後に急逝し、これが東北農文協における佐藤の最後の報告となった。

「円高不況と東北農業の進路」と題した報告において佐藤は、「現代では、米の自由化問題、食管廃止の問題など、これまた、東北地方の複合経営（これは大なり小なり稲作を基礎としておるわけですから）の根幹をゆるがすような問題提起が政策から出されてきている」（108号 1988：p.30）としながらも、全体としては、「だから1985年でみても、有畜複合経営という経営の様式は崩れていないことは、岩手県の例からみることができる。先ほど申しました有畜農家への提言とこの事実と比べてみると、ある程度、その主張は現実的な根拠を持ちえていたということが言えるかと思います」（同：p.43）と、有畜複合経営論の現実的有効性に自信を見せたのであった。

その上で、「この意味で小土地所有がある限り、東北地方の地域性に根ざした小農民の経営は続くわけで、農家は、コスト意識を鮮明にし、自然循環と生態系を利用する複合経営を発展させることは今後ますます重要であろうと思います。先ほど述べましたように、有畜複合経営の経営を軸にした日本の発展的な農業再編ということは、依然として現実性のある課題として提起できるのではないかと思います」（同：p.53）とまとめたのであった。

しかし、この佐藤の報告は、出席した北海道農文協と九州農文協の代表からは必ずしも賛意を得ていない。特に、厳しい意見を述べたのは、北海道農文協を代表して報告に立った七戸長生（北海道大学）である。七戸は、岩手県における有畜複合経営の現状から東北農業、さらには日本農業の発展方向を提起する佐藤の報告に対して、端的に「普遍化を急ぎすぎてはいないか」と指摘し、「このような形でなんらかの方向性を明確にさし示すと言いますか、非常にトーンの強いまとめになっているように思われます。……あえて良心的にいえば、限られた部分、部分についてこうではないかという提起ができる程度の力しかじつはないと思います。……この活動を本気でやろうとすれば、農家の人たちと一緒になって新しく作りだしていくしかない。そういう研究を続けていくしかないのだろうと思います」（同：p.94）と述べていた。

また、九州農文協の代表として参加していた陣内義人（鹿児島大学）も、「同時にもうひとつ腑に落ちない点も残りました。それは、いわゆる東北農業が、日本農業を背負っているのだという考え。日本農業の今後の将来の原型を作っていくのだという発想ですね」（同：p.100）と、東北農業を日本農業として論じることを批判したのであった。

しかし、この時すでに「有畜複合経営論」は、東北農文協の金看板になっており、またそれに代わるものはなかった。それは10周年を迎え、新たなスタートを切ろうとしたとき、一時的に問題とされた「農村文化運動とは何か」というテーマが、この10年の間にあって結果的に課題として追求されないまま、有畜複合経営論の検証にもっぱら活動は費やされてきたことの結果でもあった。この20周年記念集会は、まさにそのような東北農文協を取り巻く厳しい環境を示すものであった。

しかし、そのことはこの集会において、必ずしも東北農文協として自覚されたとは言えなかった。その結果として、現実は厳しくても、あるいは厳しければ厳しいほど、金看板としての有畜複合経営論を高く掲げて、あくまでもそれを守ろうとする東北農文協にとっては大変辛い次の10年が始まるのである。

３．90年代の東北農文協と有畜複合経営論

実際、それ以降のシンポジウムのテーマを見ると、第18回「有畜複合経営と地域協同」（1990年８月）、第19回「90年代の有畜複合経営—その課題と展望—」（1991年11月）、第20回「有畜複合経営のための農法的な問題点は何か」（1992年11月）、第21回「有畜複合経営と土地利用—福島県飯館村の事例を中心に—」（1993年11月）というように、毎回必ず「有畜複合経営」がテーマの柱となり、厳しい現実の中でそれを守り抜くにはどうしたらよいかが議論されたのであった。しかし、有畜複合経営論が理想とするものと現実とのギャップは次第に広がっていた。

第19回のシンポジウムで、「農家の現実と有畜複合経営—わが家わが集落

の家畜飼養から―」という報告に立った栗田和則（山形県金山町農家）は、「去る（1991年）６月の東北農文総会のおり、『有畜複合経営は、理論としては正しくとも、現実の今の農家のなかで実践するのはむずかしい』と暴言をはきましたために、このシンポジウムで、そういう農家の立場で報告せよということになってしまいました」（124号 1992：p.5）と、報告をはじめている。ただし、そこで栗田は、有畜複合経営が時代遅れになったという結論を導くのではなく、家に家畜がいる「意味」は、経済合理主義から説くことはできないとして、有畜複合経営は経済合理主義を越える新しい価値観を作り出し、農村や都市に広げていく活動と一体でなければならない、と論じたのであった。農家の方が研究者よりも、はるかに時代を全体的に捉えていたのである。

有畜複合経営のメッカとも言える志和農業の現状について報告した熊谷久も、志和の複合経営が通勤兼業の可能性、世代交代、農業所得減少、輸入拡大＝市場条件の悪化などの要因から明らかに停滞期を迎えたことを認めざるを得ないというものであった。また、網島不二雄（山形大学）は、「有畜複合経営論」の理論自体に反省のメスを入れ、次のように述べた。

「吉田、佐藤両氏は、小農を核とする日本農業の発展方向に有畜複合経営を位置づけ、その合理的農業実現にむけての諸課題に言及してきたのであった。そして今日の日本農業をめぐる状況はきわめて厳しく、理想に向けて道すじがことごとく閉ざされていくかに見えるのである。したがって、そこでの我々の課題は、繰り返しになるが、有畜複合経営の合理的本質を取り上げるのではなく、それまでの農政展開過程分析の上に立って、広範な諸運動展開の諸契機を農業生産、家族経営の展開過程に則して解明していくことであると考えるのである」（同：p.31）。

さらに、これまでもしばしば重要な問題を提起してきた宇佐美繁（宇都宮大学）は、「家族労働力の変化―直系三世代家族の量的・質的変化と担い手問題」と題して、有畜複合経営の基盤であった「三世代同居の内容が、家業と家産を中心に結びつく直系家族から、夫婦関係を中心とする二世代夫婦家族へと変化しつつあるように見える」（同：p.63）と、家族形態の変化から有畜複合経営の困難を分析したのであった。ただし、この報告は、先の栗田報告とは違って、そのような家族関係の変化を歴史の必然として、有畜複合経営を過去のものと断定するものではないかと、参加者から強い反発を受けたのであった[(7)]。

この第19回のシンポジウムには、「機械化段階の経営様式」という有畜複合経営の理論的定式化と、農業を取り巻く環境の厳しさという現実の間での、東北農文協の苦悩が象徴的に示されていた。その中から、ようやく一筋の活路が見出されてきたのは、「日本型畜産変革の課題と展望」と題して開催された1995年の第23回シンポジウムである。そこでは、行政の進める酪農を拒否し、「常識はずれ」の粗飼料中心の周年放牧を展開する岩手県岩泉町の中洞さんの山地酪農牛乳が通常の市価の３倍近い値段であるにもかかわらず、購入者の強い支持を受けているという驚くべき事実が示され、産直が農業にとって新しい環境だけでなく、新しいものの見方を示していることが実感されたのである。

こうして、続く第24回、25回のシンポジウムは「産直―その実践と今日的意味―」と題して開催されたのである。

４．東北農文協の新しい出発

このように有畜複合経営に代わる研究テーマとして「産直」の検討が進められるのと並行して、東北農文協の組織体制にも反省が加えられることになった。すなわち、従来のクローズドな組織ではなく、趣旨に賛同する人は誰でも自由に会員となることのできるオープンな組織への変更である。また、農文協から引き続き財政的支援は受けるにしても、会員の証としての会費も明確に徴収することである[(8)]。

それは、七戸の言う「農家の人たちと一緒になって新しく作りだしていくしかない」という問題提起に応えるということでもあって、この組織改編に際しては、農家と研究者が対等な立場で協力し合う組織とすることを目指して、代表委員を１名から２名として、研究者と農家の双方から選出することとした。また、目的についても、産直をはじめとする農村と都市との交流にも配慮して、「農業・食糧・環境の意義の解明とその改善」が付け加えられた。それはある意味で、10周年を迎えたところで、一度、検討課題となりかけた「農村文化運動とは何か」を改めて本格的に検討するための新しいスタートであったといえる。

こうして1998年に開催された東北農文協30周年記念シンポジウムは、テーマを「新しい農村文化運動の創造に向けて」と題して開催されている。そこでは、代表委員の１人渡辺基（八戸大学）が「『有畜複合経営論』の再検討と新しい農村文化運動」と題して、「有畜複合経営論は、経営論として提起された点に限界があり、農業論（農法論）としての提起が必要だったのではないか」と問い、新しい農村文化運動を「人が自然と共存し、人と人が共存する生活の在り方を問う運動」ではないかと提起した。また、農家の代表委員である栗田和則は、「愉しい農業、農村を目指す―金山町における新しい農村文化運動の試み―」と題する報告を行ったのである。

このようにして、ともかく東北農文協は新たな１歩を踏み出した。しかし、この渡辺報告に対しては、フロアーから有畜複合経営論の意義を十分に評価していないという発言が相次いだ。実は、この章も、この時の議論が契機となって、翌1999年度の第27回シンポジウムのテーマに選ばれた「第２部 有畜複合経営論の再考」における筆者の報告をまとめたものである。それは、渡辺が述べた「経営論としての限界」とは何かを検討する試みである。そこで、最後に、以上の考察をまとめて、筆者なりの有畜複合経営論に対する総括を行うことにしよう。

第５節　東北農文協の有畜複合経営論とは何であったか

まず第１に、東北農文協の有畜複合経営論は、1960年代から始まる志和農業の実践の中から生まれた理論であるということである。それは、戦後のダム建設によって稲作基盤が確立する一方で、炭焼きに替わる余剰労働力の利用を出稼ぎではなく、農協が中心となって「志和牛」の育成やキュウリ、生シイタケなどに向けるという実践を踏まえたものであった。佐藤正は、そうした農協による地域農業振興に農家調査やアドバイザーとして直接的に関与していたのである。

ただし、そこには、稲作基盤の確立と稲単作農業の限界という多かれ少なかれ東北農業に共通する特徴を備えているとはいえ、宇佐美が的確に指摘していたように、兼業機会に恵まれず、草地資源を豊富に持つという旧馬産・畑作地帯に特有の条件があったことも見逃せない。その意味で、志和をベースにして、直ちにそれを「機械化段階における経営様式」として東北農業や日本農業へ普遍化することは、七戸や陣内の指摘のように、地域性を無視した飛躍があったと言わねばならないであろう。

しかし第2に、佐藤正を中心として有畜複合経営の理論化が急がれたのは、1970年代という時代が農家はもちろん、役場、農協に務める現場指導者にも農政が進める「装置化・システム化」という近代化路線に対抗する理論が強く求められた時代であったからである。今でこそ農水省の権威も、学者の権威も大きいとはいえないが、当時は絶大なものであった。農家の実感や地域農業の実態からは自然に導かれる複合経営であっても、それを確信をもって推進することは、大変に勇気のいる時代だったのである。

そして、まさにそうした現場の要請に応えたのが佐藤正だった。また、そうした現場の要請を代弁したのが農文協の坂本尚だったのである。だから、佐藤が「科学的農業」に拘ったのは故のないことではない。農政や学者が「科学」を旗印に振りかざして近代化農政を推進してくる以上、それへの対抗はやはり「科学的」でなければならない。そこで出てきたのが、「機械化段階における経営様式」という定式化であった。それは、「農業は農業である」として、近代科学自体を相対化した守田志郎とは鮮やかな対照性を示すものであった。

こうして、有畜複合経営を「科学的農業」と打ち出したことが、東北農文協にとって両刃の刃であったというのが第３の点である。佐藤による科学性の強調は、「機械化段階」という定式化とも関わって、特に現場指導者や学会に対して強力な影響力を及ぼした。農村現場では、この東北農文協の有畜複合経営論を拠り所に、農協が中心となって品目別部会の組織化を武器に地域農業の複合化を目指す実践が東北の各地に生まれた。また、学会でも「機械化段階」は一躍、キーワードの１つとなり、農業経済学会に「農民的複合経営論」という勢力が生まれることにも大いに貢献したのである（太田原1976）。それは、守田志郎が東北農家の会の会員に絶大に支持され、その生き方を変えるほどの影響を及ぼしたのとは裏腹に、学会に対してはほとんど影響を及ぼし得なかったのと対照的なのである。

その一方で、科学性、普遍性の強調は、有畜複合経営論をそれを担う１戸１戸の農家の条件という問題を通り越して農業生産力の正しい在り方という認識を導くことになった。確かに、海外飼料に依存する加工型畜産は問題である。化学肥料に依存した地力低下も問題である。その意味でも有畜複合経営が重視する自然の生態系の循環という提起は、今日、一段と重要になっているといっていい。しかし、だからといって、それはそれを担える主体があっての話しである。安孫子が的確に指摘していたように、複合経営はまずは農家が生活していく所得を得られるかどうかが先であって、１戸１戸の農家の条件によって市場対応の在り方も多様であるはずである。

それを「経営様式」といった抽象概念に普遍化してしまったために、綱島が批判していたように、有畜複合経営論の「本質的な合理性」といった理論の呪縛に囚われてしまうことになった。そこからは、どんどん厳しくなる市場環境に柔軟に適応するための、それぞれの農家の条件を活かした多様な対応という発想につながっていかない。佐藤が、「市場対応がその本質的な生産をいかにゆがめているか」と、市場対応を否定的に見ていたところに、それは端的な形で示されている。このように有畜複合経営を「本質的な生産」として強調することは、1970年代のように、それが農家の所得増加へ実際的につながる時には問題ないが、自由化によってそうした条件が失われた時には、ある意味で農政が行ったのと同じ、農家に対する生産方法の押し付けに他ならなくなってしまうのである。

そこにはやはり、生産力の発展を絶対視する近代の考え方があったと思われる点が、第４である。それは有畜複合経営論が農業生産力の「高度な形態」であることを強調して、農村に歴史的、伝統的な慣行や農法を評価する視点を持ち合わせていなかったところに示されている。自然の生態系の循環に依拠するという視点からすれば、伝統的な農法の中に歴史的に培われた多くの巧みが存在している。「生活の視点」を重視した吉田寛一の自給という発想の中には、十分に見るべきものがあるが、佐藤の定式化には、生産力の発展を歴史の進歩とする近代の思考が基調として存在していたと思われる。しかし、今や生産力は環境破壊とトレードオフかもしれず、それだけを取り出して論ずることにできない相対的なものでしかないといえよう。

第５に、食管制度をはじめ、国民経済の国家的管理を前提とした議論であったことが、挙げられる。有畜複合経営論が米プラスαとして有効性を持ち得たのは、やはり食管制度による米の価格支持という条件があってのことであった。しかし、食管制度もその政治的な役割をも含めて今から考えれば、功罪半ばするものがある。米は主食であるから国が管理するのが当然であるとする国民国家の発想自体を疑ってかかる必要がある。そうした主張が農家に国への「依存主義」を作りだした側面も否定できない。そのように国家の政策を先に論じている限り、自分たちの足元である地域をどうするのかという戦略、戦術は創造的に生まれてこない。まず自分たちの地域の戦略、戦術があって、その後に国の政策が問題にされるべきなのではないか。

今、輸入自由化や経済のグローバリゼーションの下で、必要なことはまずわが家、わが村、わが地域のいのちと暮らしをどうするかという発想から物事を考えていくことではないか。そして、その戦略、戦術を創造していく際に、地域にある自然的、歴史的、文化的なあらゆる資源と知恵を十分に見直し、発掘して、総動員することが必要だろう。日本の国や東北農業や日本農業や生産力や消費者は、問題ではあるが、それはまずはわが家、わが部落、わが町を考えた次の話しである。生きている場所が違う以上、そこでの使いうる資源も違い、戦略も戦術も違ってくるはずである。

このように今や経済のグローバリゼーションの下で、１戸１戸の農家がいかに農家として生き続けるかが課題である以上、もはや有畜複合経営であらねばならない理由はない。生き残りのための戦略は、もっと自由に、もっと多様に取り組まれなければならない。兼業も当然のように１つの選択肢である。そうした柔軟な対応を模索するときの“座標軸”となるのが有畜複合経営である。それは家族労働力の有効利用や自然の循環を活用した“家族農業の理念型”とも言えるものだからである。

それに加えて、今日、家族農業が生き残りを考えていくときには、コスト競争では限界があること、そして農業が単に食料の供給という機能以上の意味を現代社会の中で持ちつつあるという認識が重要となってくるであろう。東北農文協が３倍の価格の牛乳を支持する消費者がいること、産直が経済性、安全性といった機能面だけでなく、人間の生き方に影響を及ぼしつつあることに注目したのもそのためである。また、今や経営論を越えて文化論へ踏み込みつつあるのも、近代の画一化と背中合わせの機能中心の発想から多様性につながる意味の領域に、農業・農村・農家がチャレンジすべきテーマがあると考えたからである。

「意味に餓える社会」と言われる今日、農業・農村・農家が単に栄養や美味しさという機能を備えた食料を供給していくだけでなく、自然との共生や生命の息吹や食することの意味や風土に培われた農法や家族が共に働く生活や、ともかく様々な意味を農村から切り離されてしまった人たちに情報として発信し続けることが、地域農業を支える輪を広げることになると考えられる。そうした取り組みに、研究者が個々の狭い専門性を越えて農家と一緒になって協力し合うことこそ東北農文協にとって新しい挑戦であり、その過程でかつて有畜複合経営論に託されていた理念も再び意味を持ちうるのではないかと思われるのである。

東北農文協シンポジウムの記録

第１回：『農村文化運動』45号（1972.3）
第２回：『農村文化運動』48号（1972.12）
予備シンポジウム『農村文化運動』50号（1973.6）
第３回：『農村文化運動』52号（1973.12）
第４回：『農村文化運動』56号（1974.12）
第５回：『農村文化運動』61号（1976.3）
第６回：『農村文化運動』65号（1977.3）
第７回：「昭和五十二年度東北農文協シンポジウム関係資料」（1977.6）
第７回：「第７回東北農文協シンポジウム、経済分科会総括討論の記録」（1977.11）
第７回：「第７回東北農文協シンポジウム、経済分科会報告要旨」（1978.6）
第７回：「第７回東北農文協シンポジウム、技術分科会報告要旨」（1978. 6）
第９回：『農村文化運動』82号（1981.6）
第10回：『農村文化運動』85号（1982.3）
第11回：「第11回東北農文協シンポジウムの記録」（1983.4）
第12回：『農村文化運動』91号（1983.11）
第13回：『農村文化運動』95号（1984.12）
第14回：『農村文化運動』99号（1985.2）
第15回：『農村文化運動』104号（1987.4）
20周年記念集会：『農村文化運動』108号（1988.4）
第16回：『農村文化運動』112号（1989.4）
第17回：『農村文化運動』116号（1990.4）
第18回：『農村文化運動』120号（1991.4）
第19回：『農村文化運動』124号（1992.4）
第20回：『農村文化運動』128号（1993.4）
第21回：『農村文化運動』132号（1994.4）
第25回：『東北農村文化運動』Vol.1（1998.4）
第26回：『東北農村文化運動』Vol.2（1999.5）
第27回：『東北農村文化運動』Vol.3（2000.5）
第８回、及び第22～24回は記録はなし。

注

（１）規約にもあるように、当時は、「農民」という言葉が一般に使われていたことは、注目される。この点は、1996年に組織を研究者だけでなく農家が参加するものに変更する際に、農家からの提案により、「農家」という言葉に変更されている。

(2)中期講習は、守田志郎を講師に氏が亡くなる1977年まで継続され、その後は、哲学者の内山節を講師に現在も継続されている。なお、守田（2001）は、中期講習における守田の講演をまとめたものである。第3部補章2と合わせて参照。
(3)この交流会の組織化に際して、婦人グループへの働きかけや夫婦で参加する「おしどり交流会」が提起されていることは注目される。しかし、これは結果的には実現しなかった。
(4)吉田寛一は、この「生活の視点」から農家における自給の重要性を積極的に論じた（吉田 1974、1981）。この吉田の提起は、近代の枠組みから一歩も出られない多くの農業経済学者からは軽視されてきたが、今日でもその提起は重要性を失っていない。また、その視点は当然にも、九州農文協の「生活農業論」とシンクロナイズする関係にある。
(5)このシンポジウムで、「複合経営における稲作技術のあり方」を報告した本田強（東北大学）は、今日の稲作栽培法は堆厩肥の効果が出にくいとして、堆厩肥と「疎植」を組み合わせることで高収量が可能になるとした。この理論の実践の場として、1975年に本田を中心に「疎植稲作研究会」がスタートし、農家の自主的な研究会として現在も活発な活動を継続している。
(6)日本の農業地帯として東北農業ほど多数の論者が分析や議論をしているところもないと言っていいが、東北農業自体が持っている地域的多様性を地帯構成として論じた研究は驚くほど少ない。その意味でも、宇佐美のこの論文、さらに東北の出稼ぎを歴史に遡って地帯別に論じた「東北地方の兼業農家」（宇佐美 1982）はきわめて貴重な研究である。東北農業の地帯構成としては、これらを凌ぐ研究は、未だにないように思われる。
(7)なお、この時の白熱した議論を受けて、東北農文協の有畜複合経営論を検討したものに、飯島（1993）がある。
(8)実は、この組織再編の提案者は筆者であった。巻末に、筆者が1995年5月の総会に提出した提案書を参考資料として掲げた。

［本稿は、1999年11月20日・21日に山形県最上郡金山町で開催された東北農文協第27回シンポジウムにおける筆者の報告「東北農文協の歩みと有畜複合経営論」を文章にまとめたものである］

［『UGASI DISCUSSION PAPER』No.4、2000 掲載を加筆修正］

［参考資料］

東北農文協の組織形態再編の提案　1995年５月

弘前大学農学部助教授　　　玉真之介

より広く開かれた組織形態へ

近年、東北農文協に参加していて、痛切に感じることはメンバーの高齢化である。高齢者がいることが問題なのではない。問題は若手がいないことである。これでは現在の日本農業と同じように、後継者不足によって衰退してしまう。

この原因の一つは、組織形態が閉鎖的であるためと思われる。現在の、委員、幹事という組織のあり方は、より多数の人たちの自発的な参加を妨げている。委員や幹事は、総会やシンポジウムに参加しさえすれば農文協から旅費が出るというのも、お金の使い方としてもったいないように感じる。

九州農文協は、ほぼ10年前に「九州農文協のあり方」を大がかりに検討して会員制へと移行していることは、大いに参考になる。会の目的に賛同する人は一定の会費を払って入会することが出来る。退会も自由である。このような開かれた組織形態をとることで、積極的な若い世代の参加も得られるのではないか。

不可欠の原点を確認する作業

ただし、組織形態の再編は、単に便宜的理由だけでなされるべきではない。組織の原点に立ち帰り、過去の活動を反省する作業が伴なわなければ、結局は何も変わらない。そのためにも、この組織の目的は何か、もう一度十分に議論される必要がある。

会員制であれば、東北農業経済学会も同じであり、どこが違うのか、ということになる。もちろん、東北農文協の場合は、農業経済だけではなく自然科学分野の人達も、また農家も参加している。しかし、実際上は経営・経済問題が多く取り上げられてきた。

農文協の独自性は、単に学際性や農家の参加ではなく、「農村文化運動」という原点にあるはずであり、今こそその今日的な意義が問われなければならないのではないか。

九州農文協の場合も、組織の再編にあたって、「そもそも文化運動とは何か」について真剣な議論がなされ、そこから「生産力至上主義」への反省と「生活問題の重要性」という新たな視角が提起されている。そして、これこそが20周年記念シンポジウムの「生活農業論」という九州農文協独自の問題提起へとつながっているのである。

農村文化運動とは何か

生活は文化の原点である。私はこの九州農文協の「生活農業」の提起はすばらしいと感じる。その意味では、近年の東北農文協はあまりに農業生産、農業経営中心（アグロセントリック）ではなかったかと感じないこともない。

「生活」は「地域」において成り立つ。円高・自由化の進展する今日の日本において、最大の問題は農村地域の空洞化による崩壊である。「地域」につながる概念は「定住」であり、「定住」こそが文化の源ではないだろうか。農業は元来、「定住」のための一手段であった。しかし、農村は農業だけで成り立っているのではない。「定住」のために、与件としての地域にある資源を様々に組み合わせ工夫するところに、その地域独特の文化が創造されてきたのである。農民的複合経営というのも、こうした工夫の一形態として位置づけられるだろう。

ただし、農業はこの「定住」と「生活」のための一手段であり、それに限られるものではない。兼業だろうと、グリーンツーリズムだろうと、

「地域」に「定住」してゆくための手段として、すなわち、新しいその地域の文化創造の手段として正当な評価が与えられなければならない。

農村文化運動とは、農村地域の様々な資源がそこで生きる人達の「定住」のために、最も有効に利用される方途を農民と地域住民と一緒になって考えていくための運動ではないのか。

組織再編のスケジュール

以上の議論は、まったく私見であり、議論のための一つの問題提起である。もちろん、農村文化運動とは何かの議論は、そうそう簡単には結論が得られるものではないが、組織再編にあたっては、組織の目的を定める上で避けることは出来ない。

しかし、それと平行して組織形態は会員制の方向へ向かって手続きが進められるべきであると考える。出来るなら、今総会で発議して、検討委員会を作り、今年度のシンポジウムにおいて中間報告し、来年の総会には会員制への移行が提案されることがベストである。そうした手続きの開始を切に要望する。

注：近藤（2000）：pp.397-399

第3章

農民的複合経営と日本型農協
―太田原農協論の成立過程―

第1節　はじめに

太田原高昭先生（以下、敬称略）の学位論文であり、最初の単著でもあった『地域農業と農協』（太田原 1979）を改めて読み返してみると、最後の著書となる『新 明日の農協』（太田原 2016）とは異なった認識があったことに気づく。1つは、戦後の農協体制への評価である。言うまでもなく太田原は、『明日の農協』（太田原 1986）以降、農協体制を「制度としての農協」と呼んで、問題は多数あっても「農民にとって必要な装置として肯定的に評価」（太田原 1992：p.207）をするようになる。しかるに、『地域農業と農協』時点の戦後農協体制への評価は、以下のように厳しいものであった。

「それは体制的に農民の収奪者の側に組み込まれ、組合員農家間の格差拡大とその大多数の小農からの没落をむしろ促進し、自らの存立基盤をほり崩す矛盾を『商業資本として生産者からの独立』の方向で切り抜けようとしているといわざるをえない」（太田原 1979：p.29）。

もう1つは、戦前と戦後の「断絶」「連続」という論点である。この論点は、例えば、村落（集落）や食管制度の評価と関係してくる。この論点についても、私は太田原が「断絶」説から「連続」説へ大きく展開しているように見るのである。

そして、この2つの認識の変化を可能にした概念が「制度」であり、かつ「制度」の属性としての「公共性」という理解ではなかったかと私は考えている。以下、この仮説について紙幅の範囲で論証してみよう。

第２節　“可能性の発見”

『地域農業と農協』の「はしがき」は、次の文章から始まる。「戦後自作農とその組織である農協についての可能性の発見、これが私の目下の課題意識である」。1971年に北海道大学農学部協同組合論講座の助手に着任した太田原にとって、既述のような戦後農協体制への評価に挑戦する農協の肯定的な可能性を発見することは喫緊の課題だった。

そのために、太田原が闘わなければならなかった相手は２つである。１つは、経済学の「法則」を素直に信じ込み、それを農民層分解として検出することに専心していた農業経済学者たちである。他の１つは、新全総（1969）に乗り遅れまいと「農業の装置化とシステム化」をぶち上げた農政であった。

前者に対して太田原は、地帯構成論で対抗する。都市近郊・平場水田地帯で「小企業農」（梶井 1973)、「資本型上層農」（伊藤 1973）を見つけたとして「戦後自作農体制の終焉」（今村 1983）を唱える論者たちに対して、専業自作農が支配的な北海道や農民的複合経営が展開する農山村地帯を対置することで、その論理の飛躍と観念性をあぶりだそうとした。

そして、後者の農政に対置したのが、当時、東北農文協を舞台に吉田寛一・佐藤正らによって提起されていた「有畜複合経営論」だった。太田原はそれを「農民的複合経営」と読み替えて、岩手県住田町（『地域農業と農協』第３章)、北海道洞爺村（同、第４章）の実証分析におけるキー概念としたのである。

第３節　東北農文協の有畜複合経営論

では、太田原が拠り所とした東北農文協の有畜複合経営論とは何か。それは、岩手県志和町における佐藤正（岩手大学）と熊谷久（志和農協専務理事）の実践から生み出された理論だった。その実践の方針書『季節出稼ぎと稲作農業の構造』（志和農業協同組合 1963）には、稲作に果樹、畜産を加えた複合経営によって出稼ぎ依存から脱却する道が示されていた。この提言に基づく計画的実践によって、1968年頃には「志和型複合経営」が全国から注目される地域農業となっていたのである（第３部第１章参照）。

一方、東北農文協が“農政との対決”を明確に意識して、第１回シンポジウムを秋田県田沢湖で開催したのが1971年８月である。当時、「装置化・システム化」は「経済法則」という触れ込みで一般化され蔓延していた。これに対して佐藤正は、「農業の２つの未来像―装置化・システム化と複合化―」という報告で自らの実践に立って敢然と批判した。すなわち、装置化・システム化は小農経営を解体するコースであり、複合化こそ小農経営を守るコースであると。そして、志和方式の複合路線こそ「本当の農業を築く道」であると論じたのである（第３部第２章参照）。

この佐藤の提起は圧倒的な支持を受け、以後、東北農文協は、有畜複合経営こそが農業の機械化や畜産飼料の海外依存、化学肥料による地力低下など諸々の問題を解決する道としての理論化に邁進していく[1]。その過程で、1977年８月には「現代複合経営論」研究会が青森市で開催され、太田原も盟友宇佐美繁（当時、農業総合研究所積雪支所）とともに参加していた。

第４節　有畜複合経営と農民的複合経営

『地域農業と農協』第４章の洞爺村の分析では、「この課題と正面からとりくむ中からつくりあげられてきたのが、今日『正統派農業』として注目を浴びている有畜畑作複合経営なのである」（太田原 1979：p.136）と述べられている。この「正統派」という表現が象徴するように、佐藤正の有畜複合経営論は、「科学的な農業のあり方」としての理論的「正統派」を目指すものだった。佐藤はそれを「経営様式」という概念を使って「機械化段階における小農民の分解と経営様式」（佐藤 1975）という論文にまとめている。

しかし、それによって佐藤の有畜複合経営論は、確かに「装置化・システム化」を「法則」とする理論との対抗においては強さを発揮したが、現実の農業との間では柔軟性を欠くことになり、後の東北農文協の活動に重い軛を課すこととなった[2]。宇佐美繁が的確に分析していたように、東北農業は、①米単作地帯、②旧馬産・畑作地帯、③米果樹商品作物地帯に大別され、有畜複合経営は住田町も含めて旧馬産・畑作地帯の歴史的条件の下で形成されたものだったのである（河相・宇佐美編 1985：p.240）。

この点で太田原の農民的複合経営は、地帯構成論に立脚していたゆえにもう少し柔軟だった。土地所有規模に階層性がある住田町では、すべての農家に有畜複合経営は無理であり、零細規模農家は養鶏や養豚に新たな活路を見出していた。ただし、そうした畜産農家からでる糞尿が稲作、タバコ、イチゴ農家における地力問題解決に利用されることで農家間複合、地域複合が展開されていた。佐藤は、個別複合経営を理念型として地域複合には批判的であったが、太田原は「個別複合と地域複合はけっして二者択一的な対立概念ではなく、地域の条件に応じた具体的な形態のちがいである」（太田原 1979：p.183）としていたのである。

第5節　「民主的農協」と村落構造

それに加えて、太田原の関心が経営様式だけではなく、農協の運営並びに地域農業の運営組織に注がれていた点も重要である。それは太田原が「地域農業のいわば農民的発展」（太田原 1979：p.7）のためには、「民主的農協」と町ぐるみの「地域農業の編成主体」（同：p.178）が不可欠と考えていたからである。

しかし、そこで問題となったのが村落（集落）であった。なぜなら、「とくに住田町の事例についていえることとして、農業近代化がふるい村落構造と衝突することなく進められ、そのことが農業の発展を可能にしたという逆説的な事実があった」（同：p.185）からである。

なぜ「逆説」なのか。それは戦後の進歩的知識人の多くが戦前と戦後を二項対立的に対置し、村落などは前近代の遺物として扱う「断絶」説に立っていたからである。だから太田原もまた、共同体を「やはり過去のもの」と言い、「協同組合民主主義といわれるものは、歴史的には共同体の解体の中から成長してきた新しい人と人との結合原理である」（同：p.188）、と「民主的農協」の要件を捉えていたのである。

これに対して、『新 明日の農協』はどうだろうか。

「農協を支えてきたもう一つの要素である集落は存続しているし、これからも存続を続けるだろう。農協は組織的には集落の連合体なのであり、集落が生き続ける限りは農協も行き続ける」（太田原 2016：p.234）。

ここには、"集落はいずれ消え去る過去の遺物"、"戦前は半封建的な前近代" という「断絶」説の認識はもはや消え去っている。この大きな認識の変化はどのように生まれてきたのか。

第6節　日本型農協論へ

「これまでの農協を支えてきたのは食管制度と集落であることをこれまで繰り返し述べてきた」（同：p.234）とあるように、その「もう一つの要素」とは食管制度であった。そして、食管制度こそ戦前の米穀法に始まり、米穀統制法を経て戦時中に食糧管理法となり、戦後へ連続する "農業市場制度" である。この戦前から戦後への連続性について、戦後の歴史研究も農業経済研究も正面から論じようとはしなかった。農地改革で戦前と戦後は「断絶」するという土地問題史観が圧倒的に学会を支配していたからである。

これに対して『新 明日の農協』第2章「農業団体統合から総合農協へ」は、米穀統制の歴史を扱った上で、戦後改革と農協法へ話を進めている。そして、旧著『明日の農協』で行った「制度としての農協」という提起の含意を以下のように解説する。

「これは当時としてはかなり思い切った発言であったが、私がここで言いたかったことは農協が組合員農民にとってだけでなく、広く国民生活にとっての『公共性』を有しているということであった」(同：p.102)。

さらに、「玉真之介『近現代日本の米穀市場と食糧政策』(2013年、筑波書房）という優れた研究は食糧管理法の『国民生活の安定』という公共目的を強調しているが、その実務機関が農協だったのである」(同：p.103）と、その根拠として拙著を挙げられたのである。

これまでの歴史研究は、国の市場制度を地主か独占資本かの支配の手段としか論じてこなかった。あるいはまた、農業保護制度としてしか論じてこなかった。これに対して、本来、「自由」であるべき市場に国家が介入するには「公共性」という大義があってのことであると論じたのが拙著である。それは、「危機管理」という国家の役割ゆえに、「危機管理の危機」こそが市場制度化の導因という理解に立つものである。

この間、新自由主義によってあらゆる市場制度が解体の対象にされ、強いものだけが得する社会に向けた改造が進められてきた。農協攻撃もまさにその一環である。それは市場制度が一定の「公共性」を担っていたことの証であるとともに、「制度としての農協」の危機である。しかし、それを「政権党との癒着をはじめ『制度としての農協』に随伴した様々なマイナス面を克服する自己改革の好機とせよ」というのが、太田原高昭の遺言だったのではないだろうか。

注

(１)そうした集大成が、西田・吉田編（1981）である。
(２)実は、東北農文協の有畜複合経営論には、吉田寛一に始まる農家の生活要求に立脚する系譜もあった。その点を含めて、第３部第２章を参照。

[『北のロマンと農業・農協 太田原高昭先生を偲ぶ』2018 掲載を加筆修正]

補章1

いま、なぜ、家族農業なのか？（訳者あとがき）

1.

「家族農業とは、中小企業といっしょで大規模な経営形態には勝てないのである」。「大農場に完全機械化により管理されたシステムのようなものが残っていくと思う」。「日本の農業経営形態を変えて、大きな規模の『企業』ができる環境を整えねば、日本の農業の先は暗いと私は考える」。「つまりまとめると、家族農業は将来なくなるだろう」。

これらは、「家族農業の将来について論じよ」という設問に対する大学1年生の回答から拾ったものである。彼らはすでに大学に入る以前に、大規模であること、機械化されていること、企業的であること、これらが産業化社会で生き残る必須の要件と、学校教育でも、家庭でも、マスメディアからも、たたき込まれてきたのだろう。それは至極、当然のことである。本書の著者達が述べているように、この「家族農業の消滅」という考えは、19世紀以来、100年以上にわたって、科学的通説であり続け、いまでもそうなのだから。

ところで、この19世紀末から20世紀末までの時代は、まさに重化学工業を起動力とする抗しようのない「産業化の時代」であった。また、人類の夢は次々と実現していくという「進歩思想」が支配した時代でもあった。ただし、重化学工業は地球上に有限な地下資源を不可欠とするため、この産業化には国民国家が後ろ盾とならねばならなかった。それは国家間の深刻な植民地争奪競争となって、ついには工業による巨大な生産力に依拠した戦争によって、「進歩の時代」を人類史上稀にみる「大量殺戮の時代」とした。資本家と労働者との階級対立が生まれ、資本主義か、社会主義かというイデオロギー対立、体制対立が続き、また過剰な資源開発と廃棄物が地球環境を破壊し、やっかいな遺産を後世に残したことも、この時代の特徴と言わねばならない。

この時代がどんな時代であったとしても、私たちは映画のように、過去に戻ってこの時代を作り直すことはできない。しかし、それはこれまで通りやっていくしかない、ということではない。必要なことは、この時代に当然とされたことまで立ち戻って、私達の考え方を問い直すことであるだろう。

この時代をリードしたのは、何といっても科学、それも物理学であった。物理学における「普遍的」な原理や法則の発見は、重化学工業をはじめ様々の人工的、機能的な物の創造、生産、構築を可能にした。世の中には人工的で機能的な物が商品として溢れ、高度消費社会がもたらされた。また、そうした人工的、機能的な世界の頂点に君臨したのが、この時代の「文化」の中心としての都市であった。そこには高層ビルが、人類の偉大な力の誇示するようにそびえ立っている。そして、農村の産業化から取り残された家族農業こそ、その対極の最も「遅れた」存在とされてきたのである。

ところが、いま、人工的で機能的な「文化」の頂点に立つ都市の住民に虚無感という病が広がっている。それは「進歩思想」が問うことのなかった「終わり」の問題、「死の意味」＝「生きる意味」という問いと関わっている。そして、いま人工的、機能的な世界をあえて拒否して、「時代遅れ」の農村で家族農業を始める人たちが出てきている。こうして、「産業化時代」には科学的通説であった「家族農業の消滅」という命題は、こうした人達によって新たな挑戦を受けている。

しかし、そうした挑戦の以前に、家族農業は19世紀から今日まで先進工業国の主要な部分であり続けてきたという事実がある。本書『ファーム・ファミリー・ビジネス』は、こうした事実に立って、学者や官僚や大企業の重役などによって言われ続けてきた「家族農業の消滅」が、素直な目で見れば「裸の王様」であったことを示したイギリスの二人の研究者による著書である。

2.

「イギリスをはじめ先進工業国では、農業は主として家族の事業として行われている」。著者達は、まずこの事実から「序」を書き始めている。だから、家族農業を抜きに農業は語れない。また、家族のことを抜きにして農業の正確な理解はできない。問題の焦点は、家族や事業そのものではなく、両者の相互作用である。農場や農業を表すFarmと、事業や経営を表すBusinessが、家族を表すFamilyによって結び合わされたファーム・ファミリー・ビジネスという語を著者達が作りだした理由は、こうした認識にある。

第2章で、多くの農場が「家族という軸に沿って運営されている」ことを歴史的にも国際比較からも確認した著者達は、「家族農業の消滅」という多くの学者の確信に満ちた予言は、少なくてもイギリスでは間違っていたと明言する。しかし、昔の家族農業が、今の家族農業なのではない。むしろ、著者達が本書で一貫して強調しているのは、家族農業が時々の環境に対して柔軟に変化して適応してきた側面である。

もちろん、規模拡大や借入資本の増大などの一般的傾向は、家族農業の資本主義への適応ではなく間接的な従属かもしれない。この古くからの争点を著者達は政府の役割と合わせて第3章で検討している。しかし、家族農業と資本主義経済との関係は、資材、資金、労働力、所有権、経営権など重層的で、一方の極端から他の極端の間に幅広く分布することが特徴であって、一概に従属化に向かっているとは言えない。

それは家族農業の定義の問題でもある。何をもって家族農業というのか。この問題に対して、著者達は第1章において、従来のような明確な境界線を設けて家族農業を定義する方法を採らず、「事業の所有が経営と結合している」「中心的担い手が血縁や結婚によって結びついている」などのコア要件と、「家族が農場に住んでいる」とか「事業所有と経営が世代間で継承される」といった副次的な要件を区別しつつ、6つの要素によって捉えるファーム・ファミリー・ビジネス（FFB）を理念型として提示する。

これは、厳格な定義の議論が、農業における家族の役割や機能を多様な専門分野から評価・検討することを、むしろ妨げる役割を果たしたという著者達の反省によるものである。幅を持ち、多様な現実から距離を置いた理念型としての定義により、問題を農業経済学だけではなく、農村社会学や文化人類学などの多様なアプローチに解放し、相互の評価や見解の交流と啓発によって、研究はより実り多いものになると著者達は考えたのである。

それにかかわって序章では、欧米の学会における家族農業についての研究状況が紹介されており、わが国における研究の状況と比較しても興味深い点が多い。

3.

なぜ、家族に対する正当な評価や検討がなされてこなかったのであろうか。産業化時代の社会科学は、個人／共同体、生産／消費、経営／生活、企業／家計、などを対向的な概念を明確に区別してきた。というのも、社会科学も「科学」であるために、物理学のように普遍的な原理や法則が得られそうな個人や生産、経営、企業などに対象を限定して、プライベートな性格の共同体や消費、生活、家計など家族に関わる部分は科学的探求の対象として価値の低いものとしてきたのである。また、家族については、産業化の進展とともに共同体的な大家族から機能的、個人主義的な核家族へ傾向的に移行していくという「法則」理解も、強い影響力を持ってきた。

これに対して本書では、これまで私的なものとして充分検討されてこなかった家族農業の家族の側面について、「目的、目標、価値」（第4章）や、労働力利用（第5章）、結婚と女性の役割（第6章）、継承と相続（第7章、第8章）などを検討していく。第4章では、農業者が「自由に采配を振える」という点に高い価値をおいていることや、「農作業の喜び」といった農業自体に本源的な価値を見出していることが示される。第5章では、農業者が自分の労働力を利用する際に、単に他の仕事との所得比較だけではなく、「精神的な利益」を相当に考慮していることが示される。

妻の役割を検討した第６章では、妻こそ農場の「バックヤード」＝「裏方」であること、その役割の一つは、「夫の不満を同情して聞くこと」、そして、いまや妻こそ生活を通じたネットワークによって、農業と農外を橋渡しする役を担いつつあることなど、多くの興味深い事実が示される。そこでは、未だに小倉武一などが、ヨーロッパでは妻は農作業などしない、と高言する話がいかにデタラメで、多くの点で日本の農家と同じであることに驚かされる。

継承と相続を扱う第７章、第８章では、口では子供達に自由な職業選択を勧めながら、少なくても一人は農業を継いでほしいと願っている農業者の心情が語られ、また継承と相続における地域的に見た多様性と伝統に基づく社会規範の強い作用が強調される。ヨーロッパでは、息子は親から農地を買い取るなどとステレオタイプに述べられてきた相続のあり方は、ほんの一事例に過ぎないのである。さらに、「上手な継承」のあり方について、日本の農家にも大いに役に立つ示唆が与えられる。

このような多くの事実や評価、示唆は、巻末にあるように著者達自身のものも含まれるが、多くは実に幅広い膨大な研究文献を渉猟し、精査した結果である。したがって、本書は、ヨーロッパにおける家族農業研究の到達点を知る上でも、また文献目録、文献解題としても貴重なものである。すでに指摘したように、明治以来のヨーロッパ・コンプレックスによって、わが国では理想化、単純化したヨーロッパの家族農業像が学者の間でも、マスコミの間でも未だに存在するので、そうした誤った理解を糺す上でも本書の意義は大きいと言わねばならない。

第９章では、総括として「ファーム・ファミリー・ビジネスの未来」が論じられる。そこで著者達は、家族農業の強さと弱さを認めた上で、強さをその変化に対する柔軟性として、生き残りの条件を「変化し続けること」に求めている。ただし、著者達の言う変化とは、家族と事業の間の相互作用を環境に適合させるための変化であって、資本家経営になるという「家族農業の消滅」を唱えた人達が言う変化ではない。もちろん、個々の家族経営には途絶えるものもあるだろう。しかし、門戸さえ開けておけば、そこに新しい家族が参入し、「家族農業自体は続いていく」というのが、本書の最終的な結論である。

4.

本書は、家族農業の内部構造、とりわけ家族と農場事業の相互作用の解明に中心が置かれている関係で、経済社会や世界観・価値観が構造変化を示す今日における家族農業が持つ意味については、必ずしも多くの分析はない。しかし、各章の分析は、イギリス経験主義の伝統かもしれないが、検討すべき論点を丹念に取り上げ、対立する論点については両者の意見を公平に紹介し、あくまで事実に基づいて一方的な議論を避けている。その点は、本書のストーリーを明快且つ読み物として面白くする上では、マイナスに作用しているかもしれないが、その議論の誠実さは、本書の学術書としての価値を高めているものと断言できるでろう。

そうした本書翻訳の舞台裏についても、言及しなくてはならないだろう。東北地域に在住する研究者16名の共同作業として翻訳に取りかかったのは、かれこれ4年も前のことになる。ほとんどが初めて翻訳に取り組むとあって、本書の長いセンテンス、含蓄ある引用などは、難解そのものであった。章を分担し、粗訳をすることとなったが、全部出そろうのには、2年近くを要した。必ず、別の人間が目を通すことにして、多くは弘前大学チームで修正を行い、最後にカーペンターが一人で訳文すべてに目を通し、その指摘にしたがって神田と玉が最後の修正を行った。ネイティブであるだけでなく博学のカーペンターが加わっていなければ、この翻訳はできなかっただろう。

その過程で、最も困ったのは、Farm Family Business をどう訳すかという最も肝心な点である。これには、「家族の事業としての農業」であるとか、

「農場家族事業」であるとか、「家族経営農場」であるとか、多数の候補が浮上したが、結局、「ファーム・ファミリー・ビジネス（FFB）」に落ち着いた。３つの単語のいずれも日本でなじみ深いものであって、あえて日本語に置き換えなくていいのではないか、という理由であるが、言い訳と取られても仕方ないかもしれない。

また、訳してみると全体が長すぎるし、多数の引用が読者にとって理解を難しくするのではないかと感じられるようになった。そこで、1998年８月、カーペンターがイギリスへ別の要件で行った機会に著者のお二人に会って、日本の読者により分かりやすくするために、引用文や文章のカットによって、訳文を30％ほど縮減することの了解を得た。したがって、本書は原文の逐語訳ではないことをご注意いただきたい。内容は、十分伝わる範囲の縮減と考えているが、研究上でこの本書を利用しようと考えられる方は、正確を期す上で原文を必ず参照していただきたい。

この４年間の間に、合宿による検討会や打ち合わせ会議を何回か行ったが、その際、東北農文協から財政的な援助をいただいた。ここに記して謝意としたい。また、出版事情の厳しい中、筑波書房の鶴見淑男さんに大変お世話になった。心より感謝したい。

監訳者を代表して　　　　玉　真之介

[ガッソン・エリングトン『ファーム・ファミリー・ビジネス―家族農業の過去・現在・未来』（ビクター・カーペンター、神田健策、玉真之介監訳）筑波書房、2000所収]

補章2

解説　死生観が問われる時代に

科学信仰への深い懐疑

20世紀は、「近代化」という言葉が猛威を振るった時代であった。それは、刃向かうことを許さない、強い強制力を持った言葉だった。なぜなら、この言葉には、17世紀以来の近代科学の発展とともに、私たちが信じて疑わなくなった「進歩」という観念が体現されていたからである。

ものを要素に分解することで、その部分の性質を分析する。それによってすべての法則を解きあかすことが出来ると考える、物理学に代表される要素還元的な近代科学こそ、産業革命以降の工業生産力の爆発的な拡大と近代工業化社会の生みの親であったと言ってよい。

この科学主義と進歩主義の前に、近代以前の関係は、すべて「停滞」と「遅れ」として否定の対象となってきた。面白いのは、20世紀を通じてイデオロギー的に対立しあった資本主義と社会主義の双方においても、この科学主義と進歩主義は等しく共有されてたということである。

社会主義は、自らを「科学的社会主義」と呼び、人類史上最も進歩した存在であると自認した。他方、資本主義の側では、価値判断を排除した数学的な新古典派経済学が「純粋な科学」として社会科学に君臨した。両体制は科学を競い、工業生産力を競い、最先端技術の粋といってよい核兵器の開発を競った。そして、同じように環境破壊に行き着いた。

この機械的合理性を絶対視する近代の科学主義と進歩主義への深い懐疑こそ、守田志郎の一つの原点であるように私には思える。

守田は言う。「人間というものは、ほおっておいても絶えず進歩しなければならない宿命を負っている自然界ただ一つの動物である」「それを意識して『近代化しろ、進歩しろ』と口にだしていうときは、何か非常に危険なものを感じる」「進歩というのは、人類が死滅に向かう道だから、なるべくゆっくり歩く方がよい」（守田 2001：pp.63-67、以下、同書からの引用はページのみ記す）と。

私たちは日常、人類の死滅など考えることがない。むしろ、日々進歩する科学技術に毎日驚いており、人類は益々進歩し、益々快適な生活が出来ると信じて暮らしている。

しかし、少し冷静に考えると、オゾン層が破壊され、熱帯雨林が激減しつつある中で、中国やインド、東アジアの国々が先進国の後を追って猛烈な工業化を進めており、その人口から見て、そこで消費されるエネルギー、排出される廃棄物の量は計り知れない。もはや環境問題に国境は無く、私たちもその影響から逃れられないが、工業化をやめろという権利など、私たちにありはしない。

また、世界の人口は30年後には100億人を越えるといわれ、食糧問題だけでなく、民族紛争、宗教紛争、組織犯罪や新たな感染症、そして核兵器の拡散や原発の廃棄物処理等々、解決の糸口すら見つけられない問題に覆われている。

まさに、守田が言うように、人類は進歩という名の死滅の道をひた走っているのかもしれない。科学と進歩を絶対的な価値基準としてひた走ってきた20世紀を終えて、不透明な21世紀に足を踏み込んだ私たちに切実に求められているのは、近代工業化社会を真剣に問い直してみることだろう。

農業と工業は違う

もちろん、守田志郎が本書で論じているのは、科学のあり方でも人類の将来でもない。農業であり、農業と工業の違いであり、さらには、農業の持続性についてである。

農業を限りなく工業に近づけること、これがわが国では一貫して「進歩」と考えられてきた。近代科学と市場経済がそれを必然化すると信じられ、多くの農学者が、経済学者が、この課題に邁進してきた。学者がそうなのだから、工業を代表する財界と労働組合も、当然政府も、そしてマスコミも、さらには消費者、そして農業者すらそう信じてきた。

この圧倒的な勢力と信念の支配の下で、守田が「農本主義者に成り下がったか」との冷笑を覚悟して提起したのが、「農業は農業である」という農業と工業の違いであった。

「農業を機械化してゆくと農業も工業のようになるという考え方が強いが、これは完全に間違いである」（p.230）。

「農業というものは、自然の営みを人間の目的にそって生産にかえるもの」（p.215）である。つまり、自然の営みの一部分である生物の生殖ないし繁殖機能に人間が手を加えて生産に変えるのが農業であり、そこでは「自然の営みが主人公であって」、工業のように機械が主人公になりえない。「自然生的な関係に機械が入れ替わるということは絶対にない」（p.56）からである。

換言すると、「農業のばあいも一種の自然破壊をしている」「しかし、こわす目的は、やはりそこに自然生的なものを自然の営みを繰り返させることである。そこが工業のこわし方とちがうところである」。「工業的破壊のばあい自然からとったものを、それが再び元にかえらないような状態にする」「自然の循環や自然生的な諸関係から全く切り離したものである」（pp.215-216）。

自然の営み、自然生的循環に本来的に依拠するからこそ、農業は生の自然を農業的環境に変えながら数千年の歴史を持ってきた。しかし、近代の工業は、基本的に資源の埋蔵量と自然のもつ浄化作用の許容範囲でしか、永続不可能なものである。そして、今、地球に残される許容限度は、益々僅少となりつつある。

これまでも、農業と工業の違いはしばしば論じられてきた。しかし、その多くは工業を座標軸に農業の特殊性を論じていたのであって、それは自然の営みを基準とした守田の議論とは根源的に異なる。つまり、これまでは、「違い」ではなく、「遅れ」を議論してきたのであった。

これに対し、自然生的な循環の観点から農業の工業とは異なる持続性を捉える守田にとっては、農業の工業化とは農業が自らの本来的性格である自然の営みから離れ、工業と同様に環境略奪者・破壊者となることである。ここに、守田が「機械とくすりの農業」を目指す農業近代化論を批判する農法論的な立脚点があることは言うまでもない。

小農と部落

守田がこうした認識に到った契機が、1970年の西ヨーロッパ旅行であったことは、すでに多くの人によって指摘されている。

本書でも守田は、「日本では家族労作経営で自分で農業をやっているというのは遅れているというふうな認識が戦後はいってきたが、先進国といわれている欧米諸国をみてみると、むしろ家族労作だ（そういうことばはないみたいだが)、農業は家族がやるものなんだとはじめから考えている」(pp.226-227）と、ヨーロッパの例を挙げている。

農業の工業化は、農法面にとどまらず、経営の面でも工業のように資本家的経営になるはずだというのがマルクス経済学にも、近代経済学にも共通した命題であった。おそらく、守田は数年にわたって、この命題への疑問が深まる一方だったのだろう。そうしたときに、すでに近代化が達成されているはずの西ヨーロッパ農業が家族労作経営に担われている現実と出合ったことで、「やはり間違っている」と確信したのであろう。

その際、守田がそれまで現状分析よりも農業史という歴史分析を専門としてきたことも無視できない点である。歴史学は、近代科学の中でつねに「科学ではない」との批判にさらされてきたことが示すように、過去と現在の対話の中で歴史の意味を問うものである。無数の歴史的事象にわけ入り、研究者自らが今日の地点からそれを歴史像として描くしかないものである。

そして、歴史研究の中で守田に形づくられていった歴史像は、「体制の側からも反体制の側からも」「非常に封建的で、古くて、間違っていて、進歩をおくらせているものだ」(p.197）と非難される「共同体＝むら」が、実はその機能として「小農制における小農の生産と生活・経済―これを守っていくものだ」(p.200）という近代科学からするときわめて「反動的」なものであった。

部落や「むら」は、確かに藩政期に起源を持つ社会関係である。しかし、近世の社会はいままで考えられた以上に商品経済の発達した時代ではあった。その中で、飢饉や自然災害という厳しい試練に対し、それぞれの地域が自然の営みと農業生産の調和を独自に作っていった時代でもあった。だから、そこにおける様々な掟には、単なる支配の論理ではなく、自然と調和して持続的生産を続けるために構成員が等しく守るべき約束や生活態度も多数含まれていたのである。

これは、市場経済における短期的なフローの論理とは対照的な、長期的なストックの論理と言い換えられるだろう。守田は、「部落には、所有（経営）規模を常に平準化するはたらきがある」と言うが、それは短期的な話ではなく、「一代二代という長い流れの中」（p.200）での話である。また、農業では株式会社のような所有と経営の分離が難しいために、継承と相続の過程で大きければ分割、小さければ維持という平準化の論理が働くことを論じている。

それらは結局、農業における主要な生産手段である農地が、利潤（＝フロー）のために何にでも形を変える資本にはなり得ず、基本的に資産（＝ストック）としての性格を免れないために、家族から家族へと世帯交代を経ながら引き継がれてゆかざる得ないものだからではないか。

そうした資産としての農地を維持し、保全してゆく仕組みとして近世に作られたのが小農的農業と部落共同体だったのである。それは今日の資本主義経済の中で、常に分解作用を受けながら、また一方で執拗に存続している。「これを悪として考えることをやめにし、共同体のもっているよい点を伸ばし、悪い点があれば、それをみんなで話し合ってなるべくなおしていく」（p.207）、これが守田の提起である。

「農家と語る」ということ

さて、本書は、「まえがき」にもあるように、守田が十数人の農家の人たちを相手に2日半びっしり行ったセミナーの記録である。守田はそこで、「こわい顔の人は一人もいないのだが、わたしには皆がこわい」と書いている。これはどういう意味だろうか。

守田はまた、「そういう農民層分解論というものを批判することは、学問の世界では非常に危険に満ちたことである。発言権を奪われるほどにこわいことなのだ」(p.206) と、ここでも「こわい」と言っている。

この2つの「こわい」は、守田にとって同じではない。「農民層分解論を批判すること」、これは、いわば一神教の世界で多神教を唱えることであり、学問の世界から異端者として排除されることである。「農本主義者」という烙印が、それである。

しかし、守田は「こわい」と言いながら、農民層分解論を明確に拒否しており、とっくにその一線を越えている。もちろん、学術論文として書いているわけではないが、それも、学問の世界からの批判を恐れたからではなく、そもそも相手にすることをやめにしたからであろう。

実際、守田が矢継ぎ早に農法に関する著書を発表する70年代前半は、いわば農民層分解論争の最終ステージであって、学会の場で益々勢力的に議論が戦わされていた。しかし、20年以上経った今から見て、この農民層分解論争にいったい如何なる学問的意味があったのか、私には分からない。いずれにしても、それは総括もないままに立ち消えとなり、今では振り返る人もいないことだけは確かである。

守田は、そうした議論に加わることを自分の方からやめにして、自らの精力のすべてを直接一般読者に、とりわけ農家に伝えることにつぎ込んだ。2日半に渡って、農家と語るという取り組みも、そうした努力の一つと言える。それでは、なぜ農家に語ることが「こわい」のだろうか。

確かに、学会という一つの権威から離れればもはや一介の農学者であり、「私の専門はこれこれなので」といった言い訳も通用しない。守田も、「全講義を通じての私の考えの根底を申し上げている」(p.250) と述べるように、そこでは自らの農業論の全体像、農業観の根底をさらけ出さねばならない。

これは大変なことである。

しかし、守田に「こわい」と言わせた究極の点は、自らが「農耕外者」であるという事実ではなかろうか。「農家の人たちにむかって何をわたしが話すことができるだろうか、それを思うともう精神的に参ってしまう」（まえがき）というのも、「そういう意味で、政策も論じなければ、日本の国の農業の将来も私は論じたくない」（p.249）というのも、実は日本の農業をダメにしてきた張本人が学者や官僚などの農耕外者であり、彼らの「主観的な善意」ではなかったかと守田が考えているからであろう。

農家自身が誰れ彼れに言われたからではなく、自分の頭で考えて「自分にはこれがいい」と思うことをすべきであり、「日本はこうあらねばならない」、「日本はこうすべきだ」といった国策論に騙されてはいけない、というのが守田のとりわけ強い信念である。

したがって、本書も決して啓蒙書ではない。確かに半分くらいは、研究蓄積を分かりやすく解説した内容である。しかし、特に各講の最後にある特論、第五講、第六講の部分は、守田による農家の人たちへの挑戦状である。そこには「俺はこう考えるが、あなた達はどうなんだ」「自分の農業に自信を持っているのか」、こんな気迫が込められている。

そうした真剣勝負だから、「こわい」のである。「農耕外者が何を言う」と言われたときに、どう答えるか、その緊張感の中での２日半の講義なのである。

死生観が問われる時代に

そうした講義の最後を、守田はやはり農法論で締めくくっている。

「やはりその基本は自然の循環を取り戻すことだ」「循環を取り戻すということは、自然主義でも懐古主義でもない」「別に、人のためとかだれのためというのではなしに、自分がそれをやっているということが、限りなくたのしいというような—そういうこと」（pp.286-290）である。

確かに、これは直接的には、農家と農業に向けて語られたものである。しかし、この「農法の思想」は、果たして農家と農業の範囲だけにとどまるものだろうか。

守田は、しばしば農業の難しさと、それ故の面白さについて語っている。それは、生活の中に生産活動があることの人間的な側面を、生産活動が生活から分離され、巨大な組織の歯車の一つとなった工業化社会との対比で述べたものである。

また守田は、「農法の思想」を敷衍して、「農業は、農業のもってる恒久性、循環の論理というものを都市の人間に伝えなければならない。都市の人間が、工業的な循環と農業的な循環のちがいを認識できるよう助けなければならないし、それすら認識できない段階での工業の論理をむりやり農村にもち込んでくることの誤りを指摘しなければならない。それが工業的な都市の生命を守り、農村における農業的な循環を守る方向への第一歩なのではないかとも思う」（p.284）と言う。

21世紀は、20世紀の大量生産・大量消費・大量破棄の工業化社会をどうやって廃棄物の無い循環型社会に作り変えていくかが最大の課題であり、そこに人類の未来がかかっていると言われている。それは人間の物質的欲望を極限まで刺激し、肥大化させることを推進力に発展してきた市場経済をどのように変えていくかということである。また、際限のない人間の欲望もいずれは科学が実現してくれるという科学信仰からの脱却でもある。

しかし、現実には遺伝子組み替えやヒトゲノム解析などのように「生命そのもの」の奥深くにまで工学的メスが加えられて、それがまた科学信仰を煽っている。また、グローバルエコノミーの進展により、国境を超えた市場取引が今まで以上に容易になり、アメリカではインターネット上で人の卵子の売買すら行われている。「市場経済を止揚する」と高唱した社会主義の失敗が20世紀の教訓であるいま、私たちは、このような科学技術と市場経済の進展に対峙するものはもはや私たち自身の良識や倫理、そして死生観にしかないことを思いしらされている。

このような意味で、守田が「農法の思想」という言葉で提起した「自然の循環を取り戻すこと」は、決して農家だけで、農業だけにとどまる提起ではない。私たち人間もまた地球上の生きとし生けるものと共に大きな自然の循環の中にあるのだという死生観が育まれていかない限り、人類は死滅に向かうことになるのではないか。こうして、「農法の思想」を説いた守田志郎の本書は、農業のあり方という問題を通じて、初版から20年以上という歳月を超えて、今日の私たちに対して、依然として大きな問題を提起し続けているように思われるのである。

[守田志郎『農家と語る農業論』農文協、2001所収]

第４部

脱グローバル化時代の農業論

第1章

日本農業のいま
—苦悩の歴史的背景と本質—

第1節　はじめに

戦時下、満洲農業移民は行き詰まった。それが始まったのは、日本農村がデフレと過剰人口に呻吟していた昭和恐慌期だったが、戦時体制の下で重化学工業化とインフレが進み、農村は労働力不足となっていたのである。

そこで分村移民の論拠であった適正規模論は、立論を大きく変えた。「黒字農家」という私経済視点から、労働生産性の高い「適正経営の確立」という国家視点に。日本の農政史上、農業構造改善が政策課題に登場した最初である。

閣議決定「皇国農村確立促進に関する件」(1942年11月）は、確立を目指す「適正経営」を「自作・専業・適正規模」と描き、土地の交換分合、分村計画、自作農創設等の推進を謳った。「過剰な」農家を満洲に送り、国内農業の規模拡大を図るという構想である。

しかし、皇国思想と強力な戦時農政を持ってしても農家の大部分は動かなかった。農家に先祖伝来の土地は処分できなかった。むしろ急増したのは「職工農家」である。満洲農業移民は、青少年義勇軍が中心となった（玉2016：第1章)。

この農家の私経済視点と農政の国家視点との乖離は、戦後に再現する。そして、現在の日本農業の苦悩も、そこに本質がある。この章は、歴史に遡って「日本農業の基層構造」を確認し、日本農業のいまに迫ってみたい。

第２節　インフレ時代と総兼業化

日本はもちろんアメリカや社会主義ソ連も含めて、第２次世界大戦中の総力戦体制こそが、戦後の国家・官僚主導の政治経済体制を生み出す助産婦であったと言われる（山之内他編 1995)。ただし、その戦後も２つの時代に区分しなければならない。1980年代までのインフレ時代とそれ以降のデフレ時代である。

戦後のインフレ時代は、戦時期同様、重化学工業化による経済成長の時代だった。また、冷戦の時代でもあった。その下で、戦時下の「自作・専業・適正規模」の理念が再び農政に登場する。言うまでもなく、1961年の農業基本法に謳われた「自立経営」である。その確立のために、生産基盤の整備や経営近代化施設の導入等々のいわゆる構造政策が始まった。

しかし、周知のように、この国家視点から見て合理的で都合が良い農業構造は、生まれてこなかった。“過剰な”農家が都市勤労者になるという目論見は外れて、日本農業は総兼業化していった（1985年の兼業農家比率は86％)。それはある意味で、戦時下の事態の再現だった。

このため基本法農政は失敗とされ、犯人捜しが始まった。その結果、犯人にされた１人は食管制度である。米価支持が零細農家を温存したと言われ、食管制度は構造政策の目の敵にされた。

しかし、ヨーロッパもアメリカも価格支持は行っていた。しかも、経営・投資計画やリスク管理等において、価格支持は経営規模の大きい層にメリットが大きく、その点で構造政策とは親和性がある。裏を返すと、TPP発効後に予想される価格下落の影響を最も強く受けるのは大規模層である。

その意味で、食管制度を犯人とするのは疑わしい。補足して、食管制度を存続させたのはアメリカである。1951年に吉田茂内閣は「主食の統制撤廃」を閣議決定していた。それをやめさせたのは、アメリカのドッジ金融顧問である。それは、冷戦激化の予想から食管制度の危機管理機能が必要とアメリカが判断したからである（玉 2013：終章）。

第3節　家族農業の2類型

もう1人の犯人にされたのが農地価格の上昇による農家の「資産的農地保有」である。インフレ時代は、土地価格上昇の時代でもあった。“過剰な”兼業農家が農業をやめないのは、転用売却益を当て込んだ「資産的農地保有」のためであると経済学者たちは主張した。こうして、兼業農家も構造政策の目の敵にされた。

ここで世界的に見た家族農業の2類型を紹介する。19世紀以来、「家族農業は消滅する」と、経済学は主張しつづけてきた。しかし、家族農業もしぶとく存在しつづけてきた。

そうした家族農業には2つのタイプがある。“先祖代々の土地に執着する”タイプと、“職業としての農業に執着する”タイプの2つである。前者では、引き継がれてきた農地を次の代に渡すため1人の息子が選ばれることが多く、農地の流動性が低いのに対し、後者は特定の農地への執着は弱く、移民をはじめ場所の移動に抵抗が少ないため、農地の流動性が高くなる（玉 2006：p.162）。

前者は日本がすぐ思い浮かぶ。そこで後者の例を挙げればイギリスである。イギリス南部でも北部スコットランドがルーツの農家に出会う。さらには海外への移民である。私がニュージーランドで会った農家は、高齢を理由に丘陵地の牧羊農場を息子に売り、温暖な地方に移って酪農を始めていた。この類型は核家族を特徴とする。子供は結婚すると親とは暮らさない。親からの農場継承も有償が多い。

他方、土地に執着する類型は、アイルランドやフィンランド、そしてヨーロッパの多くの地方と言う（ガッソン・エリングトン 2000：p.143）。それは、トッド（1992）がヨーロッパの直系家族（3世代同居）地域に分類したところと重なり合う。また、この類型は、兼業地帯とも重なり合う。『西ヨーロッパの農家兼業』（ブラン・フェラー 1994）によれば、西ヨーロッパ20地区平均の兼業農家率は62％。イギリス、フランス、スペインは低いが、西ドイツ、オーストリア、ポルトガルは高く、オーストリア・ザルツバーグは88％である。

こうしてみれば、兼業農家＝「資産的農地保有」という訴状も疑わしい。兼業は、生活単位としての農業世帯が私経済視点から環境条件に適応して選択した世帯戦略と見る必要がある（玉 2006：p.165）。要するに、経済学はこれまで家族農業についてまともな答案を書いたこもなく、ほとんど何も知らないのが事実なのだ。

第４節　日本農業の基層構造

日本の家族農業が土地に執着する類型となったポイントは、徳川中期1700年代の環境変化にある。

人口学的に見ると、徳川時代は人口が急増した前半と、停滞した後半に分かれる。前半は、訪れた平和と築城技術の河川改修への応用によって、新田開発等の耕地の外延的拡大が進み、隷属的地位の家族や次三男等の傍系家族にも単婚小家族（核家族）で自立する条件が広がった。こうして小農民経営が広く全国的に形成され、家族農業を基礎単位とする日本農業の骨格ができあがった。

しかし、島国の日本ゆえに外延的拡大はいずれ限界に達する。また過剰開発は資源の枯渇や自然災害をもたらす。それが1700年代である。異常気象も多く享保の大飢饉（1732）や天明の大飢饉（1782-87）も発生した。それは、次三男等の傍系家族にとって自立する条件の喪失を意味した。

もし当時の日本がイギリスのような海洋国家で、海外へ移民する条件が開かれていたなら、単婚小家族を基本とした家族形態が継続したのかもしれない。しかし、幕藩体制は閉鎖系の国家システムだった。

その制度的枠組みは、石高制と村請制である。石高制は検地によって農地と耕作者を１対１で確定してムラの総生産高を把握するシステムであり、結果的に耕作者家族は事実上の農地所持権を検地帳で担保された。他方、村請制は年貢の徴収業務をムラに委託するものであり、結果的にムラには自治的権能が付与された。

このムラ自治の構成単位が検地帳に記載があるイエであった。こうして徳川後半、ムラはイエ数を固定し、地域資源の利用を既存のイエに限定して環境変化への適応を図る。その結果、各イエにとっては、イエの継承・存続が最優先事項となり、それを担保する３世代同居の家族形態が一般化していった。次三男は養子先がなければ、未婚のまま家族にとどまる場合も生じ、出生率は低下していった。

こうして徳川前半に形成された小農民経営の骨格に、イエの継承を第一義とする直系家族規範が徳川後半に構造化された。私が「日本農業の基層構造」と呼ぶのは、この近世に形成されたイエとムラの構造である（玉 2006：第７章）。

第５節　基本矛盾とその対応

しかし、この基層構造には基本矛盾があった。耕作規模に対する家族労働力の過多という問題である。この基本矛盾への対応の１つが、借地による耕作規模の拡大である。

戦前の高率小作料は、この基本矛盾から生じた借り手多数の構造と、宇野弘蔵が言う「自小作農の論理」（玉 1995：第３章）から生じたと言える。自小作農にとって借地は、自作地で一定の所得を得た上で、機会費用がゼロに近い余剰労働力を利用する場であり、追加所得が僅少でもプラスであれば借地獲得に向かうからである（玉 2006：p.128）。

この「自小作農の論理」と類似の現象が戦後も再現した。1970年代の稲作機械化一貫体系の普及によって、耕作規模に対して過大な機械を装備した農家による借地（請負）競争である。ここでも機会費用がゼロに近い機械を利用する場として借地（請負）が求められ、戦前と同様の現物５割という高率小作料が出現したのである。

他方、基本矛盾へのもう１つの対応は副・兼業である。副業は言うまでもなく、農業経営の多角化という農業内での対応であり、兼業は農外所得で家計を補填するものである。徳川時代にはこの両者を「農間余業」と呼んだ。「徳川時代を通じて（さらにはまた明治に入っても）農家が、米作を中核とした穀物生産とそれ以外の農間余業とを結合させた経営体であったという点はなんの変化も生じなかった」（斎藤 1988：p.200）。

このように、兼業は日本農業の基層構造が胚胎する基本矛盾への対応であって、戦後の農地価格上昇で始まった現象ではない。私経済視点からすれば、兼業が稲作と結びつくのは何の不思議もない。農作業は田植えと稲刈りに集中し、冬場は仕事がない。しかし、強調したいのは、兼業も含めた基本矛盾への対応は、イエ継承・存続のための世帯戦略だった点である。

第６節　総兼業化と地方経済

戦後の北海道農業は、挙家離農と規模拡大によって“基本法農政の優等生”と言われた。専業比率も高く、その平均規模はEU平均を上回った。この理由も、北海道が開拓地で徳川時代を持たないため、イエ継承・存続の規範が希薄な点に求められる。その点で、北海道では農家の私経済視点と農政の国家視点の乖離も小さかったと言えるかもしれない。しかし、それは地方経済として見たときどうなのか。

インフレ時代における総兼業化の起点は、農家の家計支出の増加にある。大衆消費社会の到来が車・家電の購入となり、進学率上昇が教育費負担を増加させた。高度経済成長を支えた地方農村からの大量の出稼ぎは、農家の生活水準上昇に追いつかない農業所得を補填するための農家の世帯戦略であり、転用期待の「資産的農地保有」のためではない。

そもそも３世代が同居する日本の農家の場合、親夫婦と息子夫婦が共に農業専業で働くにはよほどの経営規模が必要となる。しかるに、稲作をはじめ機械化が進むたびに農作業時間は減り、逆に経営コストは高くなる。しかも、農業所得は天候や市場価格の影響を常に受けるから、そのリスク分散の意味でも、また家族労働力の完全燃焼という私経済視点の論理から言っても、兼業は合理的な選択だった。もちろん、インフレ時代に安い労働力を求めた製造業の地方分散や道路整備・モータリゼーションがあって、地方に雇用の場が広がったことで安定兼業が現実化したことは言うまでもない。

こうして総兼業化の下で“農家”所得は上昇し、1970年代以降、世帯員1人当たりの家計費は、農業世帯が勤労者世帯を上回るようになった。それは、“農業”所得だけで勤労者所得との均衡を目指した国家視点の構想とは確かに乖離していた。総力戦体制を起源とする国家視点の農政は、省庁縦割りを本性としており、農業だけしか見ようとしない。

しかし、「地方消滅」が叫ばれる今日から振り返れば、総兼業化した1980年代こそ地方経済が最も豊な時代であった。また、“農家”所得の安定は、イエ継承・存続の担保でもあった。それが、デフレ時代の中で崩れていくのである。

第7節　デフレ時代へ

デフレ時代は、ICT産業を駆動力とするグローバル化の時代であり、冷戦終結によるアメリカ覇権の時代であった。そして、円高の時代だった。

この時代の露払いとして登場したのが、「農業・先進国産業論」である(叶 1982)。それは、農業を「成長産業」と呼んで、市場革命の引き金を引けば、土地革命、人材革命、技術革命という連鎖的な農業革命が生じて、日本農業は輸出産業になると唱えた。あらゆる問題は市場競争が解決するという市場原理主義こそ、デフレ時代を代表するイデオロギーだった。そこで攻撃の対象とされたのは、やはり食管制度と兼業農家である。

日本農業にとっての不幸は、基幹作物の米の消費が食生活の洋風化に伴って減少し続けたことである。これは、日本の農業基盤と国民の食生活の乖離を意味する。それにより食管制度は減反政策と合わせ財政負担が増大し、常に政治争点化して農家と消費者との溝を広げた。

しかし、それ以上の不幸は、戦後の日本が政治・経済・外交・軍事いずれにおいてもアメリカに従属的な日米安保体制下にあることである。そのため、リーマンショック後のTPPがまさにそうであるように、アメリカの経済が傾くたびに、伝統的な“門戸開放”の旗印で、実はアメリカに都合の良い要求や協定を迫られた。とりわけ、強い圧力団体を持つ農産物は、牛肉・オレンジから始まってGATTウルグアイ・ラウンドへと、輸入自由化と保護削減を強いられてきたのである。

この2つの不幸に加えて、1992年の「新政策」から始まるデフレ時代の農政は、過去の構造政策への「反省」から、市場競争の導入と法人経営への集中支援を推進していった。その結果、米価は下落し、農産物輸入が拡大して、あらゆる農業部門で農業所得が減少していった（清水 2013）。

さらには、プラザ合意（1985）以降の円高により、地方に進出していた製造業の多くが工場の海外移転を余儀なくされていった（玉 1997）。それは、農家の兼業先の減少を意味し、農外所得も大きく減少して、世帯員一人当たり所得でも、農家は勤労者世帯を下回るようになったのである（清水 2013）。

第8節　大規模層と地方の危機

こうしてデフレ時代の日本農業は、米消費の減少、農産物輸入自由化、政策支援の縮小、兼業先の減少という4重苦により、3世帯同居というイエ継承・存続の家族形態もついに崩れて農家数の大幅な減少が進行している。特に中山間地では、高齢化と後継者不足、人口減少と耕作放棄地、そして限界集落と高齢専業農家の増加となっている。

そうした中で、確かに農地の流動化も進展し、農政が重視する土地利用型の稲作においても特定の経営体への農地の集積も進展している。しかし、それは国家視点の農政が想定した市場競争の勝者ではなく、「自らの経営のためだけではなく、地域のために規模拡大をせざるをえない存在」（西川 2015：p.15）である。

さらに農政の政策対象として、私経済視点で適正な規模を越えて「生産力的基礎を欠いた規模拡大」（同：p.16）を強いられている。つまり、地域農業の中で特定の大規模層に農業生産の負担が過度に集中しているのである。

こうした過度の生産集中は、実は生産のリスクを高めるものであって、異常気象等により一気に地域農業を崩壊させる危険を高めている。TPPの発効もその引き金になりかねない。それは地域農業だけでなく、地方の危機である。市場競争により特定経営の育成だけを目指すデフレ時代の農政は、地方経済の基盤である農業をきわめて脆弱なものにしているのである。

地方経済の基盤としての農業は、特定の経営体や企業だけで担えるようなものではない。法人かどうかといった問題でもない。「半農半X」でも構わないから、私経済視点から「黒字農家」を増やすことが大切である。その観点からすれば、前田正名の「興業意見」に遡るまでもなく、デフレ時代の日本農政の基本は農家所得を増やすための副業奨励だった。６次産業化も、この副業奨励の文脈に位置づけたときに意味を持つと言える。

第９節　里山資本主義と田園回帰

しかるに、政府の産業競争力会議が唱えるのは、担い手への農地集積、企業参入、経営の法人化等、30年前の叶の議論と少しも変わっていない。要するに、国家視点と市場競争万能論、そして日本農業の基層構造への無理解である[(1)]。ここに、日本農業の苦悩の本質がある[(2)]。

片や、農地も集積せず、法人化もせず、高齢者が里山資本を活用して生き生きと農業を展開している例が徳島県上勝町の「葉っぱビジネス」である。それは農協の卓越した職員が地域プロデューサーとなって、農家のおばちゃんに「出番」と「役割」を作り出して実現した老人ホームのない生涯現役社会である（横石 2009、2015）。今は、町を挙げて「彩山（いろどりやま）」の整備とアジア、EUへの「葉っぱ」輸出を準備している。この上勝町に全国から若者がインターンシップに訪れ、その一部がばあちゃんに負けじと定住して起業している。

里山資本の活用を提起した「里山資本主義」（藻谷 2013）が話題となる中で、中国・台湾・韓国へ向けた丸太の輸出が急増している（安藤 2015）。その一つの要因は円安である。この円安は、実は新たな時代のサインのように見える。円安にもかかわらず、貿易収支は赤字が定着した。これは食料・エネルギーを輸入して、工業製品を輸出する加工貿易型立国の終焉のように見える。今や農業は食料のみならず、自然エネルギー生産や観光振興にも取り組むべきである。

東日本大震災を転機に日本の経済社会は変わりつつある。田園回帰の波もその１つである。それは団塊世代の定年帰農に続く、もう１世代若い人たちの流れである。日本農業の基層構造におけるイエ継承・存続の力が弱まる中、地方創生にはこの田園回帰の流れが重要である（小田切・筒井編 2016）。そのためには国家視点ではなく、「黒字農家」という私経済視点からの地域農政が求められる。さらに、国があてにならないとき頼れるのは、新しい時代の価値観を持った消費者や地域住民しかないだろう。

注

（１）「経済学という学問分野は、まだ数学だの、純粋理論的でしばしばきわめてイデオロギー偏向を伴った憶測だのに対するガキっぽい情熱を克服できておらず、そのために歴史研究や他の社会科学との共同作業が犠牲になっている。……実をいえば経済学者なんて、どんなことについてもほとんど何も知らないというのが事実なのだ」（ピケティ 2014：pp.34-35）。

（２）スイスでは、国家が家族経営支援を明確にしている。連邦憲法には「合理的な農業の自立を支援するとともに、必要な場合には経済の自由の原則から逸脱してでも、連邦は土地利用型の農民経営を支援する」と謳われている（南石・飯國・土田編 2014：p.41）。

[『農業と経済』2016年６月臨時増刊、2016掲載]

第2章

地域に根ざした農林水産業論のために
―その理論的チャレンジ―

第１節　地方創生と農学系学部の新設

1．脱グローバル化の時代

2016年は、おそらく2008年のリーマンショックに始まる「脱グローバル化」の流れが顕著となった年として歴史に刻まれるだろう。６月の英国の国民投票によるEUからの離脱があり、またアメリカ大統領選挙における共和党候補としてのトランプ候補の選出があった。この両者は、グローバル化という1980年代から顕著となる歴史の趨勢に反する出来事と受け取られた。その極めつきは、11月８日のアメリカ大統領選挙における大方の予想に反するトランプ候補の当選であった。

トランプ候補の選挙公約がアメリカとメキシコの国境に壁を築くというものであったことが象徴するように、それはまさしく国家の壁の再構築、"国家の復権" を目指すものである。したがって、それは国境を越えて人・物・金・情報が自由に移動する世界を目指してきたグローバル化のイデオロギーに逆らう動きと言うことができる。では、この脱グローバル化が人々を動かす大義はいったい何だろうか。

その旗印は「雇用 Job」である。難民や移民の問題は、直接的に雇用問題と結びついて争点化した。同時に、グローバル化による製造業の国境を越えた立地移動が、雇用減少に直面する地域を世界中に拡大した。トランプ候補がTPPを拒絶する主な理由もそこにあった。この雇用を奪われた人たちの受け皿が無いままにセフティーネットまでも突き崩され、貧困の拡大という社会的なストレスの増大につながってきた。

これに対し、グローバル化の大義は「成長 Growth」だった。国境を越えて経済圏が大きくなることで、人・物・金・情報の移動が活発となり、競争も活発となって効率化が促進され、生産と消費、移動が拡大して、企業利益の増大がもたらされ、その結果が「成長率」という数字となった。ここから「成長」が錦の御旗となり、規制の緩和・自由化による「小さな政府」が政策指針となって、グローバル化が推進されてきた。

しかし、今やグローバル化と「成長」というお題目が幻でしかないことがはっきりしてきた。成長によって恩恵を受ける人たちは極一部であり、そこからしたたり落ちる利益など幻想そのものであることが経済格差、地域格差の深刻化によって顕在化し、トリクルダウンセオリーの破綻は明白となった。

それに加えて、見逃せないのはグローバル化がもたらした人間性の毀損といえる腐敗の蔓延である。グローバル化の恩恵を受けて経済成長をひた走ってきた中国での汚職問題は、その象徴である。日本を代表する企業といえる東芝の不正経理、ドイツを代表する企業といえるフォルクスワーゲンの排ガス不正など、グローバルな競争に負けられないという脅迫観念がいかに企業モラルや経営者の人間性を破壊したかを白日の下に曝した。

規制緩和と競争がヒューマンパワーを基本とするサービス業にまで及んだ結果、ブラック企業は言うに及ばず多くの企業で労働者が物扱いされ、長時間労働によって心身共に破壊される事態が広がった。しかも、そうした企業の経営者が時代の寵児としてもてはやされ、政府の規制改革会議の中心メンバーとしてわがもの顔にグローバル化の旗振りをしてきたのである。

こうしてみれば、グローバル化の動きがいつまでも続くはずがないことは明らかだろう。言い換えるならば、脱グローバル化の動きは一時的なものではなく、今後ますます強まると考えるべきだろう。そして、近年の大学に対する国の政策も、この脱グローバル化の動きの中で考えてみる必要がある。

２．地方創生という政策の中身

2016年４月に農学系の新学部である生物資源産業学部が徳島大学に開設された。この出来事を理解するためには、2014年９月の第２次安倍（改造）内閣発足時に提起された地方創生という政策を見てみる必要がある。実は、「徳島大学に農学部を」という要望は、徳島県知事が早くから提起していたものだった。中国・四国地方の９県で大学に農学部がないのが徳島県だけだったからである。しかし、この要望は文科省をはじめとする政府に伝えられても、2014年以前は、まったく実現性のないものとして一蹴されてきていた。それが地方創生の政策提起を受けて一転して実現することになったのである。

では、地方創生という政策は、いかなるものか。この政策の登場に大きな役割を担ったといわれるのが、『中央公論』2013年12月号に掲載された増田寛也編著の「地方消滅」というレポートである。このレポートは、2008年をピークに日本が人口減少時代へ突入したという事実の上に立って、人口の東京一極集中によって全国896もの市町村が消滅するという衝撃的な予測を提起したものである。中でもこのレポートが着目したのが、若年層の東京への集中であり、その最大の理由は地方に若者の働き先が無いという現実であった。

これを受けるかのように、地方創生政策の下で策定された国家戦略（まち・ひと・しごと創生総合戦略）では、第１に地方の若者の雇用数を５年間で30万人増やすことが数値目標とされた。さらに地方から東京圏への人口転入の６万人減や、地方での安定した雇用の創出と地方への人口流入が政策目標として打ち出されたのである。

この政策が持つ時代的な特徴を挙げるならば、その第１は「雇用創出」を主目的としたことである。それも地方の雇用である。言い換えると雇用の偏在、若者の雇用の東京一極集中の是正である。第２に、地方分権改革の放棄である。グローバル化の時代は、「小さな政府」と新自由主義の時代でもあり、その副産物として登場したのが地方分権改革であった。地方分権は、住民参加を必要十分条件とした住民自治へ向けた重要な政治改革であった。しかし、地方創生政策では、地方分権という観点はなく、国家主導で推進する姿勢、言い換えると上意下達の性格が鮮明に出されている。

第３に、それが多分に選挙対策のアドバルーンでしかなく、政策の中身は希薄ということである。一番の狙いは、2015年４月の統一地方選挙で勝利するためのポーズであり、「ぶれない自民党、TPP断固反対」と同じである。実際、政府が地方創生に熱意を示したのは2015年の間であり、その後の重点は集団的自衛権と「成長戦略」の柱と位置づけられたTPPの合意であった。

このように、地方創生という政策には脱グローバル化の要素、すなわち「雇用創出」という大義、そして「国家の復権」の特徴が確かに見いだせるが、実際の中身は希薄なものでしかないと言える。しかし、国立大学はちょうど2015年に法人化第２期の終わりを迎え、第３期に向けて全学的な改革を文科省から迫られている状況にあった。この結果、国立大学に地方に関わる学部が多数生まれ、徳島大学においても新学部設置へ向けた準備が驚くほど短期間に急速に進んだのである。その創設の理念は、当然のように、地方経済の重要部分である農林水産業のイノベーションによる若者の雇用創出であった。

同じように、2015年度に文部科学省が総務省と連携して募集した事業が「地（知）の拠点事業」、いわゆる「COC+」事業である。これは地方の国立大学が中心となって他の私立大学や自治体、企業と連携して卒業生の地元就職率を５年間で10％引き上げるものである。これは、本来、国が地方創生政策として行政的に取り組むべき仕事である。そもそも東京一極集中の是正は、第４次全国総合開発計画（1987）の時から国が重要政策として掲げながら、まったく成果を出せない課題である。その反省も責任の明確化もまったくないままに、大学に課題を押しつたわけである。

安倍政権は、異次元の金融緩和で円安を導いたが、第２の柱とした財政支出は財務省の抵抗でできず、第３の柱はグローバル化時代とまったく同じTPPと規制緩和であり、脱グローバル化時代を切り開くビジョンを持つとは思えない。こうした中で、農林水産業の活性化と雇用拡大を使命とした新学部の行く先は、建物の予算がつかないことが象徴するようにかなりの困難が予想される。

しかし、そうではあっても、それは「COC+」を含めて、大学人が新しい時代を意識した様々な挑戦を行うチャンスなのかもしれない。

第２節　生物資源産業学部の特質

１．経済・経営の重視

新学部の第１の特徴は、経済・経営教育の重視である。これは、大学側の当初案には無く、文部科学省との事前協議の中で加わった特徴である。

地方創生という時代の要請を受けて、新学部は生物工学をベースとした農林水産業のイノベーションと６次産業化を目玉として構想されていた。学部名称は「産業」を加えたことが評価された。それは学部の性格がサイエンス志向よりも実学志向を示すと捉えられたからである。実学を目指すならば、技術開発を担う専門知識人の養成には市場経済メカニズムの理解や消費者オリエンテッドな発想の教育は不可欠ではないか、という指摘がなされた。

これを受けて、新学部は当初ゼロであった経済・経営系の専任スタッフを２名体制として、学部の特色の第１に産業化に必要な経済学、経営学、生物資源産業に関する基礎教育を掲げた。そして、経済・経営の共通教育科目として「経済学基礎」「経営学入門」「地域資源経済学」「フードシステム論」「知的財産の基礎と活用」「アグリビジネス起業論」「食品マーケティング論」「起業体験実習」「商品開発プロジェクト演習」の９科目を入学者全員の必修科目とした。さらに、選択科目としても「国際農業論」「ブランド戦略論」を開講することとした。

私自身も、この中の３科目を担当するが、その教育の中では現代の社会経済の出来事が持つ意味や農林水産業の経済的に見た特色を学生に伝えたいと考えている。

２．専門横断的な特色

新学部は、１学部１学科で、「応用生命」「食料科学」「生物生産」の３コース制をとり、コースへの配属は２年目に行う。３学科とせず、３コースとしたのはコース間の壁を低くするためである。１年次にはフィールド実習を必修としているが、それは農業だけでなく、林業も漁業も体験する。全学生が船に乗るのである。物理、数学、化学の基礎教育も必修化しており、新入生は相当に苦労している。その基盤の上にバイオテクノロジーの研究開発に関する基本知識も全員に付与する。一言で言えば、基礎教育をしっかりやった上で、専門については薄くではあるが専門横断的に幅広く学ぶようにカリキュラムが構成されている。

かつて帝国大学にあった農学部は、農学といってもさらに専門化された高度な専門知識人を養成することを目的としていた。すなわち、作物学や畜産学、林学、農業土木学、農業機械学、農業経済学等々の専門家であり、卒業生は研究者や高級官僚となることが想定されていた。こうした帝国大学の教育カリキュラムが多くの農学部に影響を与え、教育カリキュラムは専門性が強く、専門間の垣根も高かった。この傾向は、農学部が大講座制に移行して生命科学と環境科学にウイングを広げた1990年代以降も根強く残ったように思われる。それはそれぞれの分野が学会という高度に専門的な学術組織と不可分に結びついているからでもあった。

新学部は、入学定員が100名、教員スタッフが45名、その内、教授が13名というコンパクトな組織である。そこでは、専門分野の壁をなるべく低くして、学生にできるだけ専門横断的な学びによる幅広い知識と視野を与えることを共通理解としている。

これは現代社会が求めている人材は、複雑化した問題を多様な観点から見ることができる能力ではないかと考えるからである。専門的な掘り下げは大学院でよく、あるいは問題解決の糸口が見つかってから、自分自身で取り組むので構わない。重要なのは多くの分野を多少でもかじって糸口を持っていることと考えたのである。

複雑な現実社会で特定の専門知識が持っている限界を知ることも重要であり、新学部は3週間のインターンシップを必修としている。このことも、専門横断的な特色と関連していると言えるだろう。

3．ヘルス分野の重視

先も述べたように、農学は1980年代に「農学部不要論」が唱えられる中で、生命科学と環境科学にウイングを広げることで新たな存在意義を示して生き残ってきた。この両分野がいずれも安全性やリスク管理というテーマと結びついていく中で、社会的にはそれが「健康の維持と増進」というテーマへと発展している。つまり、これまでは医学、薬学の分野とされてきたヘルスが農学にとってもカバーすべき重要な分野となってきた。

徳島大学の新学部は、構想の段階からこの動向を重視して、医学部、薬学部からもスタッフの配置転換を行い、創薬、機能食品開発等も教育研究分野として位置づけている。この点が、新学部の第3の特徴といえる。新学部のキャッチは、“アグリ、フード、ヘルスとバイオの融合”である。

今日の世相を反映して、当然のように、入学希望者の多くがこの専門分野への進むことを希望している。しかし、この専門講座には定員があるので、その選考は入学後の成績によらねばならず、そのことが入学後の学生の学習意欲にも影響を及ぼしている。

以上のカリキュラム上の特徴とは別に、新学部のもう一つ大きな特徴に入試方法がある。基礎学力は重視しつつも、現実社会に貢献する姿勢を問題意識として持つことを重視して、定員の8割（推薦＋前期試験）の入学試験に面接を導入して、自らの考えを的確に表現できる能力を評価対象としている。この実施にあたっては教員総動員の体制が必要で、教員の入試に関わる時間数は他学部よりも格段に多いが、多くの教員が入ってきた学生の資質に満足し、面接を行ったことを評価している。また、地元徳島県との関係を重視して、県内農業高校からの推薦枠も4名もうけている。

第３節　農林水産業とは何か―その歴史と理論

１．地域経済という観点

以上のように、新学部は地元徳島県をはじめとする農林水産業の活性化という課題を明確に持って発足している。その意味で、ディシプリンオリエンテッドであるよりも、問題解決オリエンテッドと言えるかもしれない。こうした観点から足下の徳島県農林水産業を見渡したとき、長い海岸線と西日本で二番目に高い2,000m級の剣山がそびえる地形により、県土の76％が森林で、耕地面積中、田の割合は67％、畑が33％となっている。

こうした耕地条件の下で、もっとも農業産出額が多いのが野菜で、次に畜産、そして水稲、果樹というように、地形に合わせた多彩な農業が展開されている。林業については、民有林比率が94％と圧倒的で、人工林の比率も61％と高く、その大半がスギとヒノキとなっており、林業産出額では全国10位、生シイタケは全国１位、竹炭、タケノコの生産量も全国上位をしめる。漁業は、沿岸漁業層が９割を占め、大規模漁業層は存在しない。沿岸漁業層の多くは小型の動力船を使用する経営体とワカメ、ノリの養殖を行う海面漁業経営体である。

こうした農林水産業の経済規模は農業県と言える徳島県であっても小さく、県内総生産に占める割合はわずか2.1％でしかない。しかし、農林水産業の就業人口は減少したと言っても就業者人口の8.5％になる。しかも、一つ一つの経営体は県土に広く分散して立地し、県土の生物資源を利活用することで生計をたて、それが県土の保全と深く関わっている。また、農林水産業は、観光業と深い関係にあり、お遍路など観光地の多くが農山村に立地し、飲食にあたっては地元食材を使った料理が期待されている。土産物の中心となる菓子類の原料やホテル、飲食業、病院、介護施設が使用する食材も県内産が多く使用されており、県民の日々の食卓に上がる食料品にも県内の農産物、水産物は欠かせない。

このように、生産額だけを取り出せば小さな規模でしかない農林水産業だが、地域経済という点から見れば、それは依然として無視できない位置を占めている。伝統芸能など歴史や文化という面にまで観点を広げると、その意味はさらに大きくなる。徳島県の場合で言えば、藩政期における藍作の隆盛が残した遺産は大きく、今日の地域活性化の際にも、藍作の伝統・文化を活用しようという動きも進められている。

２．生物資源の利用という観点

このように地域経済という観点を踏まえて、徳島大学の新しい学部が農業経済学の研究面に与えるインプリケーションについて考えてみると、第１に専門化、細分化している研究の現状への反省が思い浮かぶ。すでに19世紀に農学、林学、水産学へ分離し、農学部と水産学部は分離され、農学部の中でも農学と林学は分離された。さらに、農業経済学１つをとっても課題毎に研究分野は様々に細分化してきている。それは専門研究の深化の必然的なプロセスであり、研究の発展と見ることもできる。

しかし、ここ数年来、研究者養成がきわめて限定された課題の論文を学会誌等の査読付きジャーナルに発表することが必至となる中で、研究者の再生産が細分化した専門分野の枠内で進められる結果、研究の関心が一段と微細な論点に向けられるようになっている。そのために、現実の問題が持つ広がりや関連性についての問題関心が見失われ、全体として問題を俯瞰する議論が十分になされなくなっているように思われる。

研究の細分化、たこつぼ化の問題は、繰り返し問題とされてきたことであり、今さら取り立てて問題にするまでもないかもしれない。その意味で、徳島大学の新学部が農業経済学研究に与えるもう一つのインプリケーションは、「生物資源産業」という学部名の持つ含意である。すなわち、「農林水産業」という従来の言葉を、「生物資源を活用する」という産業的な共通性から表現した点で、この言葉は従来、別々に論じられてきた農林水産業を一体的に論ずる可能性をもたらすかもしれない[(1)]。

生物資源を活用するという点は、従来も農業と製造業の違いとして議論されてきた点である。また、生物資源といっても、相当に人為的要素が組み込まれている農業と生産過程が長期にわたる林業、養殖を含めて資源管理が重要な水産業とでは、かなり内容が異なることも間違いない。とはいえ、近年の地球温暖化や異常気象による自然災害の影響を大きく受けるという特質は共通のものであり、生物資源産業という観点からの研究は必要性を増していると言えるのではないか。

ちなみに、私は新学部で「生物資源経済学」を担当することになるが、他大学を見ると名称は同じでも中身はまったくの農業経済学である場合が多く、上記のような問題意識の講義はあまり見いだせない。

３．家族経営という共通項

生物資源を活用する産業は多様性を持って存在するが、歴史貫通的に見ても、世界的な広がりから見ても、世帯単位の家族経営が広範な部分を担ってきた。また、担っており、さらに担っていくだろう。しかし、経済学は、家族経営は前近代の存在であって近代の市場経済社会の下では消滅するという結論を出してきた。

この結論に対して、「ファーム・ファミリー・ビジネス」という概念を提起したガッソン・エリングトンは、家族経営は従来考えられていた以上に柔軟な対応力を持ち、時代の環境変化に適応して行く存在であると論じた。また、ただ減少していくのではなく、新たな参入に「門戸を開けておく」ことも主張していた（ガッソン・エリングトン 2000：p.179）。同様に、家族経営が消滅するというビジョンについてウォーラースティンは、「本来、相対立するはずの自由主義とマルクス主義の二つの思想によって完全に共有されて」（ウォーラースティン 1993：p.403）いたとして、「自由主義的・マルクス主義的合意」と呼び、それが「進歩の不可逆性」を信じる19世紀の啓蒙思想に由来するとしている。

いずれにしろポイントは、家族という紐帯で結ばれた“世帯を単位とする”経営という点である。他出した子供などは家族ではあっても経営の担い手ではなく、逆に農業に一切関わらなくても、ともに生活をしている世帯員は生計の面で経営に関係する。すなわち、兼業農家である。だから英語に直せば、Farm Household（農業世帯）である。

これに関して、小倉武一や梶井功は、「農家」を「特殊日本的な概念」であるとして、農業経済学者は使用すべきではないと主張したが、私はそれが世界的概念であると批判した（玉 1994：第１章)。そして、今日でも多くの研究者が、どの程度自覚的かは別にして「農家」という概念を使い続けている。

同じように使われているのが、「林家」と「漁家」である[(2)]。こうした「農家」「林家」「漁家」を一体で捉える概念として、私は「小経営」及び「小経営的生産様式」という概念を提起した（玉 2005、2006、2013a)。ただし、「小経営」は、「中経営」、「大経営」を連想させるなど、単に経営規模だけで性格づけるもののようにも受け取られてしまう問題がある。

その点では、「ファーム・ファミリー・ビジネス」を発展させて、「バイオ・ファミリー・ビジネス」という新たな概念を使用することもあり得るだろう。その場合でも、ビジネスは生計（subsistence）を含む経営という意味で捉える必要がある。また、世帯員の兼業も含めて捉えなければならない。

農業、林業、漁業は、いずれも生物資源を活用するという共通性において生産過程が季節性を免れることはできない。その結果、労働力利用や資金循環にも季節的な変動が生じ、また、自然災害とも常に背中合わせである。その点において、兼業は農業所得の持つ変動リスクを補う意味で有効であって、日本でも藩政期から兼業農家は存在した。さらに、今日、ヨーロッパでもアジアでも世界的な現象である。

また、農業と兼業の中間に位置するのが副業である。農業の異種部門を導入したり、農産加工をしたり、農産物の販売をしたり様々であるが、６次産業化もその一つである。要するに、“世帯を単位とする”経営体においては、副業も兼業も世帯が市場経済に適応するための「世帯戦略」(Eder 1999)の１つということである[(3)]。

4．協同組合の可能性

繰り返しとなるが、地域資源経済学は農業経済学であってはならず、林業、水産業を包括した生物資源を活用する産業の経済学でなければならない。そこには、歴史的に資本が参入し、資本主義的な経営を展開してきているが、その一方で家族経営は依然として広範に存在し続けてきた。それは生物資源を利用する場合、よほどの条件が整わない限り、投資に見合う利益を安定的に上げることは難しく、同じ利益を上げるのであれば、他の分野に投資した方が容易だからである。だから、19世紀まで農業の主要な投資主体であった地主も投資対象を農業以外へと変えていったのである。

資本による農業への投資や参入は、決して否定的にとらえる必要はなく、農林水産業の活性化に向けた様々な方策の1つと考えて構わないだろう。しかし、歴史的な経過を踏まえれば、それに過大な期待を持つこともできないだろう。もちろん、生命科学の分野では技術革新が驚異的に進展しており、植物工場も散見されるようになっている。といっても、未だその程度である。

その意味で、地域資源経済学の柱としてしっかりと位置づけなければいけないのは協同組合である。19世紀末農業恐慌において、家族経営が生き残って行く上で協同組合が果たした役割は大きい。同様に、日本の昭和農業恐慌においても国家的な政策支援の下であるとはいえ、産業組合は困窮農家への低利資金の供給において重要な役割を果たした。すなわち、小規模・孤立分散という家族経営の弱点を補う上で協同組合というシステムは一定の有効性を持っていると言うことである。

そして、今日の農政改革の中で主要なトピックとなっているのが農協改革という名の農協攻撃である。マスコミによる農協攻撃もすさまじいものがあり、農協は諸悪の根源のように扱われている。しかし、それは安倍政権がなんとしても推進したいTPPにとって農協が最大の抵抗勢力だからである。今もなおグローバル化の推進を考える規制改革会議などが、もっとも嫌がっているのも協同組合である。TPP推進の主要勢力とも言える米の保険業界が嫌がっているのも協同組合保険（共済）である。

それは今日、協同組合というシステムが資本主義システムにとって１つのオルタナティブになりつつあるからだろう。冒頭でも述べたように、グローバルな資本主義経済の本尊である株式会社システムは、経済格差や貧困化とは共犯関係にあり、腐敗や不正を防ぐシステムが十分とは言えそうもない。パナマ文書しかり。三菱自動車しかり。電通しかり。

かつて賀川豊彦は、社会主義か、資本主義か、というイデオロギー対立の中で、協同組合主義を唱えた。協同組合は農林水産業の将来のみならず、脱グローバル化の時代の社会ビジョンに関わる重要な論点を含んで、地域資源経済学が扱うべき重要なテーマと言えるだろう。

注

（１）生物資源産業の英訳はbioindustry であって、これまで「アグリビジネス」の表記で使われてきた言葉と少し重なるが、生物資源産業は、アグリビジネスを含む農林水産業全体を表現する言葉として使用されていくことになるだろう。

（２）「林家」については佐藤宣子他編（2014）を、「漁家」については井元康裕（1999）を参照。

（３）しかるに、わが国では、農業は専業でなければいけない、という観念が学者や行政に深く浸透してきた。その起源は、総力戦体制下の日満農政研究会における適正規模論（自作・専業・大規模）にある、というのが私の見解である（玉 2016）。

[『農林業問題研究』第53巻第１号、2017掲載]

第3章
地域シンポジウム：協同組合の志
―協同社会を地方から―

第1節　はじめに：脱グローバル化時代と協同組合

日本協同組合学会2017年度秋季大会の地域シンポジウムを徳島で開催するにあたって、「協同組合の志」というテーマとした第1の理由は、2016年を通して顕著となったグローバル化の黄昏と“国家の復権”の動きである。6月には、イギリスの国民投票によるEUからの離脱、ブレグジットが決まった。EUは、グローバル化の流れに乗り遅れないために、ヨーロッパから国境を無くすことを目指したものだった。また、9月には、アメリカ共和党の大統領候補に「アメリカ第1主義」を掲げるドナルド・トランプ候補が選出され、11月には事前予想を完全に裏切って大統領に当選してしまった。メキシコ国境に壁を建設する公約や関税の原則撤廃を目指すTPPからの離脱表明に見られるように、彼の公約は明らかにグローバル経済に刃向かうものだった。

国境をなくし、人・物・金・情報を自由に流通させ、自由な市場競争を通じて企業による営利追求を最大級に保障することで「成長」が得られるという新自由主義の主張は、もう虚妄にすぎないと考える人たちが2008年のリーマンショック以降、世界中で増えていた。いまや「成長」に代わる旗印として登場したのは「雇用」である。ヨーロッパにおける難民問題、そしてアメリカにおける白人労働者の怒りはいずれも「雇用問題」に震源がある。同様の日本での表れが、東京一極集中であり、地方における少子高齢化・人口減少と一体の経済的衰退である。

この国家復権の動きは、資本主義的な経済システムを修正しようとする動きでもあり、今や国の政策をおしなべてグローバル化と規制緩和と見ることは間違いを犯すこととなる。例えば、“地方分権”から国による“地方創生”への転換のように、新自由主義的な政策を修正する動きもあらわれており、新たに「雇用」や「働き方」をはじめとした「公共的」な争点が浮上してきている。この新しい時代の動きの中で、協同組合はこれまで以上に役割を期待されるだけでなく、主役に躍り出る可能性が高まっていると考えられる。

それに加えてもう１点注目すべき現象は、新自由主義とグローバル化の中で顕著となった大企業の不正である。日本を代表する企業である東芝や神戸製鋼が何年も粉飾決算や検査不正を続けてきた。「日本企業の不正に関する実態調査」(株式会社KPMGFAS 2016) によれば、過去３年間に上場企業の３社に１社が不正を行っていた。競争最優先の経済は格差と貧困のみならず、負けることへの恐怖から人間のモラルを崩壊させ、同時に「株式会社」というシステムの不完全性も明らかにした(1)。このことが組織・事業運営に民主主義的なルールが組み込まれた協同組合の価値を改めて高めている。

さて、グローバル化の下でもっとも疲弊してきたのが地方である。であれば、その再生はもはや「成長戦略」といった幻想に惑わされることなく、国が掲げた“地方創生という大義”を逆手にとって協同の力で地域の経済と社会を「協同社会」に作りかえていくことが求められる。そのためにも、この地域シンポジウムでは、最初に、賀川豊彦が協同組合という運動の先に構想していた「協同社会」を改めて確認する。続いて、地方の再生・活性化で成果をあげる２つの実践報告をしていただき、「株式会社」というシステムを活用する意味を含めて、協同の地域づくりについて議論したい。

第２節　地域シンポジウム概要

今回の地域シンポジウムは、座長解題と３人の報告者の報告を柱として、コメンテーターは置かず、すぐに参加者とのディスカッションを行った。

座長解題「脱グローバル化時代と協同組合」

玉真之介（徳島大学教授）

報告１　「賀川豊彦の協同組合運動と社会改造論」

小南浩一（兵庫教育大学教授）

報告２　「生涯現役社会の作り方」

横石知二（株式会社いろどり代表取締役社長）

報告３　「まちづくりの事業化による自立モデルの構築」

大津清次（株式会社地域法人無茶々園代表取締役）

ディスカッション

第３節　報告概要

第１報告では、兵庫教育大学の小南浩一氏が、以下のように賀川の社会観を踏まえて協同組合の持つ意義について述べた。

まず、賀川豊彦はわが国におけるあらゆる社会運動の創設に関わった人であるために、その幅広さからかえって評価を難しくており、ある意味で忘れられている。しかし、賀川は常に社会の変革を目指して行動していた。生活協同組合の前身の消費組合運動については、「公平な世界を作るための運動であり、世界を革命によらず改造してゆく唯一の道」といい、「欠陥の多い資本主義営利組織の建替である」と論じていた。その意味で、賀川の社会運動の考え方は資本主義の現実の矛盾を問うという点ではマルクスと同じであったが、その変革方法と将来の社会像という点ではマルクスとは異なっていた。すなわち、彼は生存競争の経済と社会を協調と友愛に基づく相互扶助と連帯の社会へと進化させるという独特の進化論を展開していた。

また、賀川は、人は人との交わりを通して人となる、喜びも悲しみも人は人との関わりの中でそれを実感するという社会観をもっていた。これに対して新自由主義は正反対である。すなわち、「社会などというものは存在しない、あるのは個人と国家だけだ」というマーガレット・サッチャー英首相の言葉に示されるように、新自由主義では個人はバラバラですべては自己責任と考えている。そうしたバラバラにされている個人ほど、強い国家につながろうとするのである。

だから、いま市場主義や新自由主義によってバラバラにされた個人を横につないで、相互扶助や連帯を促すような「中間団体」を再構築する必要がある。賀川が目指した協同社会は、こうした社会主義とも資本主義とも異なる第３の道であり、自助と共助を中心とした中間団体が多様な形で広がった社会である。協同組合運動は、そうした新自由主義に対抗する中間団体として相互扶助と連帯の社会を導く存在として意義を有する。

第２報告では徳島県上勝町で30年間にわたって「つまもの」の葉っぱビジネスに取り組んできた横石知二氏が、以下のような報告を行った。

「いろどり」をはじめて30年になるが、いま地域が大きく変わりはじめていると感じている。人口1,600人ほどの上勝町でも変化が生じている。地方において人は、居場所と出番、役割が大切であり、そこにやり甲斐が生まれる。そうした舞台の作り方が大切で、私が取り組んできたのも、居場所と出番とやり甲斐がある「いろどり社会」を作ることだった。現在、価値観が２極化していて、１つは効率性を追求して、手間をかけず無駄なことはしないという価値観であり、他の１つは、手間はかかるけれども幸せや充実感をもてることを目指す価値観である。この両極端な時代に重要なのは情報の活用だ。

上勝には棚田があるが、米では儲からない。そこにミニハスを植えるとその葉っぱで米の250倍のお金になる。それは、ハスを欲しいという情報を捉えてSNSでいろどりのおばあちゃんに伝えることで実現できる。高齢者にSNSは無理だという抵抗があったが、高齢者にも使いこなせるシステムを開発し、成績のランキングを「見える化」したら、みんなが競って使うようになった。いまはLINEアプリを使用している。情報や仕組みはある意味で最先端をいかなければダメで、それと人間味あることとをバランス良く組み立てる必要がある。

いま上勝町には若者が続々と来るようになった。７年前に「田舎で働き隊」という事業で50名を募集したら1,300人が応募してきた。５年間でインターンシップに611名が来て、34名が残っている。彼らは、私たちとは違って、ゆるい、重荷にならない、負担にならない環境を求めている。こうした価値観の変化に地方は対応していく必要がある。ポイントは、そうした若者も含めて誰もが主役になれるような仕組みを作ることだ。30年前に「葉っぱビジネス」をはじめた時は大笑いされ、頭がおかしくなったと言われたが、４人ではじめた事業はいま３億円になっている。地域には面倒な人もいるが、そうした人も含めて誰もが主役になれる社会が必要で、協同組合は地域において様々な人たちとの距離感が近いからこそ、良いのだと考えている。

第３報告では愛媛県今治市で無茶々園の代表を務める大津清次氏が無茶々園の取組について、以下のような報告をした。

無茶々園は、40年前に15アールの伊予柑園を無農薬の有機栽培ではじめたところに起点がある。当時は、無農薬栽培など無茶苦茶だと言われたことが名前の由来である。同時に、日本有機農業研究会の一楽照雄さんから「生産者と消費者との相互理解」が重要であると教えられて産直を開始した。そのことで、基本法農政が進める「稼げる農業」から「自分たちが誇りが持てる農業」へと価値観を転換することができた。また、市場や小売りに従属しない農業を目指して産直システムを発展させてきた。

無茶々園は協同組合だが、1989年に農事組合法人となり、1993年には販売のための株式会社を設立した。2001年には有限会社の直営農場を持ち、2013年には介護施設も設けた。この４法人を地域協同組合という形にまとめたのが現在である。有機農業は明浜町では３割、狩浜地区では７割の農家に広がっていて、ジュース粕からアロマオイルを抽出してコスメ商品を作るなど６次産業化にも取り組んでいる。直営農場では全国から集まった若者が働いており、漁業者とも連携して地域の環境を守る取組もすすめている。

2016年には農林水産祭のむらづくり部門で天皇杯を授賞した。これは農家の組織から地域の組織として、地域福祉の事業に取り組んだことが認められた結果と考えている。2009年から週１回、独居老人への弁当配食を続けており、2013年には地域の福祉事業を行う「百笑一輝」という株式会社を立ち上げた。協同組合ではなく株式会社としたのは、協同組合で議論していると時間がかかりすぎるからである。2014年には有料老人ホームとデイサービスを開始した。また入所者による仕事づくりにも取り組んでいる。

無茶々園の基本理念は、食料、エネルギー、福祉の自給により自立した地域を作ることである。そのためには、企業を目指す農業者だけではなく、家族農業も半農半Xも、多様な担い手がいることが大切である。さらに、新規就農の若者や海外からの研修生も必要だ。その上で、農業だけではなく、直売所や観光事業、再生エネルギー事業、福祉事業などで地域資源を活用し、地域が必要とする事業を、都市生活者や海外とも連携して展開していく必要がある。

第４節　まとめ

質疑と討論においては、以下のような点が共通認識として確認された。まず、女性や若者の価値観が変わりつつあり、地方や農村に関心を向け、新規就農する人も増えてきている。その受入で重要となるのは、ワーク（働き先）とハウス（住宅）である。こうした変化は、新自由主義の下で個人がバラバラにされてきたからであると共に、情報化社会の産物とも言うことができ、情報化への対応は地方の農村にとって不可欠である。情報化を使って都市とつながっていく上では、協同組合間の連携も重要である。

協同組合は地域のニーズをくみ取って様々な事業と仕事を作っていくことが可能であり、そうした事業づくり、仕事づくりの場においては、株式会社の活用も迅速に対応できるという点で有効である。ただし、それはあくまで協同組合による地域づくりの運動が基本であり、その運動の手段の１つとして利用するものである。その意味でも、協同組合は賀川豊彦が考えていたように、社会を相互扶助と連帯の「協同社会」に変えていく運動でもあるという志の部分に繰り返し立ち返ることが大切である。

注

（1）モラルの毀損は企業だけではなく、規制緩和をすすめる政府においても露骨に生じていることは、2017年の文教政策や財務省の行政文書改ざんを見れば明らかである。

[『協同組合研究』第38巻第１号、2018掲載]

補章１

書評リプライ『近現代日本の米穀市場と食糧政策―食糧管理制度の歴史的性格』

１.

最初に、書評の労をとっていただいた野田公夫氏に心から感謝したい。何よりも、拙著が提示した「食糧管理制度の歴史的性格」を“学術上の新しい知見”と認めていただいたことをありがたく思う。

拙著については、『農業経済研究』第86巻第１号（2014）で荒幡克己氏から、『村落社会研究ジャーナル』第41号（2014）で戸石七生氏から書評をいただいている。ただし、荒幡氏は拙著が提示した「食糧管理制度の歴史的性格」を「戦前制度との連続的把握」であるとして、「一般経済史の学会では、こうした見方は標準的認識として共有されている」（p.43）とされ、戸石氏も「もっともでありすぎるがゆえに新規性に乏しいくらいだ」（p.58）と評されていた。

それに対して野田氏は、食管法が1995年まで継続した理由について、「かかる論点は食管法批判の言説の中でしばしば登場してきたとはいえ、学的な『問い』としては検討されたことはない」とされた。同感である。その上で、「著者は見事に、食管法の維持と終焉を『危機論』から説いたと言えよう」と、拙著が提示した認識の新規性を認められた。

拙著の主題は、食管制度が戦前に起源を持つといった単純な連続性の提示ではない。一度は廃止が閣議決定（1951年10月26日）した食管制度がなぜ生き残ったのか。それだけではなく、1960年代になぜ米の全量管理という国家統制の強化が生じたのか。そして、その終焉はなぜ1995年なのか。これら一連の問いを一貫した論理で説くことである。それは、汗牛充棟たる食管制度の研究蓄積においても、未だになされていないとの思いから上梓した。

2.

そこで、簡単にでもその論理を確認しておこう。ベースにあるのは、一国資本主義ではなく、世界資本主義と世界農業問題という理論的な枠組みである（この点については、拙著『日本小農論の系譜』農文協1995、特に終章「世界資本主義の構造変化と日本農業論の理論的課題」を参照）。農産物市場制度が1995年まで維持されたのは日本だけではない。アメリカもまた1996年農業法でようやく不足払い制度が廃止される（服部 1997）。この背後にはガット・ウルグアイラウンドの妥結、更にその背後には冷戦の終結がある。

拙著の第1の主張は、食管制度が総力戦体制の下で危機管理機構の一部として制度化されたという危機論的規定である。そのポイントは、自由市場では達成できない「平等化の機能」＝「公共性」の解明である。その実証が拙著の中心部分である。これは今や、当たり前すぎる見方なのかもしれない。しかし、日本農業史研究では、未だに暉峻衆三氏や西田美昭氏に代表される「資本家・地主ブロック」階級国家論が通説的な枠組みとして生き続けている。拙著は、こうした枠組みへの一貫した根底的な批判である。

第2の主張は、「はしがき」に述べたように、「食糧管理制度の継続を総力戦体制から冷戦体制への移行として、その連続性の意味を提起した」ことである。閣議決定までされた主食の統制撤廃にストップをかけたのはアメリカである。朝鮮戦争後の極東における冷戦体制を受けて、食管制度の「危機管理」の機能を維持することをアメリカが日本に強制したのである。こうした把握を提示した研究を私は寡聞にして知らない。

第3が1960年の「安保危機」と売買逆ザヤ米価復活の強い関連性の主張である。それこそが、戦時期に匹敵する米の全量国家管理が1960年代に達成された基盤である。戦時下と1960年代の共通性を論じた研究がこれまであっただろうか。さらに、食管制度が日本の食糧政策に構造化された理由を、日米安保条約第2条に求めた研究はあっただろうか。ポイントは、冷戦体制の下でアメリカの世界戦略に組み込まれた日本の政治経済体制である。

そして最後に、食管制度の終焉を冷戦の終結（=「危機管理」使命の終焉）から説いたことである。それによって、拙著が主張する危機管理機構の一部としての食管制度の歴史的性格も、危機論という一貫した論理で完結するものとなった。

以上に対して野田氏から、「本書はこれまで社会科学が意識的に避けてきた『国家』と『資本主義』の概念の一新と、先発西欧社会とは異なる日本的コースの重視とを二つの立脚点として、近現代日本の食糧政策史研究に遠大な見取り図を与えた労作と評価しうる」との論評を得たことに、繰り返しとなるが感謝したい。

3.

ではここから、野田氏の疑問にお答えしたい。野田氏の問いは、端的に「これで先が見えるのか？」であった。拙著の議論の有効性は、「国民国家の射程内、すなわち国民国家／国民経済の形成・確立期に限定されるのではないか」。冷戦終結後、「国民国家の単位性は低下を余儀なくされつつ、グローバル・ジャスティス無き競争が世界化しているのが現状」であるなら、拙著が農産物市場制度に見いだした「公共性」の意味も基盤が失われたのではないか。拙著が述べた「新しい危機の時代」とは何であり、そこで農産物市場制度はいかなるリアリティを持つものなのか。

「はしがき」でも述べたように、拙著は「現代的問題関心から改めて歴史を振り返り、農産物市場制度の社会経済的性格を実証的に考察しようとするもの」であった。それゆえ、明治以来の歴史分析が紙幅の大半を占めるとはいえ、現状への示唆についても簡潔ではあるが「はしがき」と終章で行っていた。

まずそこで提示したのは、2008年リーマンショックを転換点とする“グローバリゼーションの逆転と国民国家の再組織化”という世界認識である。それを、「19世紀末のような地下資源の争奪戦や領土問題も顕在化してきている」(p.8) や「冷戦の復活にも似た世界」(p.241) と表現した。関連して、アメリカの覇権の凋落と、ロシアと中国の台頭に言及した。

アメリカの覇権凋落については、「アメリカ一極支配体制は、ほんの一時期に過ぎず、イラク戦争における事実上の敗北、リーマンショックを経て、G20に象徴されるように、世界は急速に多極化している」(p.8) と述べた。また、ロシア、中国の台頭は、「国家資本主義」と言われるような（イアン・ブレマー『自由市場の終焉：国家資本主義とどう闘うか』日本経済新聞社、2011)、重商主義的な国家戦略の時代の到来を示唆したものである。

「中国を意識したアメリカ中心の経済圏構築という性格が見え隠れする」(p.8) と言及したTPPも、アメリカの重商主義的な国家戦略と見るべきである。そもそも、「多角」という原則を欠いた「自由貿易協定」は、かつてのブロック経済化に近い。TPP交渉は、安全保障上でアメリカの軍事力に依存する国が、その経済的代償を個別に協議する姿にも映る（2014年４月に来日したオバマ大統領は、尖閣諸島への日米安保条約第５条適用とTPP交渉を明らかにリンクさせていた)。

こうした資源・領土紛争を孕んだ国家間の重商主義的な対抗が「新しい危機の時代」であるとすると、中国の脅威などが喧伝され、機密保護法や集団的自衛権などの国家主義的政策が強行され、TPPに反対する農協に対しては農協改革が仕掛けられる事態も、新たな時代を示すものだろう。あたかも「擬似総力戦体制」と言える動きは、経済政策においても明らかな路線転換と新たな矛盾を生み出している。

まず第１に、東日本大震災が「自己責任」の新自由主義路線に打撃を与えたことが重要である。いわゆるアベノミクスは、金融の量的緩和による円安誘導、さらに公共事業の復活の２点において、明らかにケインズ経済政策への部分的復帰である。相変わらず成長戦略が叫ばれているが、内容は重商主義的な輸出振興であり、さらに賃上げや地方創生など自由市場の下で拡大してきた格差の是正も政策の柱になりつつある。

食管制度を制度化した総力戦体制が国民の国家への統合のために、自由市場では達成できない利害の調整を「平等化」の方向で進めたことを考えると、「地方創生」の政策的提起が注目される。それは、新自由主義の下で拡大した中央と地方の格差、地方の持続性の危機が、「新しい危機の時代」に向けた国家主義的な国民統合にとっても危機管理上の最重要課題に浮上したと言えるかもしれないからである。

しかし、ここに現政権の最大の矛盾もある。すなわち、日米同盟強化の路線の一部であるTPPにより、地方経済の基盤である農林水産業がさらに打撃を受け、地域格差が是正されるどころか地方の持続性の危機がさらに強まるという事態である。

この危機の深化を政権が真剣に避けようとするなら、日米関係の見直しは不可避である。そしてまた、規制緩和など自由市場では決して問題は解決されず、「平等化の機能」を持った公的規制に向かわざるを得ないというのが、拙著から導かれる展望である。ただし、拙著は「中央集権的な食管制度の歴史的展開には功罪があり、地方分権の時代にはそぐわない」(p.241) という総括も提示していた。国家主義的な国民統合が経済権益をめぐる軍事的対峙へすすむ道を避けるためにも、地方経済再生は地方が主体となるべきであり、公的規制はそれらを助成、サポートする仕組みでなければならないというのも、拙著からの示唆となる。

以上、不十分ではあるが、また具体性を欠くが、野田氏への回答としたい。現状をめぐる議論の発展に拙著が少しでも寄与できるならば望外の幸いである。

[『農林業問題研究』第50巻第４号、2015掲載]

補章2

通巻100号にあたって

『農業市場研究』は本号（第25巻第4号）をもって、前身の『農産物市場研究』以来、通巻100号を迎えた。少し学会誌の歴史を紐解くとともに、学会のこれからについて私見を述べてみたい。『農産物市場研究』の創刊号が刊行されたのは、約40年前の1975年10月であった。これに先だつ1974年4月には、研究者と実践家を会員として農産物市場研究会が京都大学で創立され、年2回の研究会が始まっていた。『農産物市場研究』は、まず研究会の報告を記事として刊行が始まった。

創刊号には、川村琢初代会長による「創刊にあたって」が掲載されている（以下、敬称は略す）。その中で川村は、「農業がますます市場に組み入れられながら、農業自体が国内再生産の総行程の一翼として、均衡のとれた適応を示しえないというところに問題がある」と述べ、「農産物の商品化構造」と「商業資本の流通構造」の2つを課題として提示した（『農産物市場研究』はCiNii Article として公開されており、Webで閲覧できる）。

その後、年2回の研究会と会誌刊行が定着し、第10号（1980年4月刊行）からは、「研究会報告」、「紹介と批評（書評）」に加えて、「論文」、「研究ノート」なども掲載されるようになった。当時、博士課程在籍中であった私の研究ノート「食品工業資本の歴史的性格について」も第13号（1981年10月）に掲載されている。

第16号（1983年4月）からは、発行が農産物研究会、発行元が筑波書房になり、さらに編集委員会の下でレフェリー制と投稿要領も整備され、第20号（1985年4月）からは、誌面も通常の学会誌のように横二段組みとなった。この第20号には、以上の経緯をまとめた三島徳三「『農産物市場研究会』小史」が掲載されている。この農産物市場研究会を母体に日本農業市場学会が創立されたのは1992年４月である。その時、学会誌の名称も現在の『農業市場研究』となった。第１巻第１号の刊行はこの年の９月であったが、通巻35号という標記で『農産物市場研究』からの継承が示された。

それから10年後の2002年６月の第11巻第１号（通巻55号）には、「学会創設10周年」という小特集が組まれ、三島徳三「日本農業市場学会10年のあゆみ」ほか、歴代会長の臼井晋、澤田進一、三国英実による論説が掲載されている。その中で澤田は、「日本農業は完全な自由貿易を原則とする新しい国際経済の秩序に包摂され、従来の政策体系のもとでは農業生産力の発展を支える条件確保の見通しがつかない、いわば危機的な様相がはっきりと表面化した」と、危機感を表明している。

同様に三国も、ガット・ウルグアイ・ラウンド農業合意、WTO発足、食糧管理法の廃止、新基本法の制定、卸売市場法の改定、農協法の改正、そして農地法の改正等々を「農業市場研究の枠組みの変化」としてあげ、BSE問題や雪印の製品偽装、ダイエーの破綻とウォルマートの進出等を例に、自由化や規制緩和にともなう新たな課題の解明が本学会の役割として期待されるとした。

以来、今日までの15年間はまさにグローバル化の時代であり、それへの対応がもたらす様々な問題について本学会の研究活動は活発に展開され、『農業市場研究』も2009年度の第18巻からは年４回の刊行となって現在へ至っている。しかし、この間の本学会の立ち位置を振り返ってみると、新自由主義や市場原理主義の横行の前に、いささか守勢を余儀なくされてきたように感じるのは私だけだろうか。

というのも、本学会は生産者と消費者との間に介在する品目ごとに個性的な中間組織や市場制度の持つ役割や「公共性」を重視する学的エートスを持ってきたからである。しかも、それは国民経済という枠組みに立脚していた。それに対し、この間のグローバル化はそもそも国境を超えた動きであり、その対応として推進された自由化や規制緩和は、「全農の株式会社化」という規制改革推進会議の提起が象徴するように、すべてを資本の利益追求に委ねることがもっとも効率的という論調に充ち満ちていた。

しかし、その時代も明らかに黄昏を迎えつつある。2016年、イギリスのEU離脱に続き、トランプ・アメリカ大統領候補の当選は、脱グローバル化と“国家の復権”の狼煙である。かつてサッチャーとレーガンが新自由主義の旗印で登場したように、今度はメイとトランプが脱グローバル化の旗印を掲げて世界を変えていくのかもしれない。それは、排外主義や国際紛争をはじめとして歓迎すべからざる事態を多数予想させるものであるが、少なくとも国境をますます無くして、自由な市場競争に委ねるという方向でないことだけは間違いない。これまでのグローバル化の結果として生じてきた格差や貧困の拡大が民衆レベルの怒りや憎悪となって、歴史の歯車を脱グローバル化へと転がしている。

この新たな潮流を本学会は、どのように受け止めればよいのか。それを考えるために、本学会の創設と本学会のエートスに多大な影響を与えた３人の先生について私的な理解を簡単に述べたい。

まず１人目の川村琢がこだわったのは、資本主義的な市場経済の下で、小農が小農のままで農産物を商品化することの矛盾であった。この矛盾を解く糸口となったのが宇野弘蔵の「段階論」である。イギリスを覇権国とした自由主義段階というグローバル経済は、イギリス覇権の弱体化により帝国主義段階という国家間の覇権争奪の時代へ移行した。そこにおいて、国家による国民経済管理と社会政策による国民統合という２つの志向性の下で、協同組合は経済合理性と社会的厚生を備えた小農の市場対応の形態として存在理由を与えられた。それを川村は「協同組合は帝国主義の段階にあって、小農生産の流通過程における矛盾の一応の克服の機能をはたしている」と述べていた（玉真之介「川村琢の日本農業論」『日本小農論の系譜』農文協、1995：p.243参照）。

２人目の美土路達雄が市場編制や市場機構、農業市場連関などの言葉でこだわったのは、国民経済の中で農産物の品目毎に異なる需給・市場・流通であった。また、資本と小農的農業の関係の多面性であった。美土路はそれを様々な形でタイプ分けした。対消費者向け、対加工資本向け、対国家向けetc。また、農産物市場、農村購買市場、金融市場、労働市場、土地市場etc。そのいずれにおいても中心問題は価格形成であり、そこには必ず小農的農業が切り結ぶ対抗関係があり、それをいかに有利に変えていくかは、消費者と農業者の主体的な運動に関わる問題であり、また主体形成の問題でもあると論じた。

３人目の高橋伊一郎がこだわったのは、農産物の流通組織が持つ積極的な役割であった。学部学生向けテキストとはいえ、理論と現状分析の明快な構成で名著と言える『農産物市場論』（明文書房、1985）で高橋は、中間マージンの節約は重要な課題だが、「流通費用をかけても、最終消費者またはユーザーの需要を適切にみたすことの方が、もっと重要な場合も少なくない」（はしがき）と述べた。さらに、鹿児島県の肉牛生産がおす牛肥育から去勢牛肥育へ変わる背後に、消費地のニーズを産地へ伝えた家畜商の役割があったことを指摘して、本文でも農産物流通組織の章に紙幅を与えていた。

さていま、政府の「成長戦略」にさしたる手立てはなく、その唯一のシンボルであったTPPもあだ花となりそうである。そもそもTPPは対中国包囲の性格を持ち、国内的にも集団的自衛権や安保法制と合わせて、「一億総活躍」といった時代がかったスローガンで国民統合が目指されている。それゆえに政府は、「働き方改革」にも見られるように、「自己責任」という言葉で進めてきた弱者切り捨ての新自由主義的な政策を少しずつ修正して行かざるを得なくなっている。地方創生もそうである。それを本気でやろうとすれば、一握りの法人経営や株式会社の支援ですむはずはなく、高齢農家を含む地域農業全体の振興と支援に取り組まなければならない。

農業市場研究の枠組みは、危うさを伴いつつ脱グローバル化へ向かう世界の中で、再び変化しつつある。それは創設以来「国民経済的に見た経済合理性と社会的厚生」の観点に立って農業市場研究に取り組んできた本学会が守勢から攻勢へ転ずる潮目の変化と言えるのかもしれない。いまわれわれは改めて本学会の学的エートスに立ち返って、規制緩和やグローバル化といったもはや時代後れの議論に対して、これまでにも増して正面から議論を挑んでいく必要があるのではなかと考えている。

[『農業市場研究』第25巻第４号、2017掲載]

終章
齋藤「自治村落論」と地域資源経済学

第1節　はじめに

齋藤仁先生は、私にとってかけがえのない恩師である。直接に指導を受ける機会があったわけではないが、小農論者である私の数少ない理解者であり、拙稿を謹呈するたびに必ずコメントと励ましの言葉をいただいてきた。その励ましの言葉があって、私も研究を続けることができたように思う。直近では、謹呈した拙著『総力戦体制下の満洲農業移民』（玉 2016）に対して、「……とする貴兄の主張は大いに説得的だと思いました。そしてその施策を一括してモダニズムとされる点は、単に農業移民にとどまらず、満洲国建設を含めて当時のアウタルキー圏建設まで広くカヴァするつかまえ方ではないかと思いました。背景には日本の国家権力があったと考えていいのでしょうね」と拙著を深く読み込んでいただいて暖かいコメントをしてくださった。

実は、私も齋藤先生の研究を取り上げて、コメントさせていただいたことがある。それは2001年の日本農業経済学会シンポジウムにおける、「日本のムラ―その固有の要素と普遍性―」という報告においてである[(1)]。その中で、戦後のムラの研究が「封建制から資本主義へ」という進歩主義のパラダイムの下で、ムラを「解体されるべきもの」として扱い、守田志郎などの小農論からの問題提起も学問的には無視される中で、「もっとも成功したムラ論は、齋藤仁氏の『自治村落論』であった」と紹介したものだった。また、「その成功の鍵は、ムラの機能に議論を集中させたところにある」（玉 2006：p.95）とも論じた。

すなわち、齋藤先生が日本のムラにおける司法、立法、行政、財政、財産などの面で示す「自治村落」的な機能に光を当てたことで、産業組合の形成や小作争議、土地政策や農地改革などの歴史的な出来事が、これまで以上に説得的に理解できるようになったからである。それを踏まえて、私は「小農の生産と生活に果たしているムラの機能に光を当てた齋藤氏の研究は、ムラを『半封建的』『前近代的』とする議論のイデオロギー性をあぶり出したのである」（同：p.96）と述べたのであった。

齋藤先生が当初実証の対象とされたのは戦前の日本農村であったが、同時に齋藤先生は自治村落が戦後にあっても、小農が存続する限り生き続けているという認識も明確に示しておられた。

「そのような自治村落は封建制の崩壊の後も生きつづけ、今日もたとえば農業集落調査の結果の示すように、弱体化しながらも生命を保っている。そしてそれは、農協その他の農業団体の下部組織ないし末端組織として位置づけられているばかりでなく、地方行政、さらには国の行政によってもその末端機構として利用されている」（齋藤 1989：p.v）。

この著書が刊行されたのは1989年である。その後、冷戦の終結とともに経済のグローバル化が急速に進展し、同時並行的に日本では少子高齢化が進行して、中山間地では「限界集落」という言葉が定着し、消滅する集落数も増加してきた。では、四半世紀経過した現在、農業集落はまだ生命を保っているのか。2015年農林業センサスの結果から見てみよう。

2015年における全国の農業集落総数は138,256、５年前の2010年からは920減っている。しかし、減少率はわずか0.7%でしかない。その内、「集落機能がある」農業集落は97.2%で５年前の96.0%よりも1.2%高くなっている。集落機能別の数値では、「寄り合いを開催している」93.9%（92.5%）、「実行組合が存在している」71.8%（72.8%）、「地域資源の保全が行われている」79.0%（74.9%）、「活性化のための活動を行っている」90.9%（調査無し）となっている。括弧内が５年前の数値なので、２項目は高くなっている。齋藤先生が「弱体化しながらも生命を保っている」とのべた「自治村落」は、今日でも生命を保っていると言えるだろう。

これはもちろん2000年に開始された中山間地域等直接支払制度が大きく関係していることは言うまでもないだろう。そこには、なぜ今日、行政は集落を利用するのかという問いも生じる。こうしたことの意味を社会科学としていかに認識し、評価するのか。それに関連して、現在、自治村落とは切り離せない小農にも再び関心が集まりつつあることも見逃せない(2)。そこで私は、この小農と自治村落という２つのテーマを、「地域資源経済学」という新しい枠組みから論じてみたいと思う。

地域資源経済学とは、徳島大学に新しく開設された生物資源産業学部で私が担当している授業科目名である。そこにおいて私は、小農研究のキー概念として論じてきた小経営的生産様式という議論をベースに（本書第２部第１章)、地域資源の利活用というテーマについて、理論、歴史、現状分析という三部構成で講義を行っている。それはまだ試論的な見通しを述べるに過ぎないものではあるが、地域資源の利活用というテーマ設定によって、まさに「自治村落」が議論の中核的部分に位置づくことになっている。

そこで以下では、齋藤先生の「自治村落論」を引き継ぎ、その意義と意味をいっそう明確にすることを目指して、「地域資源経済学」の授業内容を紹介してみたいと思う。

第２節　地域資源経済学の対象とその性格

１．地域資源経済学の対象

最初にすべきことは、地域資源経済学が扱う対象を限定することである。まず、地域資源は大別すると“鉱物資源”と“生物資源”という対照的な２つに分けられる。両者は、共に各地域にとって自然的、歴史的、社会的に与えられた“固有性”においては共通であり、その利活用が地域の産業や住民の生計に深く関わってきた。

このうち、鉱物資源は、日本の場合あまり恵まれておらず、石炭や鉄、銅、硫黄などである。これらは、多くの場合埋蔵量は有限であり、歴史的に見れば地域に一時的な恩恵をもたらすだけであった。この有限性に加えて、「公害の原点」といわれた足尾銅山をはじめ、別子銅山、松尾硫黄鉱山などの例が示すように、一時的な恩恵と引き替えに深刻な公害問題を負の遺産としてもたらすものでもあった。松尾鉱山などは、水質浄化のための予算を半永久的に負担し続けなければならない。

これに対して、生物資源は、後に詳しく検討するが、人間が適切な関与を怠らなければ、その資源利用は持続的（sustainable）なものである。それだけではなく、生物資源の利活用は、鉱物資源とは正反対に地域環境の維持保全に貢献する性格を持っている。

この鉱物資源と生物資源の対称性は、経済学の外部効果（external effect）という概念を用いることで理解がより鮮明にできる。言うまでもなく、外部効果とは、ある主体の経済活動が市場での取引を通じずに他の経済主体に利益／不利益を与えることを言い、それには利益を与える外部経済（external economy）と不利益を与える外部不経済（external diseconomy）がある。その意味で、地域資源の２つは、鉱物資源の利活用は外部不経済の、生物資源の利活用は外部経済の代表例と言えるのである。

この理解に立って、地域資源経済学が扱う対象を、鉱物資源ではなく生物資源の利活用に限定する。というのも、鉱物資源は対象となる地域が国土の一部に限定され、しかも活用は一時的であるだけでなく外部不経済をもたらすことの多い対象だからである。これに対して、生物資源は人類が狩猟や農耕をはじめて以来、国土の広い範囲で農林水産業の営みとともに、その利活用が持続されてきた。もちろん、それも人の関与が適切でなければ資源の枯渇や環境破壊につながることは過去の歴史が教えている。だからこそ長い歴史の中で様々な英知が積み重ねられて、持続的な利活用のための仕組みが作られてきた。結論を先取りするならば、この生物資源の利活用を持続的に行う仕組みの一つとして「自治村落」は機能してきたのである。しかも、それは農林水産業に携わる人たちの生活や地域経済に深く関わるだけではなく、今日重要性を増している国土の保全や防災、生物多様性の保持、地球温暖化防止などの環境問題とも深く関係している。

このような意味で、地域資源経済学は、従来の農業経済学や林業経済学、漁業経済学といった産業縦割りの経済学ではない。また、市場経済システムや取引という経済行為のみを対象とする狭い経済学でもない。それは、生物資源の“持続的な利活用”による地域の環境・経済・社会の持続性（トリプルボトムライン）を確保するという地域経済的課題ないしは国民経済的課題を対象とする広義の経済学である[3]。特にこの国民経済的課題という点が重要であり、後に論じるように、そこに一つの評価基準を定めて一定の価値判断を行う点もまた地域資源経済学の特色となるのである[4]。

2．生物資源とは何か

そこで次に問題となるのが生物資源とは何か、である。そのためにはまず、生命とは何か、という問いからはじめなければならない。しかしこれは難問であって、いまだ生命の明確な定義は定まっていない。ただし、生命が共通に備える基本属性としては、以下の５点がおおよそ共通認識となっている。すなわち、①細胞からできている、②自己増殖する、③遺伝する、④代謝する、⑤環境に応答して恒常性を保つ、である（東京大学生命科学教科書編集委員会編 2013：p.20）。こうした生命を持つものが生物であるが、大切なことは“生物による生命活動は環境と相互作用する”という点である。しかも、それは互いに影響を及ぼしながら、恒常性を保っていることが重要である。

すなわち、太陽光や大気、水、大地といった非生物的環境と生物群集とは相互作用することによって、いわゆる生態系（ecosystem）を作り上げている。この生態系という概念が生物資源の理解にとって決定的に重要となる。生態系の恒常性は、生物の光合成や食物連鎖、物質代謝、分解、炭素循環、窒素循環、リン循環などの様々なメカニズムを通じて維持されている。ここから“生物資源とは、生態系の一部を構成していて、かつ人間にとって有用なもの”という定義を導くことができる。この定義から生物資源は、作物や木材、魚介類といった農林水産業からすぐ連想されるものはもちろんとして、地域の観光振興にとって重要な「農村景観」なども生態系を構成する一部として生物資源に含まれることになる。

さらに、この定義には、以下のような含意があることも重要である。すなわち、生物資源の利活用は生態系の一部への作用である以上、場合によっては生態系を壊すことにもなりかねない。言い換えると、生物資源を持続的（sustainable）に利活用し続けるためには、生態系の持つ恒常性を壊さない配慮が必要となる。地域資源経済学の対象が生物資源の利活用であるということは、生態系の恒常性を壊さないための仕組みもまた重要な研究テーマであることを意味するのである。

この観点から、確認が必要となるのが“機械論的パラダイム”の限界である。デカルトやニュートンによって確立され、近代科学とその後の産業社会をリードしてきた機械論的パラダイムは、“機械論的世界観”と“要素還元主義”に立脚している。すなわち、世界は巨大な機械であり、物事の仕組みは要素に分解し、それを還元することで解明できるとするものの考え方（パラダイム）である。「機械論」と称するのは、機械は人が設計し、制御するものであり、壊れれば分解して壊れた部分を取り替えれば元に戻せるという点が、このパラダイムの発想の基本にあるからである。ここから、このパラダイムの発想の基準は、理性、合理性、効率性ということになる。

この機械論的パラダイムによって産業社会は大進歩を遂げ、巨大な生産力と物質的な豊かさが人類にもたらされたことは間違いない。しかし、それと合わせて、この産業的発展が深刻な公害問題や地球規模の環境問題、すなわち大規模な生態系の破壊も行ってきたことも否定できない。その理由の１つは、やはり近代科学が前提とした機械論的パラダイムの世界観やものの考え方が、生命や生態系の理解において限界があったからである。機械は分解しても元に戻せるが、一度死んだ生命は決して生き返らない。絶滅した種は復活できない。生命や生態系は、有機的に構成された「関係性のネットワーク」であって、分解して部分だけを取り出せば、すでに他の部分に変化を与えてしまっているのである。

3．機械論的パラダイムと市場経済

ここで、生物資源を対象とする地域資源経済学と一般の経済学との違いを明確にするために、機械の発明に始まる産業革命と市場経済の関係についても簡単に整理しておく必要がある。

機械とは、作業機、動力機、伝導機によって構成され、それまでの人の手の延長でしかなかった道具とは決定的に異なって、生産の自動化を可能にするものであった。これによって、それまで人間が主であった生産過程は、自動に動く機械が主人公となり、人間はそれに従属するようになる。この機械の発明、登場によって産業革命がもたらされ、あわせて自由貿易を要求する市場経済社会も生まれてきたのである。

それというのも、機械による巨大な生産力は、国内市場をすぐさま満たしてしまい、新しい市場を広く海外に求める以外にないものだったからである。しかも、機械は大量生産によって財１単位あたりの製造コストを手工業とは比較にならないほど低減させたから、産業化に遅れた国の市場では圧倒的な競争力をもち、関税や市場規制が無ければ市場を独占支配することが可能だった。だからこそ、産業革命を真っ先に達成したイギリスは、軍事力で開国と自由貿易を要求し、相手国に関税自主権を認めなかった。19世紀の自由貿易体制が「自由貿易帝国主義」と言われる所以である（毛利 1978)。

このように産業の発達段階や産業分野を考えれば、明らかに不平等な自由貿易を、あたかもどの国、どの財にも公平に便益をもたらすものとして理論化したのがリカードの比較優位説であった。それは２国２財を例に、自由貿易が両国にとって便益をもたらすことを証明するもので、未だに自由貿易推進の論拠とされている(5)。しかし、この説では、一国の産業が国内で比較優位な産業に特化するという仮定に立脚している。言い換えると、農林水産業が国内で比較劣位の場合は農林水産業の従事者を比較優位の産業（例えば自動車産業）へすべて移すことが国全体の便益を高める方策として志向されるのである。それは、生態系までも考慮に入れたとき、果たして本当に国民経済的に有益なのか。

このような生産要素のマリアブル（可塑的）な移動という前提に立つ新古典派経済学を虚構であると明確に批判した上で、その対論として「社会的共通資本」という概念を提起したのが宇沢弘文である。この「社会的共通資本」については、後に述べる。

ここでどうしても触れておく必要があるのが、農林水産業における機械化の性格である。既述のように機械の基本特性は生産過程の自動化であった。これに対して農林水産業の機械化は大きく異なっている。農林水産業において生産は生物自身が行うものであって、機械が行っているのではない。稲から米が生産されるのは、稲が生命の基本属性である自己増殖をするからであって、人間はその環境を整えたり、肥料を与えたりして、自己増殖を補助しているだけである。米は「総じて言えば『つくる』のではなくて『出来る』のである」（守田 1994：p.37）。したがって、収穫作業が機械化されたと言っても、収穫過程が終われば機械は翌年までお休みとなる。1年365日昼夜を問わず生産を続けることが可能な製造業とは根本的に異なって、機械は主人公になり得ないのである。

その意味で、農業における機械化は人の手の延長で作業を効率化する“道具的な性格”を超えられない。もちろん、完全自動化を目指す取組は、バイオテクノロジーや植物工場などを通じて追求され続けるが、それらが目指すのは“農業の工業化”であって、農林水産業が生物資源の利活用を通じて生態系の恒常性と関わってきたのとは反対に、生態系との関係を遮断することを志向していることも確認しておく必要があるだろう。

4．生命論的パラダイム

ここから、生物資源を利活用する農林水産業と新古典派に代表されるような一般の経済学との“不幸な関係”にも触れておくべきだろう。歴史的に見れば、経済学は産業革命とともに世界に拡大していった市場経済社会と一心同体の関係にあることは言うまでもないだろう。言い換えると、一般の経済学はある意味で機械論的パラダイムを所与の前提としており、その限界には思いが至らない。価格が上がれば、生産が増え、価格が下がれば生産が抑制され技術革新が進む。こうした価格メカニズムは明らかに機械による生産過程が想定されている。しかし、生物資源の場合、価格とは無関係に天候次第で豊作にもなれば、凶作にもなる。また、人もまた生物なので、食料は必需品的な性格が強く、価格弾力性が小さいと同時に、その消費量は胃袋の大きさに規定されて限度がある。

これらは、いずれも農林水産業が生物資源の利活用に立脚しているという性格からくるものであり、機械論的パラダイムにとどまる限り適切な理解はえられない。しかるに、一般の経済学は機械論的パラダイムという自己の前提に対する自覚がなく、かつ生物や生態系に対して往々にして無知なために、市場メカニズムが有効に働かない理由を経営規模といった“生産の効率性の問題”と勘違いしてしまう。その結果として、農林水産業は一般の経済学によってしばしば“遅れた産業”といったレッテルを張られてしまうのである(6)。

このような機械論的パラダイムの限界を乗り越えるための試みが、“生命論的パラダイム”である(7)。それは、機械論的世界観から生命論的世界観への転換である。また要素還元主義に代わって全体を包括的に捉える全包括主義（ホーリズム）の考え方である。この世界観や考え方の転換によって、あらかじめ設計して人為的に制御するという発想から、ゆらぎを通じて新たな自己組織化を導くという発想への転換が生じ、また評価基準も「性能」や「効率」という機械論的なものから、「意味」や「価値」という生命論的ものへの転換が可能となる。機械論の根底にあるのは近代の進歩主義・啓蒙主義であるが、生命論的パラダイムが志向するのは生命が何10億年も続けてきた環境変化に適応する進化である(8)。

ただし重要なことは、生命論的パラダイムは、機械論的パラダイムを全面否定するものではなく、その限界を乗り越えるためのものであって、弁証法でいうところの止揚、あるいは脱構築といわれるものである。したがって、機械論的な効率性の追求自体を否定するわけではなく、それを絶対化することに批判を加えて、それを相対化し、機械論的発想では見落とされてしまう自己組織化の動きや効率性では測れない意味や価値に光を当てることを目指すのである。

例えば、この章のテーマである「自治村落」も、これまでは機械論の発想から、市場経済と個人主義の浸透によってただひたすら解体するものと考えられてきた。そればかりか、根底にある進歩主義の考えから、進歩を妨げる前近代的関係として積極的に解体することが志向されてきた。しかし、集落機能がある農業集落が増えたのは、経済のグローバル化や構成員の高齢化が集落や地域にゆらぎを生じさせ、それが新たに自己組織化につながったという見方も可能となる。集落もまた生物と同様にいったん途絶えてしまえば復活は容易でないが、生命を保っている限りは環境に適応して進化する可能性は残されていると考えることが可能となるのである。

古い建物は解体して真っ新にし、まったく新たに建てようとするのが機械論の発想である。それに対して、古い関係を「保存」しながら新しい環境に適応して進化させようと考えるのが生命論の発想である。

5. 二次的自然と社会的共通資本

このような生命論的パラダイムに立脚することで、農林水産業に対する見方が変わってくる。すなわち、農林水産業をその生産過程だけを取り出して独立に見るのではなく、それを取り巻く生態系全体と有機的に関わるものとして見る見方である。それは、わが国における農林水産業の持続的な存立を支えてきた里山や農耕地、用水、里海などの二次的自然と呼ばれるものの価値や意味について考えることでもある。これらについては、今日、環境問題や生物多様性との関連で一段と関心が高まってきているが、それを農林水産業の営みと切り離して環境問題としてだけ捉えることはやはり適切ではない。

二次的自然とは、言うまでもなく人間が適切な関与を継続することによって持続してきた自然のことである。かつての農林水産業は、入会林野の下草を苅敷として活用したように、そうした二次的自然が育む資源を最大級に活用して営まれるものであった。それゆえ、農林水産業の生産それ自体が二次的自然の持続性と密接にかかわりあってきた。しかし、近代科学の発達とともに、化学肥料や農薬に代表される農林水産業全般の化学化、工業化が進展する過程で農林水産業が二次的自然から切り離されて行き、二次的自然の荒廃も進んでいる。

こうした農林水産業の工業化については、バイオテクノロジーなどを活用してますます進んでいくと見ることもできるが、他方で、有機農業の広がりにみられるように世界的に反省がすすんでいるのも事実である。それは農林水産業を工業とは異なる生物資源の利活用であることの再認識と言ってもよく、機械論的パラダイムから生命論的パラダイムに移行する動きと見ることもできる。しかし、生命論的パラダイムをもっと強く意識する立場からすれば、地域の生態系を俯瞰して農林水産業と二次的自然との関係の再結合を図る方向が目指されるべきであろう。それはもちろん、むかしの生産に戻るという意味ではない。荒廃しつつある二次的自然の再生と農林水産業の活性化を一体的にとらえて、一次産業の従事者だけではなく地域のステークホルダーが一緒となって両者の再結合を目指していくという意味である。日本国内で世界農業遺産に認定された地域は、いずれもそうした方向が意識的に追及されている事例と言えるだろう(9)。

そこで重要となってくるのが「社会的共通資本」という概念である。農村を社会的共通資本として論じたのは、言うまでもなく宇沢弘文である（宇沢2000)。宇沢は、社会的共通資本を「一つの国ないし特定の地域に住むすべての人々が、ゆたかな経済生活を営み、優れた文化を展開し、人間的に魅力ある社会を持続的、安定的に維持することを可能にするような社会的装置」（同：p.4）と表現している。そのうえで、宇沢が農業・農村に見出している重要な機能が「農業部門の果たす自然環境保全にかかわる機能」（同：p.58）であった。それだけではなく、社会的、文化的な観点からも、「農村の規模がある程度安定的な水準に維持されることが不可欠である」（同：p.60）と論じたのである。

ここで、「ある程度安定的な水準」がどの程度かという問題は、もはや価値判断に近い政治的な問題となるだろう。その場合にも判断の重要な観点となるのは、やはり地域の生態系をはじめとした環境、そして経済・社会の持続性という点だろう。それは同時に、地域の生態系の保全を担う担い手をどのように想定するのか、という問題でもある。この点に関しては、世界的に見ても家族農業ないし小農が地域資源の管理・保全を歴史的に担ってきたのはやはり否定できない事実である。ただ、日本ではその数が急激に減少しつつあるのも事実であり、家族農業だけでこの課題を担うことは困難となっているという見方もできるだろう。

この点で次のスイス憲法の条項は興味深い。「合理的な農業の自立を支援するとともに、必要な場合には経済の自由の原則から逸脱してでも、連邦は土地利用型の農民経営を支援する」(南石・飯國・土田編 2014：p.41)。これはスイスにおいては、農民経営を含む農山村を社会的共通資本と認める国民的合意がなされていると理解できるであろう。また、国連が2014年を「国際家族農業年」として、小規模農業への支援を提起していることも注目すべきことだろう(国連世界食料保障委員会専門化ハイレベルパネル 2014)。

第3節　地域資源の持続的な利活用と集落組織

1．「共有地の悲劇」

以上を理論編として、ここから地域資源経済学は歴史編へ移る。その最初に扱うのは、ギャレット・ハーディンが1968年に雑誌「サイエンス」に発表した「共有地の悲劇」という論文とそれをめぐる論争である。この論文は、当時世界的な問題とされていた発展途上国の“人口爆発”を念頭に書かれたものであり、過剰人口の悲劇が世界へ及ぶことに警鐘を鳴らしたものである。その際の例証としてハーディンが扱ったのが共有の放牧地であった。そこでハーディンは、牛の放牧者が少ないうちは問題が生じないが、利用人口が増加して各個人が私的利益の最大化を追求する結果として資源は枯渇し共有地は荒廃し、利用者全員が損害を受けると論じたのである。

この時代は、いまだ進歩主義が全盛の時代であり、ハーディンが共有地を例にあげたのも残存する古い社会慣行の問題としてであった。したがってまた、「共有地の悲劇」を避けるための方策として考えられていたのも、共有という古い所有形態を解体して近代の私有制度へ分割することであった。それにより、各個人が自己責任において合理的選択をすることで荒廃も防がれると考えられたのである。この共有から私有への転換は、共有地を前近代の遅れた社会制度とみる進歩主義の発想とも、希少資源の最も効率的な配分は私有に基づく市場メカニズムと考える新古典派的な経済学の発想とも合致するものであった。

しかし、この議論に批判を展開していったのがコモンズ論である。問題としたのは、ハーディンが共有地をオープンアクセスとして扱っていたことである。なぜなら、「普通コモンズといわれている共有地は、ある特定の集団ないしはコミュニティにとっての『共有』であって、その集団ないしはコミュニティに属さない人々にとって、コモンズはアクセス可能ではない」（宇沢 2000：p.82）ものだからである。さらに、コモンズを利用する人がすべて自己利益を最優先して利己的に行動するという前提も歴史的な事実に反していた。

世界各地に見いだされる伝統的なコモンズは、「特定の場所が確定され、対象となる資源が限定され、さらに、それを利用する人々の集団ないしはコミュニティが確定され、その利用に関する規制が特定されているような一つの制度」（同：p.84）である。言い換えれば、コモンズは、むしろ生態系に適応した生物資源の持続可能な共同管理システムとして歴史的に形成されてきたものである。そうであれば、ハーディンや新古典派経済学が考えるような「解体されるべき」前近代の制度ではなく、そこに蓄積されたノウハウは、むしろ社会的共通資本として継承されるべきものと言えるのである。

そうしたコモンズの日本における代表的な例が、農業における水利施設利用であり、林業における入会林野であり、漁業における沿岸漁場利用である。

それらは生物資源の持続可能な利活用のシステムとして歴史的に形成され、今日にも継承されてきている。その一方で、この歴史過程においては、私有財産制度が確立し、産業化が進展し、個人主義と市場経済が社会の隅々にまで浸透してきた。このような私的利益を最優先する時代の中で、日本のコモンズはどのようにそれに適応してきたのか。また、果たして現在も生態系の健全な保全という機能を維持できているのか。この問いに応えるためには、歴史的な観点からわが国における生物資源利活用の仕組みを跡付けてみる必要がある。

2．石高制、村請制、「自治村落」

日本農業の歴史はある意味で灌漑稲作の歴史であり、農業水利開発の歴史でもある。モンスーン・アジアに位置する日本にとって、稲はその生産性においても、栄養価においても最適の作物だった。しかし、そればかりではなく、稲作は時々の権力にとっても政治支配に有用な特質を備えていたことも見逃してはならない点である。というのは、稲作は水を溜めるための装置として灌漑水路と畦畔を必要とする。こうした灌漑水路の開発は、大規模な土木工事を必要とし、地域や国家といった権力者による労働力の動員があってはじめて可能となるものであった。

そればかりではなく、個々の耕作地の境界は畦畔によって明確に区画され、それが権力からすると耕作者の耕作面積の把握を容易にし、結果的に所得の捕捉と課税を容易にするという性格も合わせ持っていた。古代の大和朝廷が唐に倣って条里制を敷き班田収授法といった制度を取り入れた理由も、稲作が日本の風土に適合していたことに加えて、稲作の持つ政治的な特質からであったと考えることができる[(10)]。

こうした特質を踏まえてわが国における農業水利と水田開発の歴史を振り返ったとき、もっとも重要な時代は戦国時代から江戸時代前期である。この時代は、戦国時代に培われた築城技術が天下太平時代の訪れとともに大河川の治水・利水に活用され、新田開発が大規模に進展し、人口も急増した時代だからである。この間の耕地増加は、約100万haに達したといわれる[11]。それを加速させた社会的背景には、太閤秀吉による一連の制度改革があった。その第1は、刀狩りと兵農分離といわれるものであり、それにより農民と武士の身分が明確に区分され、武士は城下町に集住することになり、年貢を課す対象として農村と百姓（農民世帯）が明確にされた。

その第2は、太閤検地と石高制である。いわゆる太閤検地は、土地一筆毎に「地目」「面積」「米に換算した収量」「耕作者」を統一的な度量衡に基づいて“ムラ単位”で測量・調査し、検地帳に記帳するものであった。そこでは、畠も森林も屋敷地もその経済価値が米の収量に換算して総計され、それによって“ムラ総生産”が米の石高（ムラ高）として明確にされた。この結果、戦国大名の支配地もムラ高を合計した石高（領国総生産）として明示され、この石高によって戦国大名の格付も明確にされた。これが石高制である。

これに加えて、太閤検地およびその後に諸大名の下で繰り返される検地が、一筆毎の耕地を特定の百姓（農民世帯）＝イエの耕作地として、行政文書といえる検地帳に明記したことは、わが国の土地制度史において画期的であった。それはもちろん農民世帯を土地に緊縛するものにほかならなかったが、他方ではまた、この土地台帳とも言える検地帳が証文となって、農民世帯による農地所持権を保障するものとなり、わが国の農民的小土地所有の起点も与えられたと言えるからである（神谷 2000）。

このムラを単位とする検地は、村請制とも一体のものであったことが第3のポイントである。村請制とは、年貢や賦役を個別のイエに課すのではなく、ムラ高に応じてムラに一括して賦課する方式のことである。それを個々のイエにどのように配分するかはムラ自身に委ねられた。これにより領主による徴税コストは大幅に軽減されたと同時に、ムラに対しては一定の「自治」が認められることになったのであった。すなわち、ムラには、時代の変遷の中でいわゆる村方三役（東国：名主・組頭・百姓代、西国：庄屋・年寄・百姓代）が置かれ、彼らが領主による農村支配の一翼を担うと同時に、他方ではムラの一員としてムラをとりまとめ、ムラの執行部としての役割も担うことになったのである。

齋藤先生が戦前の農村に見いだした「自治村落」は、このようなムラ単位での百姓所持地の認定（検地）とムラ総生産の認定（石高制）に基づいた村請制というシステムによって近世の農村に構造化されたものだったのである（水本 2015）。

3．ムラと農業水利組織

以上を踏まえて、コモンズとしての農業水利組織の起源に話を進めよう。言うまでもなく、用水の確保は灌漑稲作にとって死命を制するものと言っても過言ではなく、渇水時の水争いは「水論」と言われて古い歴史を持つものである。しかし、とりわけ「水論」が多発したのは、戦国時代から江戸時代前期にかけてである。というのも、1つは下克上の国盗り合戦によって支配する領主が頻繁に入れ替わることに伴って農村の秩序も乱され、それが「水論」を誘発したからである。このために、農村には自衛的な郷村組織が形成され、結果として「水論」もムラ対ムラ、地域対地域という組織的なものとなっていった。これに大名による大河川の改修と新田開発が加わり、それまでの水利用に大きな改変がなされることで、それがまた「水論」を誘発することにもなったのである。

こうした「水論」が沈静化するのは、江戸中期以降の徳川幕藩体制が確立とともに各藩による新田開発も一巡して、水利秩序が定着していった後と言える。その際に、水利秩序の細胞となったのは、言うまでもなく幕藩体制の下での村請制の実行組織となった「自治村落」としてのムラであった。多くの場合、各ムラには「井組」「水組」などと言われる水利組合が形成され、それらを構成員とするより広域の水利組合が作られて、その下で農業水利慣行と水利秩序が形成されていった。そうした水利秩序は、当然、地域によって多種多様なものであったが、似通った特徴も見られた。その第1は、舟運に必要な水量確保を大前提とするような公共性の優先原則である。

次に、用水の供給、分配、排水、利害調整方法などのいわゆる水利慣行は、村請制と同様に個々の農民世帯ではなくムラを単位とした「村々連合」の協約に基づく秩序といえるものであった。というのも、農業水利は往々にして１つの河川やため池から多数の支流に分岐され、それがまた複数の水路に枝分かれするという有機的一体性を持っており、分離・分割できない「関係性のネットワーク」という性格のものだからである。つまり、上流域、中流域、下流域がことごとくつながっており、しかも相互に影響し合う関係のため、その秩序は水を利用するすべての関係者、すなわちムラすべての了解と納得を必要とするものであった。

しかも、それは、例えば河川改修や新田開発、気象条件の変化等々の様々な環境変化に合わせて合意内容の改訂を繰り返しながら、歴史的に形成されてきたものであった。その結果、そこには“古田優位の原則”と言われるような過去の秩序や既得権を尊重しつつ、それに新しい秩序を付け加えていくものとなった。まさに、生物のように、過去を「保存」しながら新しいものを取り込んで変容しながら進化を遂げてきたのである。

そのような合意内容に基づく水資源の分配方式として制度化されたものに番水制といわれるシステムがあり、それは今日でも継続されている。番水とは、限られた水資源を地域全体で使用するために、地域を分割して時間を区切って給水する方式のことで、水を利用するムラの耕地面積などを基準とした時間配分が協定され、厳格に実施された。こうした番水制は、土地改良区が主体となった今日においても、多くの地域で集落を単位とする水利秩序として生きつづけている。

では、こうした江戸期に作られた水利秩序は、明治維新以後の近代的土地所有権の確立と市場経済の本格的な発展によって、どのような影響を受けたのだろうか。法制度としては、1889（明治22）年に市制・町村制の制定に合わせて水利組合条例が制定され、1908（明治41）年にはそれが水利組合法となった。また、1896（明治29）年には河川法、1899（明治32）年には耕地整理法も制定されている。しかし、玉城哲は、その影響を次のようにまとめている。「近世において形成された用水慣行は、原則としてそのまま維持された。水に関する慣習法的秩序の体系に大きな変化は生じなかったのである。明治政府はこの秩序を大きく変革するような措置を、まったくとらなかったし、農村内部からも、秩序の変革を求める動きは、ほとんど生まれなかった」(玉城・旗手・今村編 1984：p.29)。

そして、戦後である。1949（昭和24）年に戦後改革の一環として土地改良法が制定された。それにより戦前の土地改良団体であった普通水利組合や耕地整理組合、北海道土功組合などが一本化されて、新たに土地改良事業の実施と土地改良施設の管理を一元的に行う組織主体として土地改良区が設立されることとなった。ただし、一部には地方自治法に基づく水利組合や任意の水利組合も多数存在した。

しかし、「このような任意団体をふくめて、日本の農業水利団体の組織基盤は、やはり、集落であった。水利団体の構成員は、農地改革の実施の結果、地主から自作農に変わったのであるが、集落が事実上の基礎集団であるという歴史的伝統に大きな変化は生じなかったのである。集落における用排水路や溜池などの共同管理作業は、無償の義務労役の方式によって、そのまま継承された」（同：p.40）のである。こうして集落を基礎単位とした土地改良区は現在に至るのである。

4．ムラと入会林野

用水とともに、林野もかつては農業生産を支え農民世帯の生活を補完するものとして重要な役割を担っていた。すなわち、林野は、農業生産の地力維持に欠かせない下草や落葉類の採取地であった。また、林間の草地は秣場（まぐさば）等とも呼ばれ、家畜の飼料資源を供給した。また、林野は自家用材や燃料材の採取場所でもあった。

こうした林野の資源利用をめぐって「水論」と同様に「山論」と言われる資源争いが激しくなるのは、江戸中期以降の利用地の狭隘化によってである（船越 1980：p.15)。その背景には、既述のような江戸時代前期の新田開発による農耕地の急増があった。それにより、農地の地力維持に必要な資源として下草や落葉類を求めて林野に入るイエも増え、利用地の境界をめぐって紛争が生じたのでである。

江戸時代の幕藩体制における林野の利用と管理は、①幕藩営林、②私的占有林、③ムラ管理林の3つの形態があった。幕藩営林は、幕府や藩が直接の占有・管理・経営を行うもので、その管理秩序はきわめて厳格なものであった。これに対し、私的占有林は、百姓山、百姓持山などと言われ、事実上の私的所有化した林地であった。しかし、江戸時代の林野のほとんどは、ムラを管理主体とした③の形態であった。その多くは、村山・村持山・野山など様々な呼称を持ついわゆる入会林野であった（室田・三俣 2004：p.7）。

入会林野には、一村が持つ林野に村民が入会う一般的な形態である「村中入会」、数ヵ村が持つ林野に複数の村民が入会う「数ヵ村入会」、他村が持つ林野に一定の村民が入会う「他村持入会」の3つの形態があった。また、入会うことができるのはムラの構成員たるイエに限定され、入山時期や使用器具、利用量、共同出役などの利用・管理については、ムラの「寄り合い」できめられ、絶対的な拘束力を持っていた。これに違背するものは「鎌止め」など村八分の制裁を受けた（船越 1980：pp.13-14）。したがって、「山論」という紛争はムラ内ではなくて、ムラ対ムラで争われ、幕府や藩がその間で利害調整を行って裁許状を下付したりする過程を通じて、入会制度も制度化されていったのである。

では、明治以降に入会林野はどのような変遷を遂げるのか。それはたいへんに複雑で多様な形態をたどる。それというのも、入会権は基本的に所有に基づく権利ではなく、特定の林野における生物資源の持続的な利用をめぐる権利であり、かつそれも個人ではなくイエで構成されるムラに帰属するものだからである。したがって、それは「総有」という表現がふさわしく、私的所有権の集合としての「共有」とも異なっていた。また、所有者は誰であろうと、過去に入会の実績があれば主張し得る権利でもあった。

明治政府によって最初に行われた林野に対する政策は、林野を官と民に区分することであった。その結果、御料林を含めて官有林野の比率は実に

71.8％に達した。ただし、これには際だった地域差があり、東北や北関東、北陸、九州できわめて高く、反対に東海、近畿、中国、四国は低かった。特に、近畿諸県は10％以下であった（山下 2011：p.31）。官有林に区分された林野においても、従来同様の入会は継続されていたが、1881（明治14）年に農商務省が発足し、国有林野経営事業が開始されたことで、農民一揆をはじめとした入会権の確認と継続を求める農民たちの激しい抵抗が全国で惹起されることとなった。このために、明治政府も官民有区分の再調査の出願を認めたり、1899年からは国有土地森林原野下戻法などを制定したりしたが、再調査や下戻が認められたのはわずかであり、慣行としての入会を否認する姿勢が堅持されたのであった。

一方、民有地とされた林野における入会権は、公有化と私有化という２つの道へ分かれた。このうち公有化の道は、1889（明治22）年に施行された市制・町村制を端緒とする。町村制の施行により、江戸時代のムラは町村における部落となり、それと合わせて部落有林を町村長及び町村議会が管理する公有林とする政策も開始された。しかし、これに対する農民の抵抗も激しく、それが町村合併の大きな障害となるに及んで明治政府も妥協せざるを得ず、部落有林を認める「財産区制度（旧）」を作るとともに、町村制の規定内に「旧慣使用権の規程」を定めた。しかし、公有化を進める政府の姿勢は変わらず、1910（明治43）年からは部落有林野統一政策といわれる部落有林野を町村有林野に統一する政策が開始された。しかし、そこでも農民の抵抗は強く、形式上は町村有林でも、実質は部落有林という形態が多く生み出されたのであった。

他方、私有化は、地租改正後の政府による華族・士族や政商への林野払い下げを起点として、三井・住友・三菱などの財閥をはじめとした山林の集積が進んだ。とりわけ明治末になると米価の低迷から地主の農地集積意欲が大幅に低下し、投資先の１つとして森林経営に乗り出す大地主が多数生まれた。こうした私有地として購入された山林にもムラによる入会が残る場合が少なくなく、所有権に立脚して入会を排除しようとする山林地主と、旧慣としての入会権の認定を求めるムラとが紛争となる事例が多数生まれた。その中でも有名なのは、1917（大正６）年に始まり半世紀にわたって裁判で争われた岩手県二戸郡の小繋事件である[(12)]。しかし、小繋事件裁判における農民側敗訴が示すように、近代の私的所有権の絶対性・排他性に立つ民法体制の下では、近世以来の慣習としての入会が法的に入り込む余地はなかった（室田・三俣 2004；pp.16-18)。

しかし、戦後の1955年時点でも、部落有として残った入会林野は約220万haもあった。これに対して政府は、1966年にいわゆる「入会林野近代化法」を制定して、入会林野整備事業によって入会林野を整備し、その後に生産林野組合を設立する政策を推進していった。それは、林業総生産の増大により他産業との格差是正を目的として、1964年に制定された林業基本法を受けたものであった。それにも関わらず、代表者の個人名義や記名共有、大字などの登記名義で入会林野を入会集団の手元に依然として残している場合も多くある。さらに、入会集団を母体とする公益法人や会社を組織して法人名義で登記している場合もあった（山下 2011：p.5)。したがって、形態上は財産区や生産林野組合、個人・団体・会社登記林野であっても、実質はムラの入会林野として存続する林野はまだまだ各地に存続するのである。

５．ムラと漁業資源の管理

わが国は島国であり、黒潮と親潮という２つの海流により世界有数の漁業資源に恵まれた国であることは言うまでもない。しかし、わが国で漁業が本格的に発展するのは、やはり江戸中期以降なのである。その重要な要因は、繰り返し論じてきた江戸時代前期の全国的な新田開発であった。そこでの集約的な稲作農業の発達が肥料需要の飛躍的な増大をもたらし、イワシ漁業と干鰯（ほしか）生産の発達を導いたからである。こうした魚肥の使用は、畿内を中心とした綿作においても、またミカンや藍などの商業的な農業地帯でも広く利用されていった（清光 1957：pp.139-142)。

もちろん、それ以前にも三都といわれた江戸・大坂・京都の発展、さらに全国の大名領国における城下町の発展により、都市に向けた沿岸漁業の発達が城下町周辺の漁村において見られた。しかし、腐敗しやすいという魚の商品特性から、干物や塩蔵、佃煮といった水産物加工の発達はあったものの、都市向け魚介類の流通・消費には地理的、量的な限界があった。このため徳川幕府は、江戸の城下町開発と合わせて古代以来高度な漁業技術を持っていた大阪湾から紀伊水道にかけての漁村から漁民を江戸湾や房総半島に呼び寄せて御肴御用を担わせた。摂津西成郡佃村の漁民が幕府の造成による佃島に移住したのはその代表的な例である。それればかりでなく、畿内の摂津・和泉・紀伊や日本海側の若狭、丹後などの漁民は、全国の城下町近郊の漁村に進出して当時の先端的漁業技術の伝播・普及に一役買ったのである（山口2007：第１章)。

肥料向け需要の増加は、こうした都市向け漁業の地理的・量的な限界を打ち破って、全国のイワシ漁業と干鰯生産を発達させ、干鰯は江戸・浦賀・大坂・大津・金沢などの問屋資本が取り扱う全国流通する商品となっていった。それにより沿岸の地曳網だけではなく、大型船による沖合漁業も大きく発展することになった。この間、網の素材が藁から麻に変わり、それと合わせて曳網・敷網・定置網・刺網等のような多様な漁法も開発されていった。しかし、こうした漁業の発展は、当然、各地で漁業資源をめぐる争奪戦を頻発させることにもつながったのであった。

では、近世の漁場と漁業資源の管理はどのような制度の下にあったのか。その起点はやはり太閤検地にある。検地によって陸地のムラの境界が確定されたのと合わせて、漁村においてもムラ地付の磯猟場が貢租賦課の対象となるムラの「支配」・「進退」とされた。それは林野の場合と同様にムラの「総有」といってよく、その利用の権利はムラの構成員たるイエに帰属し、利用方法はムラで取り決められた[13]。こうした漁業のムラは浦方（うらかた）として農業生産を行う地方（じかた）と明確に区分する藩も少なくなかった[14]。

なお、漁業と林野とでは、「入会」という言葉の使用方法に少し違いがあった。漁業では「磯は地付、沖は入会」と表現され、ほぼ自由に漁ができる沖合に対して「入会」という言葉が使われた。また、地付磯猟場を数か村で共同利用する場合にも「入会」の言葉が使われた。その際、地付と沖合の区別は地方によって様々で、海岸から数里のところから数十里のところまであった。しかし、このような漁場の区分も、陸地と違って明確な境界線を引くことの難しい海面であるために、地付と地付との境界、地付と沖合との境界をめぐっての紛争は絶えることがなかった[(15)]。

明治に入ると、政府は1875（明治８）年に太政官布告で「海面官有」の宣言を行い、その利用には借用許可を得ることとしたが、全国の漁村における網元や船元などの反発、さらにムラの間の抗争が激化したため、翌年には「なるべく従来の慣行に従い」という表現で借区制を放棄し、実質的に江戸末期の漁業制度の継承を容認した。1886（明治19）年には農商務省令の「漁業組合準則」が公布され、ムラを母体とする漁業組合を公認し、ムラによる沿岸漁場の管理を制度化することとなった。しかし、西洋からの新しい技術の導入により成長を見せていた漁業における漁場紛争はむしろ増加しつつあった（出村 2005：p.5）。

こうした状況を受けて、数度の国会上程ののちにようやく成立したのが1901（明治34）年の旧漁業法であった。それは、「沿岸漁業は漁業権中心に組み立てられ、その基本的な枠組みは江戸末期の漁場利用関係を継承していた」（同）。すなわち、この旧漁業法は、漁業組合に沿岸漁場の特権的な専用漁業権を付与するものであり、その後の改正でこの漁業権は物権化され、漁場の利用をめぐる紛争は所有権を争うものとなった。

農林水産業の民主化が目指された戦後改革の下で、新漁業法の制定は当然のようにGHQとの間で難航した。その結果、1949年に成立した新漁業法は、旧漁業法における漁業権をいったん消滅させ、新しく定置漁業権、区画漁業権、そして共同漁業権の３つを都道府県知事が免許することとなり、また紛争調整には海区漁業調整委員会が大きな権限をもつこととなった。このうち旧漁業法における専業漁業権を引き継いだのが共同漁業権である。漁業組合に代わって漁業権の所有・管理は、前年に制定された水産業協同組合法に基づいて組織された漁業協同組合となった（出村 2005）。しかし、そこにはやはり江戸時代からのムラによる地付磯猟場の所有・利用・管理の旧慣が継承されているのである。

6．地域資源管理と集落

以上のように、農業水利についても、林野についても、沿岸漁場についても、それはある意味で有限な生物資源の争奪とその調整・管理の制度化の歴史と言うことができた。しかも、資源の争奪戦が激しさを増したのは、いずれの場合も江戸前期における新田開発の急速な増加が背景となっていた。すなわち、大河川の改修と合わせて全国的に新田開発が急増した結果、水資源を利用するムラが大幅に増えて、渇水時の水争いを多発させただけではなく、集約的な稲作に不可欠の肥料として苅敷や干鰯の需要を急増させ、それが林野や漁場における資源争奪を増加させたのである。

また、そうした争奪戦を治め資源利用の秩序を形作る制度上の基盤となっていたのは、太閤検地を起点として日本の農山漁村に構造化されたムラとイエという仕組みであった。齋藤先生が近現代の農村に見いだした「自治村落」とは、まさにこの仕組みのことであり、私はそれをもって“日本農業の基層構造”と呼んだのである（玉 2006）。「集落」は、その今日的な表現であり、農業水利で言えば土地改良区の末端単位であり、林野における財産区や生産森林組合であり、沿岸漁場で言えば漁協が持つ共同漁業権である。それらはいずれも地域の生物資源の利用・調整・管理の慣行として江戸時代にムラを単位に村連合で作られたものが、明治維新後の制度改革と産業化、市場経済の発展の過程、また戦時総力戦体制と戦後改革という制度的な激変、さらに高度経済成長とグローバリゼーションの過程を突き通して変容しながらも面々と引き継がれてきたものである。

そして、それらは共に、現在、高齢化と人口減少に直面して新たな変容を迫られているのも事実である。この集落に対して、社会科学は“前近代的”で“遅れた”“近代化の障害”だから早く解体し、新たに“企業的”で“近代的”な“機能的”組織を作らなければいけないと、百年一日のごとく言い続けてきた。生命や生態系に対する感受性が希薄な一般の経済学者はいまもってそうである。しかし、ここに新たな評価軸として登場したのがコモンズ論である。ハーディンの「共有地の悲劇」を起点として、アメリカで急速に進んだコモンズ論研究の代表者には、日本で小繋事件を研究したマーガレット・マッキーンもいたのである（室田・三俣 2004：p.136）。

この結果、日本のムラによって維持されてきた入会制度は前近代的で非効率なものではなく、「むしろ今後の自然資源管理のあり方の１つとして大いに期待できるものである」（山下 2011：p.1）という評価も生まれてきた。まさに、入会林野の評価は、いまや180度変わることになったのである。この変化を生命論パラダイムから捉えると、それは新たな“ゆらぎ”と見ることもできる。いうならば、長く生きながらえてきた生命を途絶えさせるのではなく、新たな環境に適応できるような“進化”の道の模索である。もちろん、もはや集落自身による自己組織化は無理な場合もあるだろう。しかし、集落の存続が地域の生態系や環境の保全とも深く関わるという認識が広がれば、その再生は地域における「社会的共通資本」の維持・保全として自治体や地域住民の関与も当然生まれてくるだろう。

第４節　おわりに―協同組合の重要性―

以上で、地域資源経済学の歴史編は終了し、第３部の現状分析編へ移る。しかし、地域資源の利活用という視点から齋藤先生の「自治村落」の意義と意味をより明確にするという本稿の課題は、歴史編でほぼ尽きていると思われる。そこで、最後に、現状分析編の最初に扱う「協同組合の重要性」について紹介して、この章のまとめに代えることにしたい。

本書の第２部第１章「小経営的生産様式と農業市場」でも論じたように、19世紀末こそ世界農業の転機であり、家族農業（小農）の時代の到来を告げるものであった。それは、産業革命後の鉄道や高速船の発達による運輸革命がもたらした植民地農業開発と世界農工分業体制によるものであり、今日でも農産物貿易摩擦の基本的な枠組として引き継がれている。この結果、先進工業国では農業不況が長期化し、地主の撤退が開始される。その中で、「高度集約農業が展開されたビクトリア時代の中期以来、大土地所有者は数的に、権力的に地位が低下し、雇用労働者は減少して、家族農業が脆弱な環から強靭な環になった」（ガッソン・エリングトン 2000：p.46）のである。

そして、この時代から普及していったのが協同組合である。ライファイゼン農業協同組合が生まれたのは1864年であり、19世紀末の長期の農業不況の下で、家族農業地帯に普及していった。このドイツに学んだ品川弥二郎と平田東助により、わが国で産業組合法が制定されたのは1900（明治33）年である。協同組合は、家族農業（小農）が市場経済の発達に適応して生き残っていく上で不可欠の組織であった。そして、わが国においてその組織基盤となったのは、齋藤先生が実証したように「自治村落」にほかならなかった（齋藤 1989：第1章、第2章）。それは、「自治村落」と協同組合が地縁的な「共助」の仕組みという共通の論理に立つものだったからである。とりわけ、わが国においては、頻繁な天災という風土性が地縁的「共助」を強める環境として存在したからであった（玉 2006：第6章）。

とは言っても、わが国において協同組合が農山漁村の隅々まで組織基盤を広げるのは、大恐慌から総力戦という体制の下であった。それは、一面においてこの時代の国家が“市場経済の矯正”という課題に向き合っていく中で、協同組合を必要とし、利用したからである。そうした関係は、戦後も継続し、農協・漁協は保守政党の集票機関としての役割も果たしてきた。しかし、1990年代以降の新自由主義とグローバル化の時代となって、また農山漁村の人口が都市より少なくなる時代となって、わが国では「農協改革」という名の協同組合攻撃が政府から仕掛けられている。そこでは、全農の株式会社化の提起に見られるように、協同組合の価値を否認するものとなっている。

しかし、世界に目を向けると、2009年には、国連総会が2012年を国際協同組合年とすることを決議し、2012年には世界で協同組合の理解と普及を進めるキャンペーンが展開された。また、2015年には国連総会が、2030年までの持続開発目標を示す「ポスト2015開発アジェンダ」(SDGs) を発表し、その中で「我々は、小企業から協同組合、多国籍企業までを包括する民間セクターの多様性を認める。我々は、こうした民間セクターに対し、持続可能な開発における課題解決のための創造性とイノベーションを発揮することを求める」と協同組合の役割を明記した（富沢 2016)。さらに、2016年には、ユネスコがドイツからの申請を受けて、協同組合を無形文化遺産に登録した。

このように世界では協同組合の役割に期待し、評価する動きが高まっている。この協同組合の評価に関する世界とわが国の対称性を、わが国の経済学研究における偏向の問題として論じたのが、小野澤康晴「経済学の動向と協同組合の位置づけ」(『農林金融』2017年12月号）である。小野澤によれば、経済学には大きく２つの流れがあり、わが国の経済学は、その内の新古典派に代表されるような個人合理主義経済学の流れに極端に偏っており、そのために「そもそも個人間の協力のような、経済取引以外の個人個人の影響関係は『外部性』として『正常な姿』から除外されているため、協同組合のような相互扶助組織が体系のなかに入り込む余地がない」(小野澤 2017：p.30) と論じている。

このような個人の合理的行動のみに基礎をおく経済学に対して、「科学の名に値しないようなかたちで陳腐化してしまった」という痛烈な批判を行っていたのがソースティン・ヴェブレンであり、その流れに立つ経済学が institutional economics であると小野澤は言う。これはわが国では一般に制度派経済学と言われているが、小野澤は集団的に行動する人間に立脚した経済学であるという理由から「集団経済学」の流れとしている。その上で、海外ではこの学派の活動が活発であり、かつそこにおいては協同組合が「個別経済行動と集団全体の経済成果の共進化（coevolution)」の事例として取り上げられていると紹介している（同：p.32)。

小農（家族農業）が存続する限り、その生産と生活を補完する集落的関係性も存続するという齋藤先生の「自治村落論」の見通しを引き継ぐとき、協同組合もまた重要な役割を果たし続けると考える必要があるだろう。地域資源経済学の現状分析編は、この協同組合の重要性を起点として、わが国や各地域に歴史的に継承されてきた農山漁村の集落を単位とする地域資源管理のあり方が、人口減少・高齢化・後継者不足という課題の前にどのようになっているのかを分析・考察する。その上でコモンズ論や集団経済学、そして社会的共通資本の視点から、地域の生態系と経済・社会の持続性を高めるための提案を、地域のステークホルダー全体の問題として行うことを目指すものとなるのである。

注

(1)拙稿「日本のムラ―その固有の要素と普遍性―」(玉 2006) 所収。

(2)『農業と経済』2018年1・2月合併号「特集 小さな農業に光りあれ」を参照。

(3)近年、工業製品ではない自然関連の資源に対する経済学的接近がなされている。例えば、ポール・ホーケン他 (2001)、寺西俊一・石田信隆編 (2011～2013)、自然資本研究会 (2015)、バリー・C・フィールド (2016) 等を参照。これらは、経済学的に見た自然資源の特殊性を論じている場合が多い。しかし、生物資源は、この章でも論じるように二次的自然であって、自然資本と一括りにすることにはいささか問題がある。また、社会的共通資本という概念と合わせて論じる場合には、地域の限定も必要になると思われる。

(4)このように、これから論じる「地域資源経済学」は、日本という国民国家を念頭においている。こうした想定は、「学」としてあまりに普遍性を欠くもののように見える。その意味で「論」が相応しいかもしれない。しかし、地域資源は地域による個性がきわめて強いものであり、またその持続的な利活用や保全は歴史的蓄積を引き継いで考えざるを得ないものであることから固有の地域並びに国家を想定せざる得ないものである。しかし、そこにおける地域資源の利活用や保全の歴史から得られる教訓は他の地域にも有用であるという意味で普遍性を持つと言うこともできる。

(5)比較生産費説については、高増 (2016) を参照。

(6)この点に関しては、トマ・ピケティの次の指摘が的確である。「経済学という学問分野は、まだ数学だの、純粋理論的でしばしばきわめてイデオロギー偏向を伴った憶測だのに対するガキっぽい情熱を克服できておらず、そのために歴史研究や他の社会科学との共同作業が犠牲になっている。……実をいえば経済学者なんて、どんなことについてもほとんど何も知らないのが事実なのだ。」(ピケティ 2014：pp.34-35)

(7)生命論的パラダイムについては、日本総合研究所編（1998）を参照。
(8)玉真之介「『進歩』から『進化』へ＝迫られる発想の転換＝」（玉 2006：序）を参照。
(9)わが国の世界農業遺産については、農林水産省のホームページを参照。それは、地域の生態系と一体となって何世代も継承されてきた農林水産業のシステムを評価し保全しようとする取組である。
(10)この点については、拙稿「農地制度と家族制度による日本農業論の再構成」（玉 2006：第7章）を参照。
(11)玉城哲・旗手勲・今村奈良臣編（1984）によれば、太閤検地（1582-98）に約2060千町歩であった耕地は、江戸時代の享保期（1716-35）には2970千町歩にまで増加したとされる（p.8の表1-1）。
(12)以上、この項の記述については、室田・三俣（2004：第1章）による。
(13)江戸時代を通じて、漁場は次第に分割して利用されるようになり、階層分解も進むことになった。この点については、清光（1957：p.167）以下を参照。
(14)ただし、こうしたムラ総有とは別に、個人持、共同持の漁場もあった。その多くの場合は、江戸時代初期に領主への功労に対して領主から恩給されたもので、個人や仲間組など数人、数十人に与えられたものであった。清光（1957：pp.98-99）。
(15)以上については、清光（1957：pp.84-100）。

[『オホーツク産業経営論集』第26巻1・2合併号、2018掲載の同名論文を加筆補正]

参考引用文献

あ

青木恵一郎（1959）『日本農民運動史 第３巻』日本評論新社。

青森県経済部（1936）『苹果園小作事情』青森県。

朝日新聞百年史編修委員会（1991）『朝日新聞社史（大正・昭和戦前編）』朝日新聞社。

浅利文子（2011）「初期小作争議への対応策と系統農会の主体性」『神戸大学史学年報』第26号。

安孫子麟（1971）「寄生地主制論」歴史学研究会・日本史研究会『日本史学論争』東京大学出版会。

網野善彦（1998）『東と西の語る日本の歴史』講談社学術文庫。

有賀喜左衛門（1971）『有賀喜左衛門著作集 第11集』未来社。

有本寛ほか（2006）「小作契約の選択と共同体」『市場と経済発展』東洋経済新報社。

有本寛・坂根嘉弘（2008a）「小作争議の郡パネルデータ分析」『広島大学経済論叢』第32巻第２号。

有本寛・坂根嘉弘（2008b）「小作争議の府県パネルデータ分析」『社会経済史学』第73巻第５号。

安藤範親（2015）「国産丸太輸出の伸長要因と競争力」『農林金融』６月号。

飯國芳明・程明修・金泰坤・松本充郎編（2018）『土地所有権の空洞化』ナカニシヤ出版。

飯島充男（1993）「有畜複合経営の可能性」磯辺俊彦編『危機における家族農業経営』日本経済評論社。

Eder J.（1999）“A Generation Later: Household strategies and Economic Change in the Rural Philippines.” University of Hawaii Press.

池内了（1996）『転回の時代に：科学のいまを考える』岩波書店。

池田宏樹（2010）「1920年代の千葉県における小作争議」『千葉経済大学短期大学部』第６号。

石井昌一編（2001）『占領下大学の自由を守った青春』東北大学イールズ闘争五〇周年記念実行委員会。

石井清吉（1935）「青森県に於ける凶作と小作情勢に就いて」『帝国農会報』第25巻第12号。

石井清吉（1936）「青森県小作調停史（其の一）～（其の五）」『青森県農会報』第274号～278号。

石井清吉（1941）「青森県に於ける最近の農地問題の動向」『帝国農会報』第31巻第９号。

石田雄（1995）『社会科学再考』東京大学出版会。

磯崎新（1985）『ポスト・モダン原理』朝日出版社。
磯辺俊彦編（1979）『日本の農家』農林統計協会。
伊藤繁（1987）「明治大正期府県別出生力の分析」『帯広畜産大学研究報告』Vol. I 第5号。
伊藤喜雄（1973）『現代日本農民分解の研究』御茶の水書房。
犬塚昭治（1997）「農業問題論の再検討」梶井功編『農業問題 その外延と内包』農文協。
今枝法之（1991）「ポストモダニズムの可能性」『社会学評論』第42巻第2号。
今村奈良臣（1983）『現代農地政策論』東京大学出版会。
井元康裕（1999）『漁家らしい漁家とは何か』農林統計協会。
岩手県（1934）『岩手県凶作ノ原因調』岩手県。
岩手県（1935）『経済合同組織協議会参考資料』岩手県。
岩手県（1937）『昭和九年岩手県凶作誌』岩手県。
岩手県経済部（1935）『郷倉経営資料』岩手県。
岩本純明（1994）「農民層分解論の成果と課題」『農業問題研究』第38号。
上田貞次郎・小田橋貞寿（1935）「人口統計より観たる東北地方」『社会政策時報』174号。
ウォーラースティンI（1993）『脱＝社会科学』（本多健吉・高橋章監訳）藤原書店。
宇佐美繁（1982）「東北地方の兼業農家」『農村文化運動』88号。
宇沢弘文（2000）『社会的共通資本』岩波新書。
宇沢弘文・関良基編（2015）『社会的共通資本としての森』東京大学出版会。
牛山敬二（1975）『農民層分解の構造─戦前期─』御茶の水書房。
内田敬介（2009）「農民運動の歴史的背景」『熊本大学社会文化研究』第7号。
宇野弘蔵（1974a）「世界経済論の方法と目標」『宇野弘蔵著作集 第9巻』岩波書店。
宇野弘蔵（1974b）「未定稿Ⅱ」『宇野弘蔵著作集 別巻』、岩波書店。
梅村又次他（1988）『長期経済統計2 労働力』東洋経済新報社。
大内力（1957）「地租改正前後の農民層分解と地主制」宇野弘蔵編『地租改正の研究 上巻』東京大学出版会。
大内力（1969）『日本における農民層の分解』東京大学出版会。
大内力（1970）『農業経済学序説』時潮社。
大内力（1976a）「農業経済」東京大学経済学部編『東京大学経済学部五十年史』東京大学出版会。
大内力（1976b）「解題」近藤康男編『明治大正農政経済名著集13 小農保護問題』農文協。
大鎌邦雄（2009）「経済更生計画書に見る国家と自治村落」大鎌邦雄編『日本とアジアの農業集落』清文堂。
太田敏兄（1958）『農民経済の発展構造』明治大学出版。

大竹秀男（1982）『封建社会の農民家族』創文社。
太田原高昭（1976）「農民的複合経営の意義と展望」川村琢他編『現代農業と市場問題』北大図書館刊行会。
太田原高昭（1979）『地域農業と農協』日本経済評論社。
太田原高昭（1986）『明日の農協』農文協。
太田原高昭（1992）『系統再編と農協改革』農文協。
太田原高昭（2016）『新 明日の農協』農文協。
大野晋（1994）『日本語の起源』岩波新書。
大野晋・宮本常一他（1981）『東日本と西日本』日本エディタースクール出版部。
大原社会問題研究所（1933）『スクラップブック小作争議 北から南へ』法政大学大原社会問題研究所。
大原社会問題研究所（1934）『スクラップブック小作争議 北から南へ』法政大学大原社会問題研究所。
大場正巳（1967）「『庄内地方米作農村調査』の問題点」『農業総合研究』第21巻３号。
大藤修（1996）『近世農民と家・村・国家』吉川弘文館。
大藤修（2005）「小経営・家・共同体」歴史学研究会・日本史研究会編『近世社会論』東京大学出版会。
岡田知弘（1989）『日本資本主義と農村開発』法律文化社。
小倉武一（1989）「農地問題と構造問題への対策―問題提起―」『農業構造問題研究』159号。
小田切徳美・筒井一伸編（2016）『田園回帰の過去・現在・未来』農文協。
小野澤康晴（2017）「経済学の動向と協同組合の位置づけ」『農林金融』12月号。
か
梶井功（1973）『小企業農の存立条件』東京大学出版会。
梶井功編（1997）『農業問題 その外延と内包』農文協。
梶井功編（2011）『「農」を論ず』農林統計協会。
Gasson R.et al. (1988) 'The Farm as a Family Business: A Review,' Journal of Agricultural Economics, 39(1).
ガッソン R.・エリングトン A.（2000）『ファーム・ファミリー・ビジネス―家族農業の過去・現在・未来―』（ビクター・L・カーペンター、神田健策・玉真之介監訳）筑波書房。
金沢夏樹編著（1984）『農業経営の複合化』地球社。
叶芳和（1982）『農業・先進国型産業論―日本の農業革命を展望する』日本経済新聞社。
叶芳和（1990）『農業ルネッサンス』講談社。
株式会社 KPMG（2016）『日本企業の不正に関する実態調査 2016』KPMGホームページ。

神谷智（2000）『近世における百姓の土地所有』校倉書房。
加用信文監修（1977）『日本農業基礎統計』農林統計協会。
加用信文監修（1983）『都道府県農業基礎統計』農林統計協会。
河相一成・宇佐美繁編（1985）『みちのくからの農業再構成』日本経済評論社。
川口由彦（2011）「小作争議と小作調停（一）」『法学志林』第108巻第４号。
川東竫弘（2014）『帝国農会幹事岡田温（上）（下）』御茶の水書房。
川島武宜編（1965）『農家相続と農地』東京大学出版会。
菊地憲夫（2007）「岩手県南に残る恩賜郷倉の研究」『民俗建築』第132号。
清光照夫（1957）『漁業の歴史』至文堂。
熊谷久（1969）「農協刷新拡充五カ年計画運動の反省」農文協編『イナ作地帯の複合経営：岩手県志和地区の実践』農文協。
栗田和則（1992）「農家の現実と有畜複合経営―わが家わが集落の家畜飼養から」『農村文化運動』124号。
栗原百寿（1974）『栗原百寿著作集Ⅰ 日本農業の基礎構造』校倉書房。
栗原百寿（1979）「農業団体に生きた人々」『栗原百寿著作集Ⅴ 農業団体論』校倉書房。
クーン トマス（1971）『科学革命の構造』（中山茂訳）みすず書房。
国連世界食料保障委員会専門家ハイレベルパネル（2014）『人口・食料・資源・環境 家族農業が世界の未来を拓く』（家族農業研究会／農林中金総合研究所共訳）農文協。
近藤康男（1935）「第四、東北更生の途」岩手県教育会『昭和九年冷害による凶作に鑑みたる農業教育資料』（郷土教材叢書第七編）岩手県教育会。
近藤康男編（1953）『日本農業の統計的分析』東洋経済新報社。
近藤康男編（1976）『明治大正農政経済名著集13 小農保護問題』農文協。
近藤康男編（2000）『農文協六十年略史』農文協。
さ
斎藤修（1988）「大開墾・人口・小農経済」速水融・宮本又郎編『日本経済史１ 経済社会の成立』岩波書店。
斎藤修（2009）「土地貸借市場としての地主小作関係」『経済史研究』第12号。
齋藤仁（1989）『農業問題の展開と自治村落』日本経済評論社。
坂根嘉弘（1989）「小作争議の経済理論」三好正喜編『戦間期近畿農業と農民運動』校倉書房。
坂根嘉弘（1990a）「『農民的小商品生産』概念について」『歴史学研究』第608号。
坂根嘉弘（1990b）『戦間期農地政策史研究』九州大学出版会。
坂根嘉弘（1996）『分割相続と農村社会』九州大学出版会。
坂根嘉弘（1999）「日本における地主小作関係の特質」『農業史研究』第33号。
坂根嘉弘（2002）「近代的土地所有の概観と特質」渡辺尚志・五味文彦編『新体系

日本史3 土地制度史』山川出版社。
坂根嘉弘（2011）『日本伝統社会と経済発展』農文協。
坂根嘉弘（2014）「地主制の成立と農村社会」『岩波講座日本歴史 第16巻』岩波書店。
櫻井誠（1989）『米 その政策と運動 上』農文協。
佐藤正（1964a）「東北地方明治末期の農民運動の構造（下）」『岩手史学研究』第45号。
佐藤正（1964b）「出かせぎ追放にとりくむ農協」『現代農業』11月号。
佐藤正（1972）「東北農業の今後の形態と農業技術の問題点」『農村文化運動』第45号。
佐藤正（1975）「機械化段階における小農民の分解と経営様式」佐藤正・吉田寛一他編『高度経済成長と地域の農業構造』農文協。
佐藤正（1976a）「東北稲作農業の有畜化への提言」『農村文化運動』第61号。
佐藤正（1976b）「東北地方における複合経営の実態と成立条件」『農業と経済』3月号。
佐藤正（1980）『地域農政の指針』農文協。
佐藤正（1981）「東北における農業経営の展開方向」西田周作・吉田寛一編『東北農業：技術と経営の総合分析』農文協。
佐藤正（1988）「円高不況と東北農業の進路」『農村文化運動』第108号。
佐藤正（1991）『国際化時代の農業経営様式』農文協。
佐藤正（1992）『農業生産力と農民運動』農文協。
佐藤正・吉田寛一他編（1975）『高度経済成長と地域の農業構造』農文協。
佐藤宣子・興梠克久・家中茂編著（2014）『林業新時代：「自伐」がひらく農林家の未来』農文協。
佐藤文隆（1995）『科学と幸福』岩波書店。
佐藤正志（1996）『農村組織化と協調組合』御茶の水書房。
佐和隆光（1982）『経済学とは何だろうか』岩波新書。
佐和隆光（1984）『虚構と現実』新曜社。
椎名重明（1973）『近代的土地所有』東京大学出版会。
自然資本研究会（2015）『自然資本入門』NTT出版。
品部義博（1979）「小作調停にみる土地返還争議の諸相」『土地制度史学』第84号。
清水徹朗（2013）「農業所得・農家経済と農業経営―その動向と農業構造改革への示唆―」『農林金融』11月号。
清水洋二（1983）「戦前期における農村労働力の流出構造」葉山禎作・阿部正昭・中安定子編『伝統的経済社会の歴史的展開（上巻）』時潮社。
社会局（1936）『郷倉奨励建設計画概要』内務省。
社会局職務課調査係（1935）「東北地方に於ける郷倉の概況」『調査資料』15号。
庄司俊作（2012）『日本の村落と主体形成』日本経済評論社。

昭和研究会（1940）『農業改革大綱』昭和研究会。
志和農業協同組合（1963）『季節出稼と稲作農業』志和農業協同組合。
人口問題研究会（1935）『東北地方の人口に関する調査』（人口問題資料９）刀江書院。
杉山元治郎（1926）『小作争議の実際』啓明社。
住谷一彦・八木紀一郎編（1998）『歴史学派の世界』日本経済評論社。
総務省統計局･政策統括官･統計研修所ホームページ「日本の長期統計系列 第２章」http://www.stat.go.jp/data/chouki/02.htm（2013年10月27日参照）。
た
高嶋裕子（2007）「小作争議の帰結と国民健康保健制度の普及」『人間社会環境研究』第14号。
高増明（2016）「TPPについてのウソと日本の将来」『農業と経済』臨時増刊６月号。
侘美光彦（1980）『世界資本主義』日本評論社。
田崎宣義（1987）「都市化と小作争議：都市発展説序説」『一橋大学研究年報社会学研究』第26号。
田中輝美（2017）『関係人口をつくる』木楽舎。
田中舘秀三（1934）「東北地方の凶作に就て」東北帝国大学法文学部経済地理学研究室。
玉真之介（1988）「『農民的小商品生産』概念について―中村政則氏の問題提起を受けて」『歴史学研究』第585号（玉 1994：第５章）。
玉真之介（1990）「資本主義の発展と農業市場―世界と日本―」臼井晋・宮崎宏編著『現代の農業市場』ミネルヴァ書房。
玉真之介（1991）「東浦庄治の地代学説研究草稿」『弘前大学農学部学術報告』第54号。
玉真之介（1992）「『協調体制』論の基本問題と90年代の日本農業史研究」『北海学園大学経済論集』第39巻第２号。
玉真之介（1994）『農家と農地の経済学―産業化ビジョンを超えて』農文協。
玉真之介（1995）『日本小農論の系譜』農文協。
玉真之介（1996）『主産地形成と農業団体―戦間期日本農業と系統農会』農文協。
玉真之介（1997）「円高不況下における農村進出企業の動向」『住民と自治』405号。
玉真之介（1998）「地主小作関係：階級関係か、市場関係か、迫られる視点の転換」『農業史研究』第31/32号。
玉真之介（1999a）「戦前期の漁業出稼ぎと青森地方職業紹介所」『青森市史研究』第２号。
玉真之介（1999b）「青森県における借地市場と小作争議」『青森県史研究』第３号。
玉真之介（2001a）「人口圧と小作争議の地域性」『農業史研究』第35号。
玉真之介（2001b）「解説 死生観が問われる時代に」守田志郎『農家と語る農業論』

（人間選書）農文協。
玉真之介（2001c）「『戦後農政』の転換と農村活性化政策」『村落社会研究』第38号（玉 2006：第４章）。
玉真之介（2003a）「複合経営の理論と実践―佐藤正」太田原高昭・中嶋信編『協同組合運動のエトス』北海道協同組合通信社。
玉真之介（2003b）「日満食糧自給体制と満洲農業移民」野田公夫編『戦後日本の食料・農業・農村１ 戦時体制期』農林統計協会（玉 2016：第１章）。
玉真之介（2005）「農家概念の再検討」『村落社会研究』第12巻第１号（玉 2006：第９章）。
玉真之介（2006）『グローバリゼーションと日本農業の基層構造』筑波書房。
玉真之介（2012）「小経営的生産様式と農業市場―農業市場研究の新しいフレームワーク」美土路知之ほか編『食料・農業市場研究の到達点と展望』筑波書房。
玉真之介（2013a）『近現代日本の米穀市場と食糧政策』筑波書房。
玉真之介（2013b）「1934年の東北大凶作と郷倉の復興―岩手県を対象地として―」『農業史研究』第47号。
玉真之介（2016）『総力戦体制下の満洲農業移民』吉川弘文館。
玉真之介（2018a）「小農研究の先駆者―東浦庄治」八木紀一郎・柳田芳伸編『埋もれし近代日本の経済学者たち』昭和堂。
玉真之介（2018b）「斎藤『自治村落論』と地域資源経済学」『オホーツク産業経営論集』第26巻第１・２合併号。
Tama, S. & V. Carpenter（2007）*Japanese Agriculture from a Historical Perspective*, 筑波書房。
玉城哲・旗手勲・今村奈良臣編（1984）『水利の社会構造』東京大学出版会。
田村浩（1933a）「共済施設郷蔵制度の復興提唱」『農政研究』第12巻第７号。
田村浩（1933b）『自力更生と農村救済案』東京泰文館。
田村浩（1935a）「郷倉の機能、凶作と郷倉」『社会政策時報』第174号。
田村浩（1935b）『米問題と郷倉』日本青年館
田村浩（1935c）『農村問題と郷倉』社会教育協会。
鶴見俊輔（1975）「日本の折衷主義―新渡戸稲造論」『鶴見俊輔著作集第３巻』、筑摩書房。
帝国農会（1927）『小作料の減免に関する慣行調査』帝国農会。
帝国農会（1935）『東北地方農村に関する調査（実態編）』帝国農会。
帝国農会（1941）『労力調整より観たる部落農業団体の分析』帝国農会。
帝国農会調査部（1921）「小作地返還状況に関する調査（一）～（三）」『帝国農会報』第11巻第10号～第12号。
帝国農会調査部（1926）「小作地返還面積に関する調査」『帝国農会報』第16巻第11号。

帝国農会調査部（1934）「東北地方に於ける冷害状況」『帝国農会報』第24巻第12号。
出村雅晴（2005）「漁業権の成立過程と漁協の役割」『調査と情報』３月号。
寺田寅彦（1935）『日本人の自然観』岩波書店。
寺西俊一・石田信隆編（2011～2013）『自然資源経済学入門（１）（２）（３）』中央経済社。
暉峻衆三（1970）『日本農業問題の展開 上』東京大学出版会。
暉峻衆三（1984）『日本農業問題の展開 下』東京大学出版会。
暉峻衆三（1997）「『戦前期』日本農業問題の方法―玉真之介君の批判と所説によせて―」梶井功編『農業問題 その外延と内包』農文協。
暉峻衆三編（2003）『日本の農業150年』有斐閣。
東奥日報社（1928）『青森県総覧』同社刊。
東奥日報社（1929）『東奥年鑑1929年版』同社刊。
東奥日報社（1930）『東奥年鑑1930年版』同社刊。
東奥日報社（1931）『東奥年鑑1931年版』同社刊。
東奥日報社（1934）『東奥年鑑1934年版』同社刊。
東奥日報社（1936）『東奥年鑑1936年版』同社刊。
東京大阪朝日新聞社（1935）『昭和九年十月東北凶作義金報告』東京大阪朝日新聞。
東京大学生命科学教科書編集委員会編（2013）『理系総合のための生命科学』羊土社。
東畑精一（1935）「東北の振興とは何ぞや」『農業と経済』第２巻第１号。
東畑精一（1947）『農地をめぐる地主と農民』酣燈社。
東北振興調査会（出版年不明）『東北の人口構成に於ける特異性の概観』東北振興調査会。
東北農文協（1971）『第３回総会の記録』東北農文協。
東北農文協（1972）『第４回総会の記録』東北農文協。
ドーア P. ロナルド（1965）『日本の農地改革』（並木正吉・高木径子・蓮見音彦訳）岩波書店。
Douwe, Jan（2013）“Peasants and the Art of Farming” Fernwood Publishing.
トッド E.（1992）『新ヨーロッパ大全Ⅰ』（石川晴巳訳）藤原書店。
富沢賢治（2016）「協同組合のナショナルセンターはなぜ必要か」『協同組合研究』第36巻第１号。
友部謙一（2007）『前工業化期日本の農家経済―主体均衡と市場経済―』有斐閣。
な
内閣統計局（1916）『大正二年末人口静態調査ノ結果ニ拠ル帝国人口概説』内閣統計局。
内閣統計局（1928）『国勢調査報告（第１巻）（第３巻）』内閣統計局。
内閣統計局（1935）『国勢調査報告（第１巻）（第３巻）』内閣統計局。
内藤完爾（1971）『西南九州の末子相続』塙書房。

内務省社会局（1934）『農村に於ける飯米欠乏の状況』内務省。
中野剛志（2011）『TPP亡国論』集英社新書。
中根千恵（1970）『家族の構造』東京大学出版会。
中村隆英（1978）『日本経済』東京大学出版会。
中村政則（1969）「地租改正研究の現段階」『経済研究』第20巻第2号。
中村政則（1975）「地主制」大石嘉一郎編『日本産業革命の研究 下』東京大学出版会。
中村政則（1988）「アメリカにおける最近の日本地主制・小作争議研究の動向」『歴史学研究』第579号。
中村雄二郎（1967）『近代日本における制度と思想』未来社。
南石晃明・飯國芳明・土田志郎編（2014）『農業革新と人材育成システム』農林統計出版。
西川秋雄（1955）「東北振興問題」農業発達史調査会編『日本農業発達史 第7巻』中央公論社。
西川邦夫（2015）『「政策転換」と水田農業の担い手』農林統計協会。
西田周作・吉田寛一編（1981）『東北農業：技術と経営の総合分析』農文協。
西田美昭（1997）『近代日本農民運動史研究』東京大学出版会。
日本学術振興会（1936）『東北振興考査委員会報告』日本学術振興会。
日本総合研究所編（1998）『生命論パラダイムの時代』第三文明社。
日本農業研究所編（1994）『農家永続の研究』農文協。
沼田誠（1987）「大正・昭和期の農家経済の一断面」『農業経済研究』第59巻第3号（沼田 2001：第6章）。
沼田誠（2001）『家と村の歴史的位相』日本経済評論社。
農業問題研究会（1963）『青森県農民運動史』法政大学経済学部学術研究部。
農商務省（1996）『農商務省小作慣行調査報告』日本図書センター。
農地制度資料集成編纂委員会編（1969a）『農地制度資料集成 第1巻』御茶ノ水書房。
農地制度資料集成編纂委員会編（1969b）『農地制度資料集成 第2巻（小作争議に関する資料）』御茶の水書房。
農民組合史刊行会（1956）『座談会記録「日農創立前後を語る」』農民組合史刊行会資料（8）。
農林省（1933）『第一回地方事情調査員報告概要』農林省。
農林省総務局総務課（1948）『我国農業適正規模政策の展開類別』農林省。
農林省経済更生部（1935）『東北地方冷害対策指導会議要録』農林省経済更生部。
農林省経済更生部（1936a）『農村部落生活調査』農林省。
農林省経済更生部（1936b）『負債整理組合現況』農林省。
農林省農務局（1926）『小作調停年報（第一次）』農林省。
農林省農務局（1928）『小作年報（第三次）』農林省。

農林省農務局（1929）『昭和三年小作年報』農林省。
農林省農務局（1930）『昭和四年小作年報』農林省。
農林省農務局（1934a）『地方別小作争議概要（昭和７年）』農林省。
農林省農務局（1934b）「負債整理組合の状況」『農務時報』66号。
農林省農務局（1935）「答申要録」『第九回地方小作官会議ニ於ケル協議事項ニ対スル答申要録』農林省。
農林省農務局（1936a）『地方別小作争議概要（昭和九年）』農林省。
農林省農務局（1936b）「昭和十年度に於ける農村工業奨励施設の実績と奨励上の今後の問題」『農務時報』第96号。
農林省農務局（1937）『売買ニ因ル農地移動調査』農林省。
農林省米穀局（1935）『凶作地に対する政府所有米穀交付実績』農林省。
農林省米穀局（1937）『昭和九年の政府米交付の効果と郷倉の現況』農林省。
農林大臣官房統計課（1939）『我が国農家の統計的分析』農林省。
野田公夫（1989）『戦間期農業問題の基礎構造』文理閣。
野田公夫（1995）「農業経済学は『産業化ビジョン』を如何にして超えるか」『農業問題研究』第49号。
野田公夫（1996）「いわゆる『CV論』論争から何を学ぶか―日本農業史研究とポストモダニズム―」荒木幹雄編『近代農史論争―経営・社会・女性―』文理閣。
野田公夫（2012）『日本農業の発展論理』農文協。
野田公夫編（2013）『日本帝国圏の農林資源開発』京都大学学術出版会。
野本京子（1999）『戦前期ペザンティズムの系譜』日本経済評論社。

は

橋本伝左衛門（1934）「自然的災害と本邦農業」『農業と経済』第１巻第９号。
長谷川善計・竹内隆夫・藤井勝・野崎敏郎（1991）『日本社会の基層構造』法律文化社。
服部信司（1997）『大転換するアメリカ農業政策』農林統計協会。
ハーバーマス J.（1986）「近代―未完のプロジェクト」H. フォスター編『反美学』（室井尚・吉岡洋訳）勁草書房。
林忠太郎（1922）「小作争議の起因と之が解決策」『帝国農会報』第12巻第６号。
林宥一（1972）「小作地返還闘争と地主制の後退」『歴史学研究』第389号。
林宥一（2000a）『近代日本農民運動史論』日本経済評論社。
林宥一（2000b）『「無産階級」の時代』青木書店。
速水融・鬼頭宏（1989）「庶民の歴史民勢学」新保博・斎藤修編『日本経済史２ 近代成長の胎動』岩波書店。
原直行（1997）「東北地方における小作料関係型小作調停事件の分析」『土地制度史学』第156号。
ハント リン（2016）『グローバル時代の歴史学』（長谷川貴彦訳）岩波書店。

東浦庄治（1929a）「小作問題に関する若干の展望」『帝国農会報』第19巻第３号。
東浦庄治（1929b）「『小作問題に関する若干の展望』の批評に対して」『帝国農会報』第19巻第５号。
東浦庄治（1933a）『日本農業概論』岩波全書。
東浦庄治（1933b）『農業団体の統制』日本評論社。
東浦庄治（1935）『日本産業組合史』高陽書房。
東浦庄治（1952）「小農の商品生産化と資本の小農支配」東浦庄治選集刊行会編『日本農政論』農業評論社。
東浦庄治選集刊行会編（1952）『日本農政論』農業評論社。
ピケティ T.（2014）『21世紀の資本』（山形浩生・守岡桜・森本正史訳）みすず書房。
平野正裕（1995）「神奈川県の小作争議」『横浜開港資料館紀要』第13号。
福冨正美（1963）「東浦庄治と日本農業論」『山口経済雑誌』第14巻第１号
藤原辰史（2011）『カブラの冬―第一次世界大戦期ドイツの飢餓と民衆』人文書院。
船越昭治（1980）『日本の林業・林政』農林統計協会。
古島敏雄編（1955）『日本林野制度の研究』東京大学出版会。
フィールド バリー C.（2016）『入門 自然資源経済学』（庄子康・柘植隆宏・栗山浩一訳）日本評論社。
船戸修一（1997）「農山漁村経済更生運動の一試論」『上智史学』42号。
ブラン A. H.・フェラー A. M.（1994）『西ヨーロッパの農家兼業』（是永東彦訳）農政調査委員会。
ブレマー イアン（2011）『自由市場の終焉：国家資本主義とどう闘うか』日本経済新聞社。
北條浩（2002）『部落・部落有財産と近代化』御茶の水書房。
ホーケン ポール他（2001）『自然資本の経済』（佐和隆光監訳）日本経済新聞社。
細貝大次郎（1970）「解説 小作慣行」農地制度資料集成編纂委員会『農地制度資料集成 第一巻』御茶の水書房。
ボルツ ノルベルト（1998）『意味に餓える社会』（村上淳一訳）東京大学出版会。
ま
マルクス K.（1967a）『資本論 第３巻第２分冊』（マルクス＝エンゲルス全集刊行委員会訳）大月書店。
マルクス K.（1967b）『資本論 第１巻第２分冊』（マルクス＝エンゲルス全集刊行委員会訳）大月書店。
水林彪（1987）『封建制の再編と日本的社会の確立』山川出版社。
水本邦彦（2015）『村 百姓たちの近世』岩波新書。
三好正喜（1984）「独占資本主義確立期における近畿農業の検討―労働・農産物両市場からの接近―」『経済史経営史論集』大阪経済大学日本経済史研究所。
無明社出版編（1991）『新聞資料 東北大凶作』無明社出版。

村岡範男（1997）『ドイツ農村信用組合の成立─ライファイゼン・システムの軌跡』日本経済評論社。
室田武・三俣学編（2004）『入会林野とコモンズ』日本評論社。
毛利健三（1978）『自由貿易帝国主義』東京大学出版会。
藻谷浩介（2010）『デフレの正体 経済は「人口の波」で動く』角川新書。
藻谷浩介（2013）『里山資本主義』角川書店。
持田恵三（1996）『世界経済と農業問題』白桃書房。
森嘉兵衛（1935）「東北凶作恒久策案」『農業経済研究』第11巻第4号。
森武麿編（1985）『近代農民運動と支配体制』柏書房。
森義一（1928）『小作争議戦術』白揚社出版。
守田志郎（1971）『農業は農業である 近代化論の策略』農文協。
守田志郎（1994）『農業にとって技術とはなにか』農文協。
守田志郎（2001）『農家と語る農業論』農文協。

や

山口徹（2007）『沿岸漁業の歴史』成山堂書店、2007。
山下詠子（2011）『入会林野の変更と現代的意義』東京大学出版会。
山下一仁（2010）『農業ビックバンの経済学』日本経済新聞出版社。
山下一仁（2015）『日本農業は世界に勝てる』日本経済新聞出版社。
山下文夫（2001）『昭和東北大凶作』無明舎出版。
山田盛太郎（1934）『日本資本主義分析』岩波書店。
山之内靖他編（1995）『総力戦と現代化』柏書房。
山之内靖（1996）「戦後半世紀の社会科学と歴史認識」『歴史学研究』第689号。
横石知二（2009）『生涯現役社会のつくり方』SB新書。
横石知二（2015）『学者は語れない儲かる里山資本テクニック』SB新書。
吉田寛一（1974）『日本農業経営の本質』農文協。
吉田寛一（1981）『家族経営の生産力』農文協。
吉原祥子（2017）『人口減少時代の土地問題』中央公論新社。

ら

リオタール J. F.（1986）『ポストモダンの条件』（小林康夫訳）風の薔薇。
ロストウ W. W.（1961）『経済成長の諸段階』（木村健康・久保まち子・村上泰亮訳）ダイヤモンド社。
ロバートソン R.（1997）『グローバリゼーション』（阿部美哉訳）東京大学出版会。

わ

渡辺寛（1975）「世界農業問題」宇野弘蔵監修『講座帝国主義の研究 第2巻』青木書店。

あとがき

近頃は、社会科学の分野でも被引用件数という指標が話題にのぼるようになった。その論文がどのくらい引用・参照されたのか、その件数を業績評価の指標にするものである。その観点から言うと、本書に収録した論文の多くが、被引用件数がきわめて少ないものばかりである。というのも、私の場合、議論の観点や立脚点が、その時々の主要な論者とはズレていたことが多かった。ということで、私の研究は少し“危ない”、あるいは問題外と扱われてきたように思う。自慢にはならないが、これがある意味で私の研究の特徴と言えるかもしれない。

定年退職を前にして、そのような論文を集めて一冊の本を刊行できたことは、私にとって本当に幸せなことである。本書の刊行に際して、代表者の泉谷眞実（弘前大学）さんをはじめ、助力の呼びかけ人になっていただいた方たち、また呼びかけに応えていただいた方々に心より感謝を申し上げたい。

一方で、情報化時代となったことで、“ロングテール”という現象が生じてきた。商品の陳列棚に物理的な限度があった時代、売れ筋商品に圧倒されて死に筋商品は消えていった。しかし、情報化がこの“限度”をなくして行き、また検索エンジンの能力向上によって“テール”はどんどん長くなっている。この結果、時代の変化とともに、かつては葬られた“テール”の中から“お宝”が発掘され、蘇るという現象である。かつて学会における議論ではまったく無視された守田志郎さんの研究が、今、改めて議論の俎上に上がってきていることは、そのような現象として喜ばしいことである。

本書が序章で取り上げた東浦庄治も、まさに歴史研究から葬られた研究者であるが、これから小農研究とともに蘇ってほしい研究者である。彼が最初に明確にした「資本主義と小農」という分析のフレームワークこそ、農業市場研究が立脚すべき土台である。それにも増して、本書の刊行に対する私の思いは、“人口増加率という観点”から明治以降の日本の農業問題を論じた

第１部、第２部が、少しでも多くの日本農業に関心のある人の目に触れることにある。

「この両者のあいだに小作料＝剰余の収取関係が展開されたという点では、あきらかに階級関係であったというべきではないか」（暉峻 1997：p.35）という暉峻衆三先生の言葉に代表されるように、戦前の小作料は「剰余労働の搾取」という前提の下に多くの研究がなされてきた。これに対して市場経済社会の下で、土地の貸借に小作料（＝借地料）が生じるのは当たり前であり、その借地料が高い水準であったのは借り手が多数という需給関係によって作り出されたというのが私の主張である。そして、この「貸し手優位」の需給関係を作り出していた最重要な要因こそが、明治以降の農村における高い人口増加率であった。しかも、その人口増加率には際だった地域差があり、1920年代の西日本で逆転現象（「借り手優位」）が生じた結果として小作争議が発生し、1930年代の小作争議も東北における高い人口増加率を背景として初めて理解できるとしたのである。

以前に私は『グローバリゼーションと日本農業の基層構造』（玉 2006）という本をやはり筑波書房から上梓したが、ネット上の「土壇場ショット」というブログで嬉しいコメントをいただいた。

「『目から鱗（うろこ）』とはこのことです。私の日本農業に関する解釈が根底から覆りました。その私の観念がどこから来ていたかといえばもちろん学校教育と書籍・新聞からきていたわけですが、それを編み出していたのはえらい学者先生たちでした。つまり彼らの空想小説をまるごと信じさせられていたのだと、この本を読んで思った次第です」。

今日の日本農業が直面している様々な課題について、少子高齢化という要因を抜きに論じられないように、戦前の日本農業が直面した様々な課題もまた高い人口増加率、しかもその東西差という要因を抜きに論じられない。これこそが、これまでの農業史研究で語られたことのない、本書の最重要なメッセージである。

第３部、第４部には近年の論考が多い。そこでは、「脱グローバル化」という言葉を繰り返し使っている。かつて、国際農業経済学会議が東京新宿で開かれたとき（1991年）、私は「インフレ時代からデフレ時代へ：規模拡大路線からの転換」というポスター発表を行った（その内容は、玉 2006：第１章）。その時、フランスの研究者がタイトルを見て大笑いし、おもしろいからとポスターの前で一緒に記念撮影をしたことを覚えている。当時、戦後世界の一貫した基調であったインフレが収束し、世界的なデフレの時代がやってくるなどという議論は、まさに物笑いの対象だったのである。

果たして人・物・金・情報が国境を自由に越えて動くグローバル化は、今後もますます進展していくのか。あるいは19世紀末から20世紀前半のように、国民国家による市場介入や社会政策が進展する脱グローバル化の時代がやってくるのか。はたまた、そのせめぎ合いが長く続くのか。大いに議論すべきテーマだろう。ときに先日（10月４日）、アメリカのペンス副大統領がワシントンで行った演説は、1946年にチャーチル英首相がおこなった「鉄のカーテン」演説の再現とも言われている。米中関係はかつてなく緊張の度合いを高めている。こうした世界情勢の変化が国内政策、農業政策に及ぼす影響について議論が活発となり、本書がそうした議論に少しでも資するところがあれば幸いである。

1986年に岡山大学教養部に採用されたのち、1990年に弘前大学農学部、1998年に岩手大学大学院連合農学研究科、2005年からは岩手大学本部役員、2011年に徳島大学総合科学部、2016年に徳島大学生物資源産業学部と４つの大学の６つの部局を渡り歩くこととなった。その都度、新しい環境で新しい課題と向き合うことになり、岡山県についても、青森県についても、岩手県についても、実証的な研究をすることができた。徳島大学では、生物資源産業学部へ移籍したことで、「地域資源経済学」という授業科目を担当することとなり、本書の終章を書くことができた。北海道大学農学部の学生時代に、栗原百寿の『農業問題入門』に強い感銘を受け、小農研究というテーマを志して40年、振り返ると研究者として忸怩たる思いもあるが、『日本小農問題研究』というタイトルの本書をまとめることができて、ほんの少しの達成感も感じている。

その意味でも、出版事情厳しい折り、『近現代日本の米穀市場と食糧政策』(2013)に続いて、本書の刊行を引き受けていただいた筑波書房の鶴見治彦さんに改めて感謝申し上げたい。先代の鶴見淑男社長の時から、あまり売れそうにない私の本の刊行を快く引き受けていただいたことにも感謝の意を表したい。

この間、本当に多くの方の知遇を得ることができ、様々なご指導やご鞭撻をいただくことで今日までやってくることができた。あと数ヶ月で定年退職を迎えることができるのも、こうした多くの方々のご厚情があってのことと感謝している。この中には徳島に来て始めた社交ダンスでお世話になった方々も含まれる（２年前に教師資格を取得できた)。あまりにも多く、一人一人の方のお名前を挙げることはできないが、すべてのみなさまに心よりお礼を申し上げたい。そしてやはり、これまでの長い大学教員生活の支えとなってくれた妻のたみ子と子どもたちにいちばん感謝している。ありがとう。

2018年11月22日　65歳の誕生日に。

◆著者紹介◆

玉 真之介（たま　しんのすけ）
徳島大学生物資源産業学部 教授

【経歴】
1953年　岐阜県高山市生まれ
1985年　北海道大学大学院農学研究科博士課程修了（農学博士）
1986年　岡山大学教養学部 助教授
1990年　弘前大学農学部 助教授
1998年　岩手大学大学院連合農学研究科 教授
2005年　岩手大学理事・副学長（教育・学生担当）
2011年　徳島大学総合科学部 教授
2016年　徳島大学生物資源産業学部 教授

【専門領域】
農業経済学、農業市場学、日本農業史

【主な著書】
『開道百五〇年 北海道開拓と農業雑誌の物語』北海道協同組合通信社、2018年
『総力戦体制下の満州農業移民』吉川弘文館、2016年
『近現代日本の米穀市場と食糧政策』筑波書房、2013年
『グローバリゼーションと日本農業の基層構造』筑波書房、2006年
『主産地形成と農業団体』農文協、1996年
『日本小農論の系譜』農文協、1995年
『農家と農地の経済学』農文協、1994年

日本小農問題研究

2018年12月21日　第1版第1刷発行

著　者◆玉 真之介
発行人◆鶴見 治彦
発行所◆筑波書房
東京都新宿区神楽坂2-19 銀鈴会館 〒162-0825
☎03-3267-8599
郵便振替 00150-3-39715
http://www.tsukuba-shobo.co.jp

定価はカバーに表示してあります。
印刷・製本＝中央精版印刷株式会社
ISBN978-4-8119-0546-4　C3061